二穗短柄草中抗病基因家族的分析及机器学习预测方法研究

谭生龙　陈利红◎著

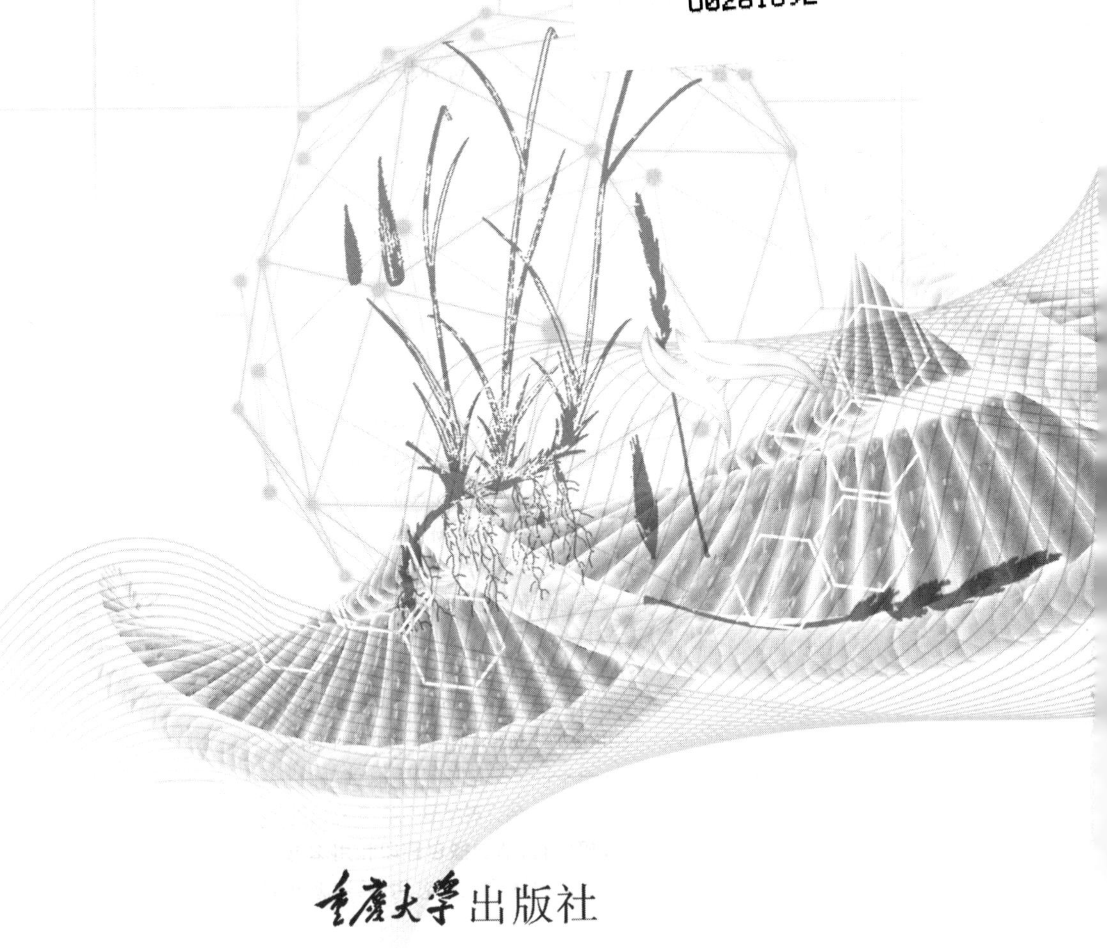

重庆大学出版社

内容提要

抗病基因对植物的生长发育起着非常重要的免疫调控作用，植物中抗病基因的数量和特征对该植物的抗病机制研究至关重要。本书选择禾本科植物二穗短柄草作为研究对象，系统鉴定了该物种内最重要的一类抗病基因家族，这类抗病基因所编码的蛋白具有核苷酸结合结构域（NBS, Nucleotide Binding Site）和亮氨酸重复结构域（LRR, Leucine-Rich Repeats），并系统分析了这些抗病基因。在获得二穗短柄草中的 *NBS-LRR* 抗病基因列表后，继续研究了其数字序列特征，并应用机器学习中的支持向量机算法对这些特征进行训练建模，构建和优化后的机器学习模型，可实现对其他已测序物种的快速抗病基因鉴定。本书可供基因分析及机器预测学习方法研究人员参考。

图书在版编目（CIP）数据

二穗短柄草中抗病基因家族的分析及机器学习预测方法研究 / 谭生龙，陈利红著. -- 重庆：重庆大学出版社，2020.8

ISBN 978-7-5689-2181-7

Ⅰ. ①二… Ⅱ. ①谭… ②陈… Ⅲ. ①禾本科—抗病性—基因—研究 Ⅳ. ①Q949.71

中国版本图书馆 CIP 数据核字（2020）第 131936 号

二穗短柄草中抗病基因家族的分析及机器学习预测方法研究

谭生龙　陈利红　著

策划编辑：杨粮菊

责任编辑：杨粮菊　涂　昀　　版式设计：杨粮菊

责任校对：关德强　　　　　　责任印制：张　策

*

重庆大学出版社出版发行

出版人：饶帮华

社址：重庆市沙坪坝区大学城西路 21 号

邮编：401331

电话：（023）88617190　88617185（中小学）

传真：（023）88617186　88617166

网址：http://www.cqup.com.cn

邮箱：fxk@cqup.com.cn（营销中心）

全国新华书店经销

重庆升光电力印务有限公司印刷

*

开本：787mm×1092mm　1/16　印张：10.25　字数：265千

2020 年 8 月第 1 版　　2020年 8 月第 1 次印刷

ISBN 978-7-5689-2181-7　定价：68.00 元

前言

植物通过其抗病基因编码抗病蛋白并触发抗病反应，这一机制是植物抗病的重要途径。其中，编码具有核苷酸结合位点及富含亮氨酸重复区蛋白结构域的基因(Nucleotide Binding Site and Leucine Rich Repeat Genes, *NBS-LRR* 抗病基因)是植物抗病基因家族中最大、最普遍的一类抗病基因。二穗短柄草是2010年全基因组测序完成的模式植物，它与小麦、大麦、水稻及高粱在进化关系上相距较近，且与小麦的亲缘关系非常近，感染小麦的各类致病菌均能引起短柄草染病，因此研究短柄草的 *NBS-LRR* 抗病基因家族对培育小麦等粮食作物的抗病新品种具有重要意义。目前，短柄草中的 *NBS-LRR* 抗病基因的数目、基因结构、进化特征等都不明确。因此，本书拟解决如下3个问题：

①短柄草中存在 *NBS-LRR* 抗病基因吗？若存在，它们的数量、基因结构、进化关系怎样？

②从短柄草中鉴定出的 *NBS-LRR* 抗病基因在环境胁迫下表达吗？抗病基因能对特定外源致病菌的侵染做出抗病响应吗？

③基因家族的鉴定流程复杂且中间数据处理过程烦琐，能否设计开发一个 *NBS-LRR* 基因家族的预测算法？

基于上面3个问题，本书开展了如下研究：

首先，选取二穗短柄草全基因组作为研究对象，使用生物信息学方法从其全基因组中鉴定出126个 *NBS-LRR* 抗病基因，并对该基因家族中各成员的基因结构、保守基序、基因复制事件、染色体分布、基因进化、启动子区域及表达序列标签(Expressed Sequence Tag, EST)等方面进行了系统分析。研究结果表明，二穗短柄中的 *NBS-LRR* 基因具有物种特异性，其氨基端不具有TIR结构，根据其保守结构域将 *NBS-LRR* 基因分成4类，具有CNL结构的抗病基因占绝大多数(102个)，二穗短柄中的 *NBS-LRR* 基因结构域与拟南芥相似，含有P-loop, Kinase-2, GLPL和MHDV等8种保守基序，在126个 *NBS-LRR* 抗病基因中发现了49个基因发生了基因复制事件，从染色体分布上发现这些抗病基因在染色体上分布不均衡，第2条和第4条染色体上成簇分布着大量的*NBS-LRR*基因，分析发现调控元件WBOX与*NBS-LRR*

抗病基因密切相关。本书的研究是首次在二穗短柄草全基因组水平上对其 *NBS-LRR* 抗病基因进行鉴定和分析。

其次，利用国际公用数据库中基因芯片表达数据，对二穗短柄草中的 *NBS-LRR* 基因在高温、低温、干旱、高盐胁迫及赤霉菌侵染环境下基因表达谱数据进行了全面分析。研究结果表明，*NBS-LRR* 基因在高温胁迫下表现较为活跃，而在低温环境下的表达变化不明显；在干旱和高盐环境下，抗病基因的表达出现了分化，分析表明干旱对植物抗病反应的影响较大，而高盐环境对抗病基因的影响相对较弱。在赤霉菌侵染下，*NBS-LRR* 基因的抗病反应具有显著特异性，表明特定抗病基因可能参与特定抗病反应。除此之外，在表达谱分析过程中我们还获得了 5 个可能参与赤霉菌抗病反应的候选基因。

最后，为了便于生物学家对新测序与已测序物种 *NBS-LRR* 基因家族的批量鉴定，设计并开发了一种基于 *k*-tuple 伪氨基酸组成成分与支持向量机的 *NBS-LRR* 预测算法，该算法能快速对已有的蛋白质序列、核苷酸序列或者新测序的基因组进行 *NBS-LRR* 预测，方便生物学家对 *NBS-LRR* 基因家族的鉴定与后续功能研究。

综上所述，本书实现了对二穗短柄草的 *NBS-LRR* 抗病基因家族的鉴定和基于表达谱的生物信息学分析，设计并开发了基于 *k*-tuple 伪氨基酸组成成分与支持向量机的 *NBS-LRR* 预测算法；这些研究成果为后续植物中的抗病基因的分离与功能研究奠定了基础，同时也为生物学家进行 *NBS-LRR* 基因家族的全基因组功能研究与进化分析提供了技术支持。

本书是湖北省教育厅科技处科学研究计划项目的研究成果，项目名称“基于医疗文献挖掘的癌症相关基因及其假基因的相关性研究”，项目编号：B2019155；另外，本书还获得了湖北金融发展与金融安全研究中心的大力支持；最后，湖北经济学院专著出版基金也给本书的出版提供了资金支持，在此一并表示感谢。

谭生龙

2020 年 1 月

目录

1 绪 论

二穗短柄草（*Brachypodium distachyon*）属于禾本科的早熟禾亚科植物，具有植株矮小、生长周期短、生长条件简单、繁殖能力强、易转化、基因组小和遗传资源丰富等特性。二穗短柄草的这些特征使其成为研究禾本科植物的新型模式生物，特别是2010年其全基因组测序的完成，更进一步激发了科学家对短柄草的研究兴趣，而且它与冷季型禾谷类作物小麦（*Triticum aestivum*）、燕麦（*Avena sativa*）、黑麦（*Secale cereale*）、无芒雀麦（*Bromus inermis*）、大麦（*Hordeum vulgare*）及其他一些禾本科植物在进化关系上较近，因此，它与粮食作物有很多相似的特性，非常适合作为研究冷季型粮食作物的模式植物，也可用于粮食作物的进化分析、比较基因组和功能基因组的研究。

植物在生长与发育过程中，经常会受到环境中细菌、真菌、病毒、昆虫等各种致病原的侵扰，这些致病原会扰乱植物的正常生理代谢，破坏其生长和发育的节奏，给农作物的生长带来严重后果，甚至直接导致农作物大面积减产。为了抵御外源致病菌的入侵，植物在漫长的自然选择背景下，通过与致病原间的相互作用、优化选择、共同进化等方式，进化出了特殊的抗病机制来抵御各类致病原的入侵，这种抗病机制主要通过抗病基因（*R*基因）指导编码抗病蛋白来实现。通过这种机制，植物可以在抗病基因的指导下合成相关蛋白来识别入侵病原物并触发自身的抗病调控反应，激发自身的免疫过程来应对外来病原物的入侵，从而实现针对特定病原物的特异性免疫抗性反应。植物基因组中具有抗病特性的基因称为*R*基因，这种基因编码的蛋白能够识别侵袭的致病原，并通过相应的抗病反应抵御这种入侵。

1.1 植物抗病基因概述

1.1.1 植物抗病的基因对基因假说

Flor在20世纪70年代提出了植物抗病的基因对基因假说（Gene for Gene Hypothesis），其主要思想是植物的抗病基因与致病原的无毒基因之间相互作用且协同进化（图1.1）。由于致病原的不同，植物针对不同的致病原，其抗病基因编码具有不同功能结构域的抗病蛋白，该类蛋白在其氨基端含有核苷酸结合结构域（Nucleotide Binding Site），且在碳端包括亮氨酸重复区(Leucine Rich Repeats)的结构域,这种结构普遍存在于植物众多抗病蛋白中,它们具有相同的功能结构域特征。

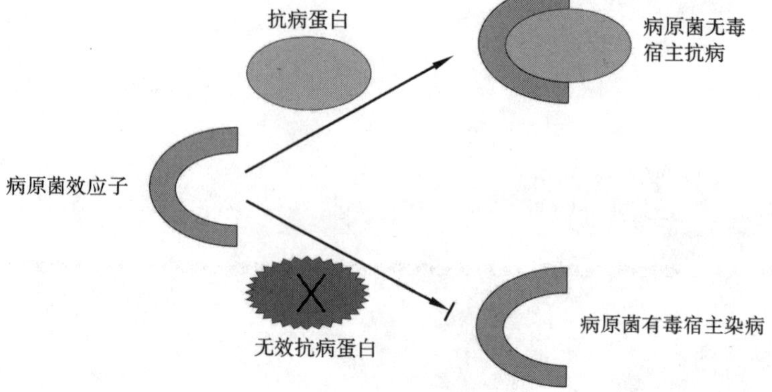

图 1.1　基因对基因假说

植物对大多数致病原的识别并产生抗性反应的过程是通过基因组中的抗病基因编码 NBS-LRR 抗病蛋白来实现免疫抗病,这些蛋白一般具有相同的 NBS-LRR 保守结构域,但其 N 端和 C 端的功能结构域不同,具有不同功能结构域的蛋白被认为在识别不同的致病原上具有显著差异。

1.1.2　植物中的抗病基因分类

植物中抗病基因在其序列特征、结构域构成、染色体上的分布以及进化方式方面具有显著的多样性。尽管抗病基因编码的蛋白会面向不同的病原体和致病因子而具有不同的结构,但是植物抗病基因在其序列的功能结构域上具有保守性,且抗病基因的结构域特征在众多植物中具有直观的相似性。

NBS-LRR 型基因在植物的抗病基因中分布最广泛,这种基因编码的蛋白具有两个典型的结构域,即核苷酸结合位点结构域和富含亮氨酸重复序列结构域。*NBS-LRR* 型抗病基因在植物抗病基因家族中占大多数,它们在功能结构上具有高度相似性,且在植物抗病方面扮演十分重要的角色。NBS 结构作为抗病基因的基本结构,一般与 ATP 或者 GTP 结合来参与抗病反应;具有 LRR 结构域的蛋白是一类受体类蛋白,通过与病原物或者病原物的产物交互来诱导抗性反应的产生,从而在细胞产生抗病反应的信号通路上传递免疫调控信号。

由于 NBS-LRR 结构域作为 *R* 基因的显著型结构特征,通常用该结构域作为植物抗病基因筛选、识别和分类的依据。由于该抗病基因的结构域可进一步细分为特定的保守基序,我们根据其不同的 N 端和 C 端的序列结构域特征,对 *NBS-LRR* 型基因进一步细分为两个主要的子基因家族。判断这两个抗病基因子家族的主要依据是在氨基端(N 端)是否出现 TIR(Toll/interleukin-1 Receptor,Toll/白细胞介素-1 受体)或者是 CC(Coiled-Coil Motif,卷曲螺旋基序);具有这两种结构的基因分别称为 *TIR-NBS-LRR* 和 *CC-NBS-LRR* 抗病基因。

1.1.3　植物抗病基因的主要结构及功能

从 1992 年在玉米中成功克隆出首个抗病基因 *Hml* 以来,已经有几百个植物中的抗病基因被陆续分离出来。从拟南芥、水稻、小麦、高粱、玉米、番茄、土豆等众多植物中分离出的这些抗病基因具有一些相同的结构域，它们能识别细菌、病毒、真菌和线虫等致病原并产生相应的抗性反应。越来越多的植物抗病基因研究使抗病基因的结构域特征逐渐清晰。不同植物中的抗病基因一般具有某些较保守功能结构域，其中 NBS 结构域、LRR 结构域、TIR 结构域、CC 结构域及 Kinase 结构域能在众多抗病基因序列中被发现（图 1.2）。

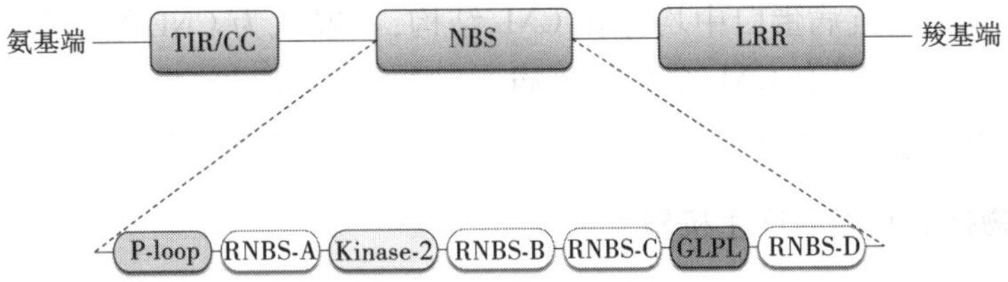

图 1.2　NBS-LRR 结构域

1）NBS **结构域**

抗病基因的 NBS 结构存在于众多真核生物的蛋白质结构中，大约由 320 个氨基酸残基组成，这种 NBS-LRR 功能结构域具有保守性，它通过水解 ATP 和 GTP 来参与抗病反应，并在细胞的生长、发育、转运、凋亡和免疫等众多生理活动充当重要角色，它通过与 ATP 结合引起构象改变来控制下游信号的激活与关闭，由此产生植物的抗病反应；由于该结构域具有高度的保守性，故它被用来甄别和分类植物中的抗病基因。该区域包含 4 个用于结合 ATP/GTP 的保守基序，第一个基序为磷酸结合环（P-loop）基序，也称作激酶 1a，其氨基酸序列特征为GM（G/P）G（I/L/V）GKTTLA（Q/R）；第二个基序为激酶 2（Koinase-2），该激酶是由 4 个疏水的氨基酸残基以及 1 个带负电荷的紧密相邻的天冬氨酸构成，其保守特征位于本基序的两端，其特征序列模式为 K（R/K）xLLV 和 LDDV（W/D）；第三个基序为 GLPL，特征序列为 GGLPL（A/G）LK；第 4 个基序为 MHDV，特征序列为 MHD（V/L）（V/L/V）。

2）LRR **结构域**

LRR 结构域由多个富含亮氨酸的重复序列单元串联重复形成，从病毒、原核生物至真核生物基因中都能发现 LRR 结构域，是植物抗病基因家族中分布较广的一类功能结构域。LRR 结构域一般位于或紧邻氨基端的 NBS 结构域之后，由多个串联重复的 LRR 结构单元构成，绝大部分植物抗病蛋白都具有这种结构。功能结构域 LRR 一般由 20～30 个氨基酸组成，在该结构域中一般有 14 个氨基酸非常保守，例如包含形式为［LxxLxxLxLxxC/Nxx］的结构，其中 L 为多个脂肪族氨基酸，比如亮氨酸；C 为半胱氨酸；N 为天冬酰胺；x 为具体氨基酸不确定。在植物抗病方面，LRR 是抗病基因家族共有的结构域，说明其在植物抗病过程中起重要作用。

3）N **端结构域**

在 NBS-LRR 抗病蛋白家族中，有两类非常重要的子家族，它们位于 NBS 结构域之前的 N 端，具有 TIR 或者 CC。虽然 TIR-NBS-LRR 蛋白（TNL）和 CC-NBS-LRR 蛋白（CNL）在功能上均与病原物的识别相关，但这两个子家族在序列、信号通路和成簇分布上表现出显著的差别，在不同物种中的分布情况完全不同。植物 *NBS-LRR* 抗病基因编码蛋白的 N 端表现出结构多样性，其结构主要分为两大类：

①TIR-NBS-LRR（TNL）结构域：该结构域与果蝇 *Toll* 基因及哺乳动物的白细胞介素-1 受体类基因所编码的蛋白具有类似结构的一类结构域，其蛋白产物在免疫反应的信号传导过程中起重要作用。几乎所有的单子叶植物中都不含 TNL 结构的抗病基因，而相比较 CNL，TNL

在双子叶植物中的出现更常见且在数量上比 CNL 多,例如在拟南芥和大豆中,*TNL* 基因是 *CNL* 基因的 2 ~6 倍,与之相对应,在土豆和苜蓿中,*CNL* 基因的数量显著多于其 *TNL* 基因的数量。

②CC-NBS-LRR(CNL)结构域:由多个卷曲螺旋结构(CC,Coiled-coil)组合构成一个超级螺旋结构。很多植物的抗病蛋白中均存在 CNL 结构,一般认为 CNL 结构参与抗病的多个生化过程。比如,拟南芥中具有 CNL 结构的抗病蛋白参与抗病反应下游的众多信号调节过程,所以一般认为 CNL 结构在抗病反应的信号传导过程中与病原物的配体特异性结合。

1.1.4 植物抗病基因的产生机制

对植物抗病基因进行研究后发现,植物中的抗病基因因物种不同而存在很大遗传差异,这些差异表现在抗病基因的进化方式上。通过对众多物种的抗病基因进行纵向比较,有一种假设认为植物中的抗病基因由一个祖先基因进化而来;另一种假设认为是由两个或更多的基因家族协同进化而来,且抗病基因家族中不同源的序列表现出交错共排的结构。植物抗病基因成簇分布的原因是具有高度同源的核苷酸残基通过串联复制、片段复制和转座插入等方式实现抗病基因的进化。在进化速率上,抗病基因的不同结构域存在显著差异。因此,抗病基因的进化源于基因复制、转座子迁移等方式,而且这些元件可能进一步发生错配重组、不等价交换等遗传变异。基因的错配能够改变基因的编码方案因而进化出具有新功能的基因,基因的不等价交换改变了基因的结构,不等价的重组可使基因簇内的基因成员数目发生变化。不同进化方式的共同作用、相互影响使抗病基因表现出显著不同的结构域特征。

1.1.5 抗病基因在植物抗病及非生物胁迫反应中的作用

1)抗病基因在植物抗病反应中的作用

植物生长过程中经常受到细菌、真菌、病毒、支原体等病原微生物的侵袭与挑战,利用寄主抗性是最经济有效的控制方法。其中 *R* 基因在抵御病原菌入侵方面起着比较重要的作用,因此克隆植物抗病基因,研究其作用机制一直是植物遗传学家、病理学家与分子生物学家的重要研究课题。

第一个植物抗病基因 *Hml* 是由 Gumu 团队从玉米中分离出来的,它在玉米抗圆斑病中起重要作用。至今,已经从众多植物中分离出 50 多个抗病基因,如番茄的 *Pto* 基因,烟草的 *N* 基因,小麦的 *Lr*10 基因,亚麻的抗锈病 *L6* 基因,拟南芥的抗丁香假单胞菌基因 *RPS*2 和 *RPS*5 等,这些基因均在植物抗各种病害中起重要作用。

2)植物抗病基因在植物抗非生物胁迫中的作用

植物抗病基因不仅在抗各种病虫害中起着重要作用,在抵御各种非生物胁迫中也扮演重要角色,如位于拟南芥细胞质膜的抗病基因 *RPK*1 在脱落酸诱导、脱水、低温和高盐等非生物胁迫环境下转录水平明显上调,过表达该基因 RPK-LRR 结构域的拟南芥植株表现出对 ABA 极其敏感,表明 RPK1 参与 ABA 调控的信号转导途径,并在 ABA 信号的早期识别途径中发挥着作用。*ADR*1 是一类 *CC-NBS-LRR* 抗病基因,具有广谱抗病性,在拟南芥中过表达或者诱导表达该基因可表现出显著的抗盐特性,其突变体对盐极其敏感,表明该基因在盐胁迫中起着重要作用。*ZmRRPKl* 是在玉米中克隆到的响应渗透和 ABA 胁迫的 *LRR-RLK* 类抗病基因,这些研究结果表明植物抗病基因在植物非生物胁迫信号传导中也起着重要作用。

1.2 植物抗病基因研究中的生物信息学

生物信息学(Bioinformatics)是利用数学、信息学、统计学和计算机科学来研究生物学问题的一门交叉学科,随着生命科学和计算机科学的迅猛发展,生命科学和计算机科学相结合形成的这门新兴学科显得越来越重要。它综合利用生物学、计算机科学和信息技术来揭示生物大数据背后的生物学内涵。

最近30多年来,分子生物学所产生的数据迅速增长,产生的海量生物数据存放在各类生物数据库中,这些数据的格式也呈现出多样性、多维性和结构复杂等特点,比如核酸序列、氨基酸序列、蛋白质的二级结构和三级结构数据、蛋白质功能和特性数据等。生物数据增长非常迅速,每10个月翻一番,生物学家们不得不考虑如何高效管理这些海量的生物数据,如何解读隐藏在这些大数据背后的生物学意义,这些问题促进了生物信息学的快速发展。

1.2.1 生物信息学的定义

为生物信息学下一个准确的、能被该领域研究者广泛接受的定义比较困难。因为生物信息学属于交叉学科,来自不同领域有不同研究背景的研究者对生物信息学的看法不同,对生物信息学的定义也有差异。

美国国立卫生研究院的专家们认为生物信息学是指研究、开发和应用计算工具和方法来扩展生物、医学、行为和健康等数据的应用,内容包括数据的获取、储存、整理、归档、分析和可视化等。

目前,学者对生物信息学的定义逐渐达成一致,认为生物信息学是通过综合利用生物学、计算机和信息科学等多学科的综合知识来揭示海量且复杂关联的生物数据背后所蕴含的生物学意义,并根据所获得知识解释生命现象、解决生命科学研究中的问题。生物信息学以基因组DNA序列分析作为起点,进而分析蛋白质的结构和功能,对蛋白质的编码区信息进行结合位点和空间结构的模拟和预测,然后根据蛋白质的功能进行必要的药物设计等。

生物信息学的研究方向可由3个部分组成;一是构建生物信息学数据库,由此来收集、存储和管理不同类别的面向不同应用的海量生物信息;二是研究并开发可用来高效分析与挖掘生物数据的方法、算法和工具软件;三是使用生物信息学工具去分析和解释各种生物数据,获得数据背后的知识,这些数据包括DNA序列、RNA序列、蛋白质的氨基酸序列、蛋白质结构、基因表达、基因调控网络以及生物化学途径等。

1.2.2 生物信息学概述

生物信息学的起源最早可以追溯到20世纪60年代,由莱纳斯·卡尔·鲍林(Linus Carl Pauling)提出的分子进化理论表明生物信息学时代的来临。"生物信息学"(Bioinformatics)这个术语则是1990年由美籍华人林华安(Hwa A. Lim)首次使用的。生物信息学早期的研究对象主要限于DNA序列的存储和分析,而最近几年来的快速发展主要源于基因组计划及相关转录组、蛋白质组、代谢组、相互作用组等计划的实施和高通量生物实验技术的发展成熟,使生物学实验数据出现了爆炸性增长。生物信息学作为一门独立的学科只是近30年的事情,但事实上,与生物信息学相关的研究可以追溯到20世纪中期对蛋白质和DNA结构预测的模型研究。

生物信息学作为一门独立学科,其发展历史虽然较短,但由于生物数据的快速增长,科学研究中需要对这些大数据进行整理和分析,迫切的现实需求使生物信息学快速发展,大量针对具体问题的分析方法和分析软件层出不穷。特别是高通量测序能快速获得各种序列,在获得序列后进行序列的同源性分析,分析序列的功能域及基因家族;或者对序列进行聚类分析,并通过构建进化树来展示序列的进化关系;或者分析这些序列的调控信息等。在不同方面均有多种不同分析软件可供选择,通过文献或者搜索引擎可以获得这些软件。生物信息学分析软件已成为研究生物学的重要手段,是生物学家获取信息的重要途径。

1.2.3 比较基因组学

基因控制着细胞中的蛋白质合成,控制着生物的各种遗传性状。基因组(Genome)泛指生物体内全部遗传物质。在真核生物中,基因组是指一套染色体(单倍体)DNA。基因组学(Genomics)是从基因组整体层次上系统地研究各种生物种群基因组的结构和功能及相互关系的学科。比较基因组学(Comparative Genomics)是通过利用统计学理论和相关计算机程序对已知基因组图谱和序列进行分析,在基因和基因结构上与某些基因组进行比较,由此推断该生物基因组的基因存在、基因数量、在染色体上的位置分布、基因排列次序、编码序列和非编码序列的长度、数量和特征以及可能具有的功能、基因调控的结构域、进化树构建,并进一步描述该物种基因组的表达机制和物种进化关系。

比较基因组学的两个分支分别为物种间比较基因组学和物种内比较基因组学。物种间比较基因组学研究是通过比较两个不同物种间的全基因组序列,以确定其编码序列、非编码调控序列以及某些物种特有序列。另外,通过全基因组内的序列比较,可以发现基因组内的核苷酸组成、同线性关系、基因在染色体上的分布差异,通过物种内的比较可获得未知基因组的基因分布、基因定位、基因的进化关系等相关信息。物种内比较基因组学主要研究同一种群内部大量等位基因的变异特性和多态性,从而详细了解同一种群内不同个体及整个群体对疾病的易感性和对药物与环境因素的不同反应等特性。

1.2.4 基因家族的进化

这里描述的基因家族是指具有共同的祖先,通过基因的串联复制或者片段复制产生两个或更多的拷贝从而在功能上具有相似性的一组基因,这些基因编码具有相似功能的蛋白;而且这些基因在基因组上紧密连锁排列,且常以基因簇的形式存在,这些基因簇可能分布在一条染色体,也有分布在不同染色体上的现象,这一现象常用基因重复事件来解释。基因复制的机制是通过片段复制、串联重复或逆转录转座等基因水平转移的方式来实现进化的。

1.2.5 分子进化研究

分子进化是指生物在长期演变过程中,其细胞分子(例如DNA、RNA或者蛋白质)在序列组成上的改变。分子进化一般应用进化生物学和群体生物学的理论来解释生物分子或者细胞的演变过程。分子进化方面的主要课题包括单核苷酸的演化速率和影响、中性进化和自然选择、新基因的起源、复制特性的遗传机制、物种形成的遗传基础、进化过程及进化压力影响基因和表型改变的方式等。

1.3 常用生物信息学数据库和分析软件

1.3.1 生物信息数据库

在线的生物信息数据库非常多,生物信息学方面的权威期刊 *Nucleic Acids Research* 在每年的第一期,以专刊形式刊出生物数据库专辑,这表明数据库在生物研究中的重要性,也说明生物信息学研究中的数据库比较多。在生物信息学研究中,一些比较重要的生物数据库有如下几类:基因组数据库、核酸和蛋白质的初级序列数据库、生物大分子(如蛋白质数据库)的三维空间结构数据库,以及由上述3类数据库和由文献引用为基础构建的一些二级数据库。

核酸数据库是使用最广也是数据量最大的一类数据库,该数据库中包含来自不同物种具有已知或者未知功能的核酸序列。国际上三大主要核酸序列数据是美国生物技术信息中心的GenBank、欧洲分子生物学实验室的EMBL、日本遗传研究所的DDBJ,这三大数据库在1998年共同成立了国际核酸序列联合公用数据库,三大数据间相互协作,每天进行数据库间的数据交换,保证数据内容在全世界范围内的同步,三大数据库可以各自接收新登记的核酸序列数据,实现数据库间协调更新,并提供数据转化、分析和信息分类等服务。

1.3.2 序列相似性比对软件 BLAST

序列局部相似性比对检索工具BLAST(Basic Local Alignment Search Tool)是一款序列相似性比较工具,可根据查询序列快速从数据库中找出匹配序列,并按照相似度打分对搜索结果排序。它是通过序列的两两比对实现搜索序列与数据库中序列的相似性匹配的。序列两两比对的目的是找出序列间的相似程度,用于推测序列的相同区域,推测查询核酸或蛋白序列的功能,以及推测一组序列是否起源于同一祖先。BLAST 可用于各种核苷酸序列、蛋白质序列的相似性搜索,它实现输入序列与数据库中现有序列的逐一两两比对,搜索输入序列在数据库中的相似序列,用于核酸和蛋白质序列的功能结构预测和分析。由于搜索序列和数据库中序列的类型不同,BLAST 有好几种变体程序存在,查询序列可以是蛋白质或者核酸序列。BLAST为生物学家提供了基于命令行的访问接口,是一款非常流行的生物信息学工具。目前,BLAST命令行工具包可运行在 Linux 操作系统、各种类似 Unix 的操作系统、Microsoft 操作系统以及 Mac OS 等操作系统。BLAST 工具包中包括的程序有 blastp、blastx、blastn、tblastn、tblastx 等,分别对应于不同的查询序列和不同的搜索数据库(表1.1)。

表 1.1　BLAST 程序查询的序列类型和数据库类型

程序名称	搜寻序列类型	查询数据类型	用　途
blastp	蛋白质	蛋白质	用蛋白质序列搜索蛋白质序列数据库
blastn	核酸	核酸	用核酸序列搜索核酸序列数据库
blastx	核酸	蛋白质	将核酸序列按 6 种方式翻译成蛋白质序列后搜索蛋白质序列数据库
tblastn	蛋白质	核酸	用蛋白质序列搜索由核酸序列数据库按 6 种方式翻译成的蛋白质序列数据库
tblastx	核酸	核酸	将核酸序列按 6 种方式翻译成蛋白质序列后搜索由核酸序列数据库按 6 种方式翻译成的蛋白质序列数据库

1.3.3　多序列比对软件 Clustal

Clustal 是一种利用渐进法(Progressive Alignment)实现对核酸或蛋白质序列进行多序列比对(Multiple Sequence Alignment)的软件,通过多序列比对可以发现多序列间的共有特征序列,根据序列特征对蛋白质序列进行分类,推断序列间的同源性,为构建进化分析树提供依据,也可帮助预测新的蛋白质序列的二级结构与三级结构。Clustal 包括 Clustal X 和 Clustal W,Clustal X 是图形化界面版本,而 Clustal W 是命令行调用方式,它是生物信息学中常用的多序列比对工具之一。

1.3.4　系统进化树生成软件 MEGA

MEGA(Molecular Evolutionary Genetics Analysis)软件是一款分子进化遗传分析软件,用于序列比对分析、计算遗传距离、构建进化树、估算分子进化速率、验证进化假说、推断基因和基因组进化过程中的自然选择强度等。MEGA 软件具有友好的图形化界面,操作便捷,支持多种文件格式的输入输出,并可以直接访问 NCBI 网站等功能。MEGA 尤其在计算遗传距离、构建分子进化树方面表现出强大功能,可以提供多种距离模型供选择,进化分析软件 MEGA 为用户提供了多种进化树构建方法,包括不加权对群法(Unweighted Pair Group Method with Arithmetic mean,UPGMA),邻接法(Neighbor-Joining,NJ),最大简约法(Maximum Parsimony,MP)、最小进化法(Minimum Evolution,ME)等。MEGA 还对这些算法进行扩展,并提供了对已构建的进化树进行检验的功能,检验方法包括自展法(Bootstrap Method)检验和内部分支检验。就目前来说,MEGA 进化分析软件主要提供构建基于序列的进化分析功能和基于可视化树状图的进化分析功能。

1.3.5　表达谱分析

基因表达谱(Gene Expression Profile)是一种在分子生物学领域,借助 cDNA、表达序列标签(Expressed sequence Tag,EST)或寡核苷酸芯片等来测定细胞中基因表达情况(包括特定基因是否表达,以及基因表达丰度,基因在不同组织、不同发育阶段以及不同生理状态下的表达差异）的方法，从而描绘该特定细胞或组织在特定状态下的基因表达种类和丰度信息，这样编制成的数据表就称为基因表达谱，其中表达谱数据常用 R 软件进行处理。

1.3.6 开发语言及工具

目前，利用计算机编程语言、数据库技术以及 Web 服务器开发技术处理生物数据，开发工具包，构建网络服务平台已经成为一种共识。本书的生物数据处理工具都是基于 Java 语言开发的，搭建 Web 服务器使用的软件为 Apache 和 Tomcat，后台数据库软件为 MySQL，服务器端的开发语言则采用 JSP 和 Servlet。

1.4 本书的技术线路图

本书的研究技术线路如图 1.3 所示。

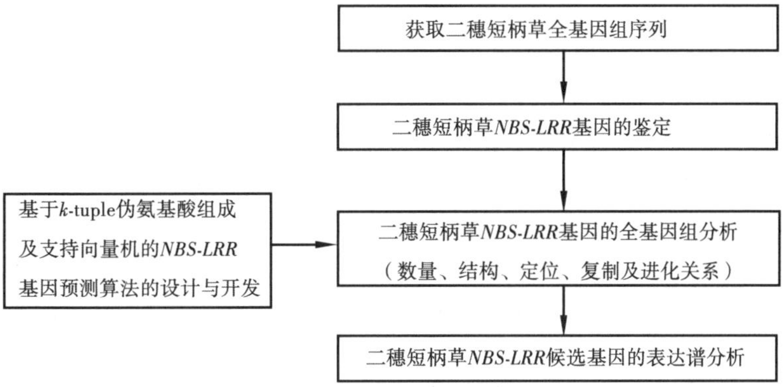

图 1.3 本书的技术线路框架图

1.5 本书的主要内容

本书通过对二穗短柄草全基因组中编码 NBS-LRR 蛋白的基因家族进行鉴定，获得 126 个 *NBS-LRR* 型抗病基因，并对其结构、进化、染色体定位、基因复制、启动子区、环境胁迫及赤霉菌感染下的表达数据进行了系统分析，设计开发了一种基于 *k*-tuple 伪氨基酸成分与支持向量机的 *NBS-LRR* 预测算法。

本书的主要研究工作如下：

①在二穗短柄草全基因组测序完成后，首次利用生物信息学方法对二穗短柄草中的 *NBS-LRR* 抗病基因家族进行了鉴定。

②对短柄草中已鉴定的 *NBS-LRR* 基因的结构、进化、保守基序、基因复制扩增等进行了全面分析，揭示了二穗短柄草中这类抗病基因的结构特征及进化机制。

③对二穗短柄草中的 *NBS-LRR* 抗病基因在环境胁迫与赤霉菌侵染胁迫下的表达数据进行了系统分析，获得了这些抗病基因在环境胁迫下的表达特征。本书发现，在赤霉菌侵染下

NBS-LRR 抗病基因中有 5 个基因表达显著上调，为这 5 个参与赤霉菌抗病反应基因的后续功能研究奠定基础。

④本书设计开发一种基于 *k*-tuple 伪氨基酸组成成分与支持向量机的 *NBS-LRR* 预测算法，可以对已有的蛋白质序列、核苷酸序列或者新测序的基因组进行 *NBS-LRR* 预测，为植物 *NBS-LRR* 基因家族的鉴定与进化分析提供便利。

1.6 本书的目的和意义

植物在生长过程中易受到各种外源病毒、细菌、真菌等病原体的侵袭，粮食作物的病害是农作物减产甚至绝收的直接原因，严重影响经济生产和粮食安全。为了抵御病原体的侵害，植物在进化中产生了一系列的抗病基因，其中编码 NBS-LRR 蛋白的基因是其中最大的一类抗病基因家族。二穗短柄草属禾本科（Poaceae），与水稻和小麦在进化关系上比较亲缘（图 1.4），特别是与小麦有 95% 的序列同源性，感染小麦的所有病害都能感染短柄草并产生相似的病症，因此对短柄草抗病基因家族的鉴定与功能分析将为粮食作物的抗病基因家族鉴定和分离提供重要的参考，为后续抗病育种研究的开展奠定基础。

选择二穗短柄草作为研究对象有如下优势：生长条件简单、植株矮小、生长周期短、自花授粉、繁殖能力强、易转化、拥有迄今所知禾本科植物中最小的基因组（272 Mbp）、遗传资源丰富、种子多且成熟时不易掉粒、有利于高通量遗传突变体筛选，与小麦、柳枝稷同属禾本科早熟禾亚科，是研究小麦、大麦等禾谷类经济作物以及柳枝稷等能源植物比较适合的模式植物。目前，二穗短柄草是冷季型禾本科早熟禾亚科中最早完成全基因组测序的植物。因此，以二穗短柄草为模式植物，利用生物信息学方法分析二穗短柄草中 *NBS-LRR* 抗病基因的结构、分布、表达及进化特征，弄清了抗病基因的数量、结构、进化关系；通过在 4 种环境胁迫下的表达分析，获得 *NBS-LRR* 抗病基因对环境的响应及共表达特性，在分析了赤霉菌感染二穗短柄草的表达数据后，本书发现共有 5 个抗病基因的表达反应显著上调，推断它们可能参与了赤霉菌的抗病反应，这些成果将为禾谷科及麦类作物抗病机理的研究打下坚实的基础，必将加速麦类作物的遗传改良进程。此外，本书在分析抗病基因家族的基础上，设计开发了一种基于 *k*-tuple 伪氨基酸组成成分与支持向量机的 *NBS-LRR* 预测算法，与现有的 *NBS-LRR* 基因家族鉴定方法相比，具有准确性高、操作方便等优点。除此之外，利用该算法可以快速对植物新测序或者已测序的物种进行 *NBS-LRR* 基因家族鉴定，为生物学家进行后期的功能验证奠定了基础，同时也为 *NBS-LRR* 基因家族进化与扩张模式的分析提供了便利。

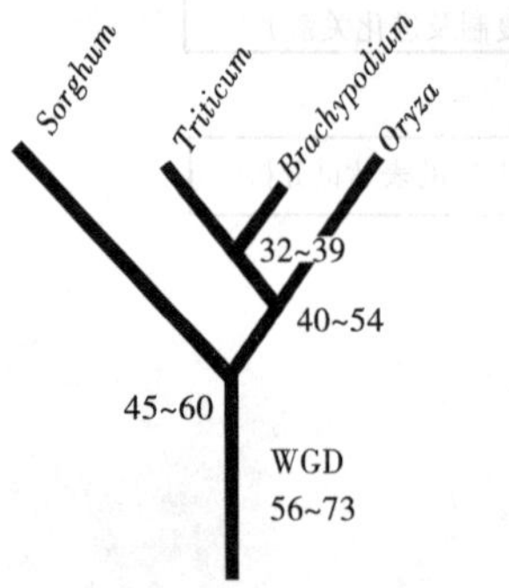

图 1.4　短柄草基因组的进化

2 二穗短柄草抗病基因家族 *NBS-LRR* 的鉴定与生物信息学分析

2.1 引言及研究动机

二穗短柄草的全基因组测序于 2010 年完成，根据对全基因组序列的分析结果可知，二穗短柄草与小麦、大麦、水稻等禾本科植物起源于共同的祖先。大约在 4000 万 ~ 5300 万年前，水稻从原始植株中分离出来，小麦在 3200 万 ~ 3900 万年前形成，之后又经历若干年的进化，二穗短柄草从小麦属中独立分化出来，因此二穗短柄草与小麦具有很近的亲缘关系，两者基因组序列的相似度高达 95% 以上。更值得关注的是，易导致小麦染病的各类细菌均能感染短柄草，因此二穗短柄草已成为研究小麦、水稻、大麦、高粱、玉米、牧草等作物的新型模式植物，特别是在植物抗病研究方面，对短柄草的研究将具有很好的借鉴作用。二穗短柄草全基因组测序的完成将成为继双子叶模式植物拟南芥大规模深入研究之后，引领单子叶植物研究领域的又一场革命，它是单子叶模式植物，适合作为冷季型禾谷类作物的模式植物。

对拟南芥、水稻、小麦、苜蓿、高粱、大麦、大豆、花生、葡萄、杨树等植物的 *NBS-LRR* 抗病基因家族的研究已有报道，然而对禾本科新型模式植物二穗短柄草中的 *NBS-LRR* 抗病基因家族成员的研究至今未见报道。2010 年，二穗短柄草完成了全基因组测序，为其进行全基因组分析 *NBS-LRR* 抗病基因家族成员提供了可能。

本书的研究是根据植物 *NBS-LRR* 基因家族的特性及其保守结构域，利用生物信息学方法从二穗短柄草全基因组中共鉴定出 126 个 *NBS-LRR* 抗病基因。然后对该基因家族中各成员的基因结构、保守结构域、染色体定位、基因复制事件、启动子区域、进化关系等进行了系统分析。本书为植物基因组中 *NBS-LRR* 型抗病基因的后续研究奠定了良好基础。

为了躲避细菌、真菌、卵菌、病毒、线虫等致病原的侵染，植物进化出各种防御机制。根据基因对基因假说，植物中特定抗病基因（*R* 基因）与病原物中的同源无毒基因（*Avr* 基因）具有相互作用、协同进化的关系。这种特定的防御模式与局部过敏反应相关，通过识别病原物的作用产物触发相应的防御反应，引起植物细胞局部程序性死亡，从而起到防御作用。根据文献可知，植物基因组中具有大量的 *R* 基因以应对各类病原菌的侵染，大多数 *R* 基因都编码具有特定结构的蛋白，这些蛋白在其 N 端含有 NBS 结构，在 C 端含有 LRR 的重复结构。NBS 结构域一般与信号的识别相关，该区域具有几个高度保守的基序（Motif），例如 P-loop 结构、Kinase-2 结构、GLGL 基序等。这些区域被认为结合并水解 ATP 和 GTP。LRR 基序的主要功能包括与蛋白的相互作用、与病原菌相关配体的结合等，因此该基序结构在病原物的特异性识别方面起着重要作用。在植物中，根据 N 端是否出现 TIR 结构域，可将 *NBS-LRR* 基因家族分为两个分支，植物中的大多数抗病基因都缺乏 TIR 结构域，特别是单子叶植物，但在其 N 端具有卷曲螺旋结构。根据已有的相关文献可知，在众多植物物种中均发现了 *NBS-LRR* 基因家族，从不同物种中分离出众多编码 NBS-LRR 蛋白的基因序列，其中在拟南芥（*Arabidopsis thaliana*）中发现 149 个，水稻（*Oryza sativa* L. ssp *Japonica*）中发现 535 个，杨树（*Populus trichocarpa*）中发现 330 个，苜蓿（*Medicago truncatula*）中发现 333 个，葡萄（*Vitis vinifera* ）中发现 459 个，木瓜（*Carica papaya*）中发现 55 个，百脉根（*Lotus japonicus*）中发现 158 个，小麦（*Triticum aestivm*）中发现了 580 个。

目前，除了在四种草科植物中报导了 *R* 型抗病基因及其进化模式外，关于短柄草中的 *NBS-LRR* 编码基因及其进化模式的研究还未见报道。二穗短柄草是一种非常有研究价值的单子叶模式植物，具有植株较小、生长周期短、生长条件简单、易于实验处理等优点。短柄草是早熟禾亚科（Pooideae）的一个子家族，与小麦、燕麦和大麦等粮食作物有较近的亲缘关系。短柄草不仅是粮食作物最直观的模式植物，也经常作为油料作物，比如柳枝稷和芒草的模式植物。在 2010 年，完整的二穗短柄草的全基因组序列被测序完成并公开，通过访问 Phytozome、Gramene. org 或 Plant GDB 等公共数据库网站可得到它的全基因组序列，这些网站为单子叶植物及重要粮食作物的研究提供了重要参考，特别是对基因家族的分析以及分析物种间基因的保守特性等方面提供了众多便利。

在本书的研究中，对二穗短柄草的全基因组中编码 NBS-LRR 蛋白的抗病基因家族进行了全基因组的预测与分析，获得了 239 个编码 NBS 蛋白的候选基因，其中包括 126 个典型 *NBS* 基因和 113 个非典型 *NBS* 基因，对 126 个典型 *NBS* 基因的内含子/外显子结构、蛋白质保守基序、基因复制事件、在染色体上的位置分布、进化关系、启动子区域等方面进行了全面的关联分析；同时，本书也对二穗短柄草数据库中的 *NBS-LRR* 编码基因在特定胁迫条件下的表达谱数据进行了分析，这些结果将便于在二穗短柄草中分离新的抗病基因，为抗病育种工作的进一步开展奠定基础。

2.2 数据与方法

2.2.1 二穗短柄草中 *NBS-LRR* 家族成员的鉴定方法

首先，从专门收录植物基因组的网站（http://www. Brachypodium. org/）下载二穗短柄草的全基因组序列（1.2 版本），使用 BLAST 软件构建一个本地的蛋白数据库。从二穗短柄草中鉴定编码 NBS 结构域候选基因的方法与从拟南芥和水稻中鉴定 *NBS* 基因的方法一致，具体的过程如下：

①从蛋白质家族结构域数据库 Pfam（http://pfam. xfam. org/）中以关键字 PF00931 检索 *NBS* 抗病基因的隐马尔科夫模型，使用该模型从二穗短柄草全基因组序列中筛选出含有 NBS

结构域的候选蛋白序列。

②用多序列比对软件 Clustal W 对上一步获得的候选蛋白序列进行多序列比对。

③用比对过的候选蛋白序列的保守结构域构建二穗短柄草 *NBS* 基因的隐马尔科夫模型；并按照文献中所述从拟南芥中鉴定 *R* 基因的方法，从短柄草中鉴定出 *NBS* 候选基因。该步骤非常重要，它决定了从短柄草中初步筛选出 *NBS* 抗病基因的数目。然后使用筛选后获得的二穗短柄草候选蛋白序列重新构建 NBS 抗病蛋白的隐马尔科夫模型，再次搜索二穗短柄草蛋白质本地数据库，并设置期望阀值（Threshold Expectation Value）为 10^{-10} 作为 HMMER 软件搜索的阈值，该经验值可以过滤掉大部分假候选抗病蛋白序列。进而根据 *NBS-LRR* 基因的多个保守结构域特征，检测已获得的 *NBS* 候选基因是否出现或缺失了某些结构域，以此法进行手工矫正，去掉假候选抗病蛋白序列。

④通过预测和手工矫正获得含有 NBS 结构域的候选蛋白序列后，再通过 BLAST 工具包中的 blastp 程序搜索本地非冗余蛋白质序列库 nr，由此可以确定这些候选蛋白是否具有典型的 NBS 结构域。

⑤在获得了这些候选蛋白后，通过访问 Pfam（http://pfam.janelia.org/），InterProScan（http://www.ebi.ac.uk/Tools/pfa/iprscan/）和 PRODOM（http://prodom.prabi.fr/prodom/current/html/home.php）在线数据库，由此来判断鉴定的 NBS 候选蛋白序列是否编码了 TIR、NBS、LRR 等保守结构域，同时通过 COILS 程序（网址：http://www.ch.embnet.org/software/COILS_form.html 和 http://toolkit.tuebingen.mpg.de/pcoils）来检测候选序列中是否含有 CC 结构域。

⑥最后根据这些蛋白质基序和结构域信息对预测获得的 *NBS* 抗病基因进行分类。

2.2.2　二穗短柄草中 *NBS-LRR* 抗病基因的保守结构和基因复制事件分析

我们对获得的 *NBS* 候选抗病基因的保守结构域及其基因复制事件进行了分析。根据 NBS 蛋白的保守结构域特征，截取了候选蛋白从 P-loop 环开始到 MHDV 基序为止这一段大约 300 个氨基酸长度的序列片段，以进行 *NBS* 抗病基因结构域分析，然后使用 MEME（Multiple Expectation Maximization for Motif Elicitation）保守基序在线分析工具分析从二穗短柄草中鉴定出的 126 个典型的 *NBS-LRR* 基因。在分析候选基因序列的保守基序时，根据文献提供的推荐值设置 MEME 软件的参数如下：

①最优基序序列宽度为 6 ~ 50 个氨基酸残基。

②单条氨基酸序列中的最大基序个数不超过 20。

③使用 MEME 工具默认的迭代次数。

④其他参数采用 MEME 默认参数。

此外，本书没有使用 MEME 工具软件分析非典型的 *NBS* 基因，因为这些基因的蛋白质序列要么长度非常短，要么没有典型的 NBS 保守基序。除此之外，根据文献中基因复制事件的定义，对获得的 *NBS-LRR* 基因进行了基因复制事件分析，并使用如下规则来定义 *NBS* 候选基因的基因复制事件：

①多序列比对结果的覆盖度大于或等于最长基因的 80%。

②多序列比对的比对区域相似性（Identity）大于或等于 70%。

③对在染色体上分布紧密连锁的基因仅认为是一个基因复制事件。如果有多个基因在基因复制事件上相关联，则认为它们就是一个基因复制块（Gene Duplication Block）或者是一个

基因簇(Gene Cluster)。

2.2.3 二穗短柄草中 *NBS-LRR* 基因在染色体上的分布与基因进化分析

利用 BLAT 软件工具来分析 *NBS* 候选基因在二穗短柄草全基因组各染色体上的分布情况,使用全基因组序列构建短柄草 5 条染色体的本地数据库,通过 BLAT 工具软件搜索本地数据库从而获得这些基因在染色体上的位置信息。为了获得这些基因的进化信息,使用 Clustal W 工具软件进行多序列比对,并对比对结果进行适当的手工矫正,将矫正过的多序列比对结果输入工具软件 MEGA,选择邻接法构建系统进化树并进行 1 000 次抽样检测,具体的使用方法请参考软件说明。

2.2.4 *NBS-LRR* 抗病基因启动子区域相关元件的分析

为了分析 *NBS* 抗病基因上游的启动子区域是否含有与抗病反应及环境胁迫相关的元件,分别对 126 个抗病基因在染色体上所在位置上游 1 kb 范围内的序列进行选取;其中 *NBS-LRR* 抗病基因在染色体上的位置信息可以从二穗短柄草的全基因组标注信息中获得;然后用植物启动子元件分析数据库 PLACE(http://www.dna.affrc.go.jp/PLACE/)来分析这个家族成员上游序列中所含有的抗逆元件,参数均设定为默认值。重点关注的抗逆调控元件主要包括元件 WBOX(序列 TGACC/T)与转录因子 WRKY 相关元件,元件 CBF(序列为 GTCGAC)和 GCC 框与 ERF 型转录因子相关元件等。

2.2.5 *NBS-LRR* 抗病基因的 EST 分析

为了进一步分析 *NBS* 抗病基因在不同组织及环境胁迫下的表达情况,对二穗短柄草中的 *NBS-LRR* 基因在不同组织及干旱胁迫条件下的 EST 数据进行了分析,用 *NBS-LRR* 候选基因作为查询输入,搜索了短柄草的表达序列标签数据库(EST Database),并按照短柄草的不同组织及胁迫强度进行分组获取和分析。

2.3 结果与分析

2.3.1 二穗短柄草中 *NBS-LRR* 抗病基因的鉴定与分类

以拟南芥 *NBS-LRR* 抗病基因所编码蛋白的氨基酸作为参考序列,按照 Meyers 等人分离拟南芥 *NBS-LRR* 基因的方法,应用 HMMER 软件搜索然后再手工筛选,最终从二穗短柄草基因组数据库中鉴定出了 239 个 *NBS* 候选基因(表 2.1),通过人工筛选和手工矫正最终确定了 126 个典型的 *NBS-LRR* 抗病基因(详细列表见附录 1、2 和 3);手工矫正了 6 个抗病基因的基因信息(图 2.1),其中在基因编号末尾使用字母 m 表示手工矫正过的基因,其中典型 *NBS* 抗病基因中有 5 个,非典型抗病基因有 1 个。随后利用 Pfam,InterProScan 等在线数据库,来确定鉴定的 NBS 候选蛋白序列是否含有保守的 TIR、NBS、LRR 等结构域,利用 COILS 程序(网址:http://www.ch.embnet.org/software/COILS_form.html 和 http://toolkit.tuebingen.mpg.de-/pcoils)来检测候选序列中是否含有 CC 结构域。最后根据这些蛋白质基序和结构域信息对预

测的 *NBS* 抗病基因进行分类(其中利用 Pfam 数据库获得的搜索结果见表 2.2)。对于非典型的 *NBS-LRR* 基因,由于这些序列不具有典型的 NBS 或者 LRR 结构域,因此在表 2.1 中并没有提供其分类信息。

表 2.1　二穗短柄草中 239 个候选的抗病基因

	IBI 编号	氨基酸长度/bp	类型
1	Bradi4g10037.1m1	1 027	CN
2	Bradi4g10037.1m2	1 014	CN
3	Bradi2g39517.1	1 220	CN
4	Bradi1g55080.1	902	CN
5	Bradi1g00227.1m	784	CN
6	Bradi5g01167.1	915	CN
7	Bradi3g41960.1	1 205	CN
8	Bradi5g17527.1	925	CN
9	Bradi4g09247.1	919	CN
10	Bradi1g29427.2	851	CN
11	Bradi1g29427.1	868	CN
12	Bradi4g06970.1	919	CNL
13	Bradi2g21360.1	1 130	CN
14	Bradi2g52840.1	1 111	CNL
15	Bradi1g29441.1	854	CN
16	Bradi5g03110.1	911	CN
17	Bradi4g21890.1	908	CN
18	Bradi1g01377.1	915	CN
19	Bradi4g33467.1	880	CN
20	Bradi4g14697.1	875	CN
21	Bradi4g04655.1	948	CN
22	Bradi4g04662.1	940	CN
23	Bradi2g37172.1	896	CN
24	Bradi4g10060.1	1 022	CNL
25	Bradi4g10171.1	847	XNL
26	Bradi4g10207.1	839	XNL
27	Bradi5g02367.1	1 531	XN
28	Bradi4g10017.1	862	XNL
29	Bradi4g10030.1	1 012	CNL
30	Bradi4g12877.1	946	CN
31	Bradi1g01407.1	941	CN

续表

	IBI 编号	氨基酸长度/bp	类型
32	Bradi4g10180.1	1 019	CNL
33	Bradi4g05870.1	1 245	CN
34	Bradi2g39847.1	916	CN
35	Bradi2g39091.1	963	CN
36	Bradi3g22520.1	923	CN
37	Bradi4g04657.1	932	CN
38	Bradi4g20527.1	927	CN
39	Bradi3g03882.1	914	CN
40	Bradi4g21842.1	841	CN
41	Bradi1g01387.1	923	CN
42	Bradi4g01687.1	949	CN
43	Bradi4g01687.2	951	CN
44	Bradi4g10220.1	877	CNL
45	Bradi2g39207.1	909	CNL
46	Bradi1g01257.1	951	CN
47	Bradi2g60434.1	918	CNL
48	Bradi5g22547.1	1 571	CN
49	Bradi2g37166.1	957	CN
50	Bradi5g22842.1	1 536	CN
51	Bradi4g38170.1	839	XN
52	Bradi2g03060.1	1 020	CN
53	Bradi3g03874.1	925	CN
54	Bradi2g35767.1	1 484	CN
55	Bradi3g19967.1	930	CN
56	Bradi2g09480.1	1 300	CNL
57	Bradi3g03587.1	923	CN
58	Bradi2g39247.1	927	CN
59	Bradi1g48747.1	975	CN
60	Bradi5g15560.1	920	CNL
61	Bradi1g29658.2	1 283	CN
62	Bradi1g29658.1	1 307	CN
63	Bradi5g22187.1	1 750	CN
64	Bradi1g51687.1	942	CN

续表

	IBI 编号	氨基酸长度/bp	类型
65	Bradi2g39547.1	831	XNL
66	Bradi2g36037.1	1 562	CN
67	Bradi3g03878.1	926	CN
68	Bradi2g39537.1	934	CN
69	Bradi4g10190.1	1 066	CN
70	Bradi1g22500.1	959	CN
71	Bradi2g52150.1	910	CNL
72	Bradi4g03005.1	938	CN
73	Bradi1g29560.1	1 073	CNL
74	Bradi5g02360.1	980	CN
75	Bradi4g16492.1	913	CNL
76	Bradi3g60337.1	1 356	CNL
77	Bradi2g03260.1	992	CN
78	Bradi1g01250.1	988	CN
79	Bradi2g12497.1	806	CN
80	Bradi2g60250.1	1 211	XNL
81	Bradi2g36180.1	1 247	XNL
82	Bradi3g41870.1	1 222	CN
83	Bradi4g39317.1	1 212	CNL
84	Bradi4g21950.1	1 215	CN
85	Bradi4g09597.1	973	CN
86	Bradi3g28590.1	1 902	CN
87	Bradi4g06460.1	1 180	CNL
88	Bradi1g50407.1	1 034	CN
89	Bradi1g00237.1	940	CN
90	Bradi2g38987.1	897	CN
91	Bradi2g60260.1	1 353	CNL
92	Bradi2g60230.1	1 400	CNL
93	Bradi2g09434.1	1 337	XN
94	Bradi1g27757.1	1 079	CN
95	Bradi4g15067.1	968	CN
96	Bradi4g06470.1	1 272	XN
97	Bradi2g51807.1	1 288	CN

续表

	IBI 编号	氨基酸长度/bp	类型
98	Bradi1g67840.1	926	XNL
99	Bradi4g17365.1	971	CN
100	Bradi2g03007.2	1 017	CN
101	Bradi2g03007.1	1 034	CN
102	Bradi1g27770.1	1 119	CNL
103	Bradi3g15277.1	887	CN
104	Bradi2g03020.1	972	CN
105	Bradi2g37990.1	803	CN
106	Bradi2g59310.1	957	CN
107	Bradi4g01117.1	1 077	CN
108	Bradi4g28177.1	951	CNL
109	Bradi1g15650.1	1 260	CNL
110	Bradi4g24887.1	990	CN
111	Bradi3g60446.1	885	CNL
112	Bradi4g35317.1	941	CN
113	Bradi4g36976.1	1 077	CN
114	Bradi5g03140.1	849	CN
115	Bradi4g03230.1	842	XNL
116	Bradi2g09427.1	1 065	CN
117	Bradi1g29434.1	747	CN
118	Bradi1g01397.1m	944	CN
119	Bradi1g50420.1	860	CN
120	Bradi1g00960.3	1 062	CN
121	Bradi1g00960.1	1 170	CN
122	Bradi3g42037.1	752	CN
123	Bradi4g09957.1m	1 020	CN
124	Bradi2g03200.1	863	CN
125	Bradi4g25780.1	784	XN
126	Bradi3g61040.1	1 058	CN
127	Bradi3g14917.1	1 381	
128	Bradi4g02825.1	554	
129	Bradi4g10050.1	891	
130	Bradi4g02552.1	852	

续表

	IBI 编号	氨基酸长度/bp	类型
131	Bradi3g00757.1	915	
132	Bradi2g61510.1	614	
133	Bradi1g29670.1	1 160	
134	Bradi2g25327.1	1 112	
135	Bradi4g10150.1	1 161	
136	Bradi5g01936.1	1 132	
137	Bradi4g02625.1	849	
138	Bradi3g34697.1	898	
139	Bradi5g15565.1	967	
140	Bradi4g44637.1	941	
141	Bradi2g38827.1	1 114	
142	Bradi4g44603.1	896	
143	Bradi4g44227.1	915	
144	Bradi4g44217.1	913	
145	Bradi4g44550.2	907	
146	Bradi4g09587.1	925	
147	Bradi4g12737.1	841	
148	Bradi4g44575.1	915	
149	Bradi2g36150.1	365	
150	Bradi2g38810.1	1 630	
151	Bradi2g38800.1	1 068	
152	Bradi2g61520.1	887	
153	Bradi2g03040.1	463	
154	Bradi4g23880.1	1 154	
155	Bradi4g09577.1	1 045	
156	Bradi2g38987.4	653	
157	Bradi4g07027.1	1 026	
158	Bradi4g02535.1	674	
159	Bradi3g10370.1	936	
160	Bradi4g44560.1m	953	
161	Bradi4g15060.1	988	
162	Bradi4g02520.1	1 411	
163	Bradi1g56695.1	1 041	

续表

	IBI 编号	氨基酸长度/bp	类型
164	Bradi3g58937.1	1 066	
165	Bradi4g02542.1	373	
166	Bradi2g38790.1	913	
167	Bradi4g10197.1	458	
168	Bradi3g05480.1	921	
169	Bradi1g29370.1	1 138	
170	Bradi1g29267.1	1 622	
171	Bradi3g05470.1	789	
172	Bradi3g60980.1	219	
173	Bradi3g60250.1	1 150	
174	Bradi4g40727.1	919	
175	Bradi4g02490.1	1 640	
176	Bradi2g38900.1	1 063	
177	Bradi4g25810.1	916	
178	Bradi4g02500.1	911	
179	Bradi1g29634.1	461	
180	Bradi4g25040.1	895	
181	Bradi1g29360.1	1 287	
182	Bradi4g02530.1	254	
183	Bradi4g12680.1	661	
184	Bradi2g41930.1	381	
185	Bradi4g17135.1	351	
186	Bradi3g58951.1	739	
187	Bradi1g51320.1	878	
188	Bradi1g34430.2	996	
189	Bradi5g22150.1	152	
190	Bradi5g02860.1	918	
191	Bradi4g11920.1	833	
192	Bradi4g00610.1	1 898	
193	Bradi2g18840.1	502	
194	Bradi2g39560.1	362	
195	Bradi1g58950.1	497	
196	Bradi3g45550.1	494	

续表

	IBI 编号	氨基酸长度/bp	类型
197	Bradi5g01480. 1	506	
198	Bradi4g44590. 1	314	
199	Bradi2g48487. 1	503	
200	Bradi4g13480. 1	1 132	
201	Bradi4g44590. 2	312	
202	Bradi2g48467. 1	511	
203	Bradi1g53930. 1	490	
204	Bradi4g16340. 1	498	
205	Bradi4g02525. 2	466	
206	Bradi2g48480. 1	438	
207	Bradi4g02525. 5	454	
208	Bradi4g02525. 1	462	
209	Bradi4g13980. 1	262	
210	Bradi4g13540. 1	1 032	
211	Bradi5g00870. 1	1 058	
212	Bradi3g58944. 1	1 111	
213	Bradi4g13470. 1	1 134	
214	Bradi3g22540. 1	450	
215	Bradi4g13550. 1	1 134	
216	Bradi3g07315. 1	407	
217	Bradi1g58940. 1	497	
218	Bradi3g15990. 1	485	
219	Bradi2g36030. 1	1 381	
220	Bradi4g24930. 1	443	
221	Bradi3g16000. 1	503	
222	Bradi4g22740. 1	163	
223	Bradi4g14120. 1	273	
224	Bradi1g34370. 1	496	
225	Bradi5g00440. 1	314	
226	Bradi2g39390. 1	321	
227	Bradi2g37190. 1	625	
228	Bradi4g07910. 1	1 078	
229	Bradi2g52450. 1	923	
230	Bradi2g52430. 1	398	
231	Bradi4g07902. 2	509	
232	Bradi4g07902. 1	571	
233	Bradi4g24852. 1	440	
234	Bradi4g24857. 1	482	
235	Bradi4g24845. 1	442	
236	Bradi4g24845. 2	444	

续表

	IBI 编号	氨基酸长度/bp	类型
237	Bradi1g58980.1	511	
238	Bradi3g21190.1	497	
239	Bradi3g34967.1	946	

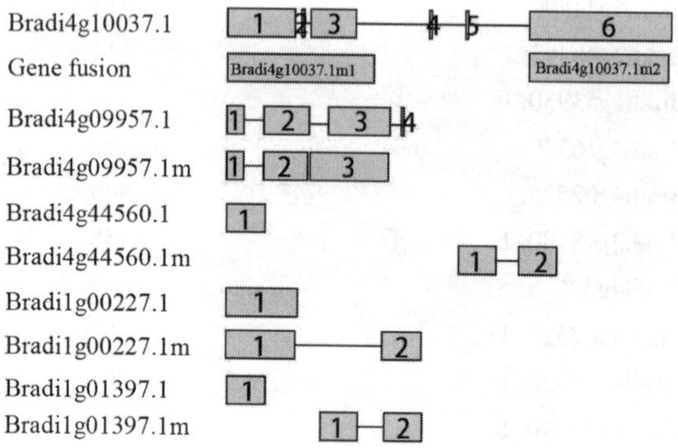

图 2.1　手工矫正的 6 个基因模型

注：按照在外显子残基序列的长度，按照一定的放缩比例，使用矩形框表示，矩形框线间的连线表示外显子序列间的内含子，内含子和外显子使用同比例绘制。

利用含有染色体及基因位置信息的短柄草全基因组序列构建本地数据库，使用 BLAST 软件工具包中的 blastn 程序对本地数据库进行检索，以获得外显子/内含子的结构和位置信息，最后对 126 个 *NBS-LRR* 基因中的 6 个基因进行了矫正。在这 6 个矫正的基因中，Bradi4g09957.1m 与 GenBank 中的 ACF22730.1 完全匹配，表明从短柄草数据库中预测的 Bradi4g09957.1 序列多了一个末端外显子。候选抗病基因序列 Bradi4g44560.1、Bradi1g00227.1 和 Bradi1g01397.1 虽然具有完整明确的开放阅读框（Open Reading Frame，ORF），但与传统的 *NBS* 抗病基因相比，它们缺失了特定的保守结构域或者大片段关键序。例如 Bradi1g00227.1 缺失了典型的 3’端序列。Bradi4g10037.1 被认为是由 Bradi4g10037.1m1 和 Bradi4g10037.1m2 这两个基因融合形成的。通过搜索 EST 数据库，获得了每个矫正基因模型的 EST 支持数据。若有实验条件，可对二穗短柄草的 RNA 进行提取，cDNA 反转录，RT-PCR 及基因克隆，即可用湿实验来验证手工矫正基因的正确。

筛选得到的 239 个候选抗病基因被划分成典型 *NBS* 抗病基因和非典型 *NBS* 抗病基因，划分的依据如下：

①序列的比对长度覆盖率（Aligment Coverage）大于等于最长基因长度的 70%。

②序列比对区域长度具有 50% 以上的一致性（Identity）。

通过与非冗余蛋白质数据库 nr 进行比对，确定了 126 个典型的 *NBS-LRR* 基因，剩下的 113 个基因即为非典型 *NBS* 抗病基因。虽然非典型 *NBS* 抗病基因也包含 NBS 结构，但它们与典型 *NBS* 抗病基因有显著不同，如保守结构域长度太短，结构域与传统 *NBS* 基因的保守结构域差异较大。

表 2.2 根据 Pfam 数据库对二穗短柄草中 126 个候选抗病基因的保守 motif 进行分析的结果

Seq ID	Alignment Start	Alignment End	Envelope Start	Envelope End	Hmm Acc	Hmm Name	Hmm Start	Hmm End	Hmm Length	Bit Score	E-value	Significance	Clan
Bradi4g10037.1m1	187	455	178	456	PF00931.17	NB-ARC	12	286	287	225.4	5.8E-67	1	CL0023
Bradi4g10037.1m2	191	453	177	456	PF00931.17	NB-ARC	16	284	287	218.9	5.6E-65	1	CL0023
Bradi2g39517.1	173	317	167	355	PF00931.17	NB-ARC	7	147	287	74.8	4.6E-21	1	CL0023
Bradi2g39517.1	402	702	401	706	PF00931.17	NB-ARC	2	283	287	197.1	2.5E-58	1	CL0023
Bradi1g55080.1	182	465	179	468	PF00931.17	NB-ARC	4	283	287	266.2	2.1E-79	1	CL0023
Bradi1g55080.1	584	639	583	641	PF13855.1	LRR_8	2	59	61	29.9	3E-07	1	CL0022
Bradi1g00227.1m	183	467	181	469	PF00931.17	NB-ARC	3	284	287	263.2	1.8E-78	1	CL0023
Bradi5g01167.1	184	465	181	468	PF00931.17	NB-ARC	4	283	287	257.3	1.1E-76	1	CL0023
Bradi3g41960.1	172	452	168	454	PF00931.17	NB-ARC	5	285	287	253.5	1.5E-75	1	CL0023
Bradi5g17527.1	171	455	167	458	PF00931.17	NB-ARC	6	284	287	251.9	4.9E-75	1	CL0023
Bradi4g09247.1	183	466	181	469	PF00931.17	NB-ARC	3	284	287	253	2.2E-75	1	CL0023
Bradi1g29427.2	169	454	168	457	PF00931.17	NB-ARC	2	283	287	252.7	2.8E-75	1	CL0023
Bradi1g29427.1	169	454	168	457	PF00931.17	NB-ARC	2	283	287	252.6	2.9E-75	1	CL0023
Bradi4g06970.1	185	467	182	470	PF00931.17	NB-ARC	5	284	287	250.8	1.1E-74	1	CL0023
Bradi4g06970.1	609	647	608	657	PF12799.2	LRR_4	2	40	44	33.8	1.6E-08	1	CL0022
Bradi2g21360.1	177	469	176	470	PF00931.17	NB-ARC	2	286	287	249.6	2.5E-74	1	CL0023
Bradi2g52840.1	191	456	175	458	PF00931.17	NB-ARC	17	285	287	246	3.1E-73	1	CL0023
Bradi1g29441.1	156	441	155	444	PF00931.17	NB-ARC	2	283	287	249.8	2.1E-74	1	CL0023
Bradi5g03110.1	178	456	175	459	PF00931.17	NB-ARC	4	284	287	240.6	1.3E-71	1	CL0023
Bradi4g21890.1	183	458	177	459	PF00931.17	NB-ARC	8	286	287	238.5	6.1E-71	1	CL0023
Bradi1g01377.1	177	457	172	459	PF00931.17	NB-ARC	6	285	287	239.4	3E-71	1	CL0023

续表

Seq ID	Alignment Start	Alignment End	Envelope Start	Envelope End	Hmm Acc	Hmm Name	Hmm Start	Hmm End	Hmm Length	Bit Score	E-value	Significance	Clan
Bradi4g33467.1	174	458	172	460	PF00931.17	NB-ARC	3	285	287	239.5	3E-71	1	CL0023
Bradi4g14697.1	158	437	155	440	PF00931.17	NB-ARC	4	284	287	236.3	2.8E-70	1	CL0023
Bradi4g14697.1	574	629	573	633	PF13855.1	LRR_8	2	59	61	29.4	4.2E-07	1	CL0022
Bradi4g04655.1	177	460	172	462	PF00931.17	NB-ARC	6	285	287	235.5	4.9E-70	1	CL0023
Bradi4g04662.1	179	455	169	458	PF00931.17	NB-ARC	8	284	287	232.9	2.9E-69	1	CL0023
Bradi2g37172.1	128	410	123	412	PF00931.17	NB-ARC	7	285	287	231.5	8.1E-69	1	CL0023
Bradi4g10060.1	196	454	178	456	PF00931.17	NB-ARC	21	285	287	228.4	7E-68	1	CL0023
Bradi4g10060.1	571	608	570	612	PF12799.2	LRR_4	3	40	44	29	4.9E-07	1	CL0022
Bradi4g10171.1	17	279	3	281	PF00931.17	NB-ARC	17	285	287	228.1	8.5E-68	1	CL0023
Bradi4g10171.1	396	433	395	437	PF12799.2	LRR_4	3	40	44	29.6	3.2E-07	1	CL0022
Bradi4g10207.1	19	279	3	281	PF00931.17	NB-ARC	19	285	287	227.7	1.2E-67	1	CL0023
Bradi4g10207.1	396	433	395	436	PF12799.2	LRR_4	3	40	44	29.6	3.3E-07	1	CL0022
Bradi5g02367.1	251	535	250	538	PF00931.17	NB-ARC	2	284	287	227.8	1.1E-67	1	CL0023
Bradi4g10017.1	52	319	42	320	PF00931.17	NB-ARC	13	286	287	228.4	7.1E-68	1	CL0023
Bradi4g10017.1	434	471	432	473	PF12799.2	LRR_4	3	40	44	30.1	2.3E-07	1	CL0022
Bradi4g10030.1	192	452	177	454	PF00931.17	NB-ARC	17	285	287	227.8	1E-67	1	CL0023
Bradi4g10030.1	569	606	568	609	PF12799.2	LRR_4	3	40	44	29.3	4.1E-07	1	CL0022
Bradi4g12877.1	206	474	195	476	PF00931.17	NB-ARC	16	284	287	228.8	5.3E-68	1	CL0023
Bradi1g01407.1	177	459	172	461	PF00931.17	NB-ARC	6	285	287	226.6	2.5E-67	1	CL0023
Bradi4g10180.1	187	455	174	456	PF00931.17	NB-ARC	14	286	287	225.1	6.9E-67	1	CL0023
Bradi4g10180.1	570	607	569	610	PF12799.2	LRR_4	3	40	44	29.3	4.1E-07	1	CL0022

Bradi4g05870.1	175	449	174	450	PF00931.17	NB-ARC	2	286	287	222.9	3.3E-66	1	CL0023
Bradi2g39847.1	173	453	170	455	PF00931.17	NB-ARC	4	285	287	224.5	1.1E-66	1	CL0023
Bradi2g39091.1	176	461	172	465	PF00931.17	NB-ARC	5	283	287	224.8	8.9E-67	1	CL0023
Bradi3g22520.1	184	464	178	465	PF00931.17	NB-ARC	8	286	287	221.6	8.1E-66	1	CL0023
Bradi4g04657.1	175	443	159	445	PF00931.17	NB-ARC	17	285	287	223.4	2.4E-66	1	CL023
Bradi4g20527.1	177	461	172	463	PF00931.17	NB-ARC	6	285	287	223.7	1.9E-66	1	CL0023
Bradi3g03882.1	176	453	171	456	PF00931.17	NB-ARC	6	284	287	220.9	1.3E-65	1	CL0023
Bradi4g21842.1	150	424	145	425	PF00931.17	NB-ARC	9	286	287	219.3	4.1E-65	1	CL0023
Bradi1g01387.1	192	462	180	464	PF00931.17	NB-ARC	17	285	287	222.8	3.6E-66	1	CL0023
Bradi4g01687.1	179	465	174	468	PF00931.17	NB-ARC	6	284	287	222.1	5.9E-66	1	CL0023
Bradi4g01687.2	179	465	174	468	PF00931.17	NB-ARC	6	284	287	222.1	6E-66	1	CL0023
Bradi4g10220.1	185	446	175	452	PF00931.17	NB-ARC	13	280	287	220.4	1.9E-65	1	CL0023
Bradi4g10220.1	537	574	535	576	PF12799.2	LRR_4	3	40	44	30.1	2.3E-07	1	CL0022
Bradi2g39207.1	192	462	172	464	PF00931.17	NB-ARC	17	285	287	221.5	9.2E-66	1	CL0023
Bradi1g01257.1	177	460	172	461	PF00931.17	NB-ARC	6	286	287	219.7	3.2E-65	1	CL0023
Bradi2g60434.1	172	462	171	464	PF00931.17	NB-ARC	2	285	287	219	5.2E-65	1	CL0023
Bradi5g22547.1	313	589	312	595	PF00931.17	NB-ARC	2	281	287	216.9	2.3E-64	1	CL0023
Bradi2g37166.1	176	467	171	469	PF00931.17	NB-ARC	6	285	287	219	5.1E-65	1	CL0023
Bradi5g22842.1	313	589	312	595	PF00931.17	NB-ARC	2	281	287	215.9	4.6E-64	1	CL0023
Bradi4g38170.1	2	278	1	280	PF00931.17	NB-ARC	17	285	287	216.6	2.7E-64	1	CL0023
Bradi2g03060.1	190	453	177	455	PF00931.17	NB-ARC	14	285	287	216.5	3E-64	1	CL0023

续表

Seq ID	Alignment Start	Alignment End	Envelope Start	Envelope End	Hmm Acc	Hmm Name	Hmm Start	Hmm End	Hmm Length	Bit Score	E-value	Significance	Clan
Bradi3g03874.1	176	452	171	456	PF00931.17	NB-ARC	6	283	287	213.9	1.8E-63	1	CL0023
Bradi2g35767.1	294	570	275	572	PF00931.17	NB-ARC	17	285	287	212.9	3.8E-63	1	CL0023
Bradi3g19967.1	204	474	191	476	PF00931.17	NB-ARC	13	285	287	211.5	9.7E-63	1	CL0023
Bradi2g09480.1	186	457	173	460	PF00931.17	NB-ARC	13	284	287	212	6.8E-63	1	CL0023
Bradi2g09480.1	579	633	577	636	PF13855.1	LRR_8	3	59	61	28.1	1.1E-06	1	CL0022
Bradi3g03587.1	177	453	172	457	PF00931.17	NB-ARC	6	283	287	211	1.4E-62	1	CL0023
Bradi2g39247.1	170	439	155	441	PF00931.17	NB-ARC	17	285	287	207.9	1.2E-61	1	CL0023
Bradi1g48747.1	190	504	185	505	PF00931.17	NB-ARC	6	286	287	209.5	4E-62	1	CL0023
Bradi5g15560.1	170	445	162	450	PF00931.17	NB-ARC	10	282	287	210.3	2.3E-62	1	CL0023
Bradi5g15560.1	537	595	536	595	PF13855.1	LRR_8	2	61	61	44.6	8E-12	1	CL0022
Bradi1g29658.2	244	521	239	525	PF00931.17	NB-ARC	6	283	287	208.4	8.5E-62	1	CL0023
Bradi1g29658.1	244	521	239	525	PF00931.17	NB-ARC	6	283	287	208.4	8.7E-62	1	CL0023
Bradi5g22187.1	132	178	131	181	PF02892.10	zf-BED	2	45	45	30.3	2.3E-07	1	CL0361
Bradi5g22187.1	296	580	289	583	PF00931.17	NB-ARC	9	283	287	208.1	1.1E-61	1	CL0023
Bradi1g51687.1	176	460	169	462	PF00931.17	NB-ARC	8	285	287	208.5	8.1E-62	1	CL0023
Bradi2g39547.1	13	310	12	315	PF00931.17	NB-ARC	2	281	287	207.9	1.3E-61	1	CL0023
Bradi2g36037.1	273	547	267	550	PF00931.17	NB-ARC	7	284	287	206.3	3.9E-61	1	CL0023
Bradi3g03878.1	176	454	171	458	PF00931.17	NB-ARC	6	283	287	207.6	1.5E-61	1	CL0023
Bradi2g39537.1	177	457	172	459	PF00931.17	NB-ARC	6	285	287	207	2.4E-61	1	CL0023
Bradi4g10190.1	188	453	178	456	PF00931.17	NB-ARC	13	284	287	205.6	6.4E-61	1	CL0023
Bradi1g22500.1	184	477	181	479	PF00931.17	NB-ARC	4	285	287	204.7	1.2E-60	1	CL0023

Bradi2g52150.1	152	428	150	431	PF00931.17	NB-ARC	5	282	287	204.4	1.4E-60	1	CL0023
Bradi2g52150.1	528	588	528	588	PF13855.1	LRR_8	1	61	61	50.3	1.3E-13	1	CL0022
Bradi4g03005.1	189	457	173	460	PF00931.17	NB-ARC	16	284	287	202.4	5.9E-60	1	CL0023
Bradi1g29560.1	191	459	180	461	PF00931.17	NB-ARC	11	285	287	201.2	1.4E-59	1	CL0023
Bradi1g29560.1	578	616	577	619	PF12799.2	LRR_4	2	40	44	28.5	7.6E-07	1	CL0022
Bradi5g02360.1	244	514	230	516	PF00931.17	NB-ARC	16	285	287	199.9	3.3E-59	1	CL0023
Bradi4g16492.1	173	458	172	459	PF00931.17	NB-ARC	2	286	287	199.9	3.5E-59	1	CL0023
Bradi3g60337.1	238	515	224	518	PF00931.17	NB-ARC	16	284	287	193.8	2.4E-57	1	CL0023
Bradi2g03260.1	168	441	165	442	PF00931.17	NB-ARC	4	286	287	194.1	1.9E-57	1	CL0023
Bradi1g01250.1	195	520	188	524	PF00931.17	NB-ARC	10	283	287	192.1	8E-57	1	CL0023
Bradi2g12497.1	197	461	186	463	PF00931.17	NB-ARC	13	285	287	194.6	1.4E-57	1	CL0023
Bradi2g60250.1	58	355	58	356	PF00931.17	NB-ARC	1	286	287	190.9	1.8E-56	1	CL0023
Bradi2g60250.1	659	693	659	704	PF12799.2	LRR_4	1	34	44	27.6	1.4E-06	1	CL0022
Bradi2g60250.1	708	765	707	768	PF13855.1	LRR_8	2	59	61	36.5	2.6E-09	1	CL0022
Bradi2g36180.1	55	335	53	337	PF00931.17	NB-ARC	3	285	287	192.5	6.2E-57	1	CL0023
Bradi2g36180.1	518	551	517	563	PF12799.2	LRR_4	2	34	44	27.5	1.6E-06	1	CL0022
Bradi2g36180.1	752	774	752	774	PF00560.28	LRR_1	1	22	22	19.1	0.0007	1	CL0022
Bradi3g41870.1	170	387	169	389	PF00931.17	NB-ARC	2	216	287	188.6	9.1E-56	1	CL0023
Bradi4g39317.1	182	358	178	380	PF00931.17	NB-ARC	11	169	287	54.9	5.2E-15	1	CL0023
Bradi4g39317.1	418	711	402	716	PF00931.17	NB-ARC	19	282	287	130.8	3.9E-38	1	CL0023
Bradi4g21950.1	181	359	180	388	PF00931.17	NB-ARC	2	165	287	62.7	2.2E-17	1	CL0023

续表

Seq ID	Alignment Start	Alignment End	Envelope Start	Envelope End	Hmm Acc	Hmm Name	Hmm Start	Hmm End	Hmm Length	Bit Score	E-value	Significance	Clan
Bradi4g21950.1	452	729	435	734	PF00931.17	NB-ARC	17	281	287	126.6	7.6E-37	1	CL0023
Bradi4g09597.1	197	504	184	505	PF00931.17	NB-ARC	15	286	287	187.7	1.7E-55	1	CL0023
Bradi3g28590.1	202	484	201	486	PF00931.17	NB-ARC	2	285	287	184.9	1.2E-54	1	CL0023
Bradi4g06460.1	205	493	203	498	PF00931.17	NB-ARC	3	282	287	185.5	8.2E-55	1	CL0023
Bradi1g50407.1	185	469	169	471	PF00931.17	NB-ARC	17	285	287	188.1	1.4E-55	1	CL0023
Bradi1g00237.1	183	248	176	267	PF00931.17	NB-ARC	5	70	287	56.3	1.9E-15	1	CL0023
Bradi1g00237.1	276	436	265	440	PF00931.17	NB-ARC	123	283	287	127.3	4.4E-37	1	CL0023
Bradi2g38987.1	234	439	220	440	PF00931.17	NB-ARC	85	286	287	163.2	5.2E-48	1	CL0023
Bradi2g60260.1	170	464	169	465	PF00931.17	NB-ARC	2	286	287	181.6	1.3E-53	1	CL0023
Bradi2g60260.1	818	876	817	878	PF13855.1	LRR_8	2	60	61	35.2	6.8E-09	1	CL0022
Bradi2g60230.1	175	470	175	471	PF00931.17	NB-ARC	1	286	287	181.3	1.6E-53	1	CL0023
Bradi2g60230.1	760	781	759	781	PF00560.28	LRR_1	2	22	22	10.4	0.52	1	CL0022
Bradi2g60230.1	782	839	782	840	PF13855.1	LRR_8	1	59	61	28.4	9.2E-07	1	CL0022
Bradi2g60230.1	854	912	853	914	PF13855.1	LRR_8	2	60	61	37.4	1.3E-09	1	CL0022
Bradi2g09434.1	33	80	32	86	PF00847.15	AP2	2	49	55	37.7	1.5E-09	1	CL0081
Bradi2g09434.1	602	882	598	885	PF00931.17	NB-ARC	5	284	287	181.2	1.7E-53	1	CL0023
Bradi1g27757.1	164	428	163	431	PF00931.17	NB-ARC	2	284	287	176.7	3.9E-52	1	CL0023
Bradi4g15067.1	202	480	178	481	PF00931.17	NB-ARC	19	286	287	175.2	1.1E-51	1	CL0023
Bradi4g06470.1	168	455	167	459	PF00931.17	NB-ARC	2	283	287	174.3	2.1E-51	1	CL0023
Bradi2g51807.1	212	474	187	477	PF00931.17	NB-ARC	22	284	287	173.5	3.9E-51	1	CL0023
Bradi1g67840.1	180	441	165	445	PF00931.17	NB-ARC	21	281	287	174.8	1.5E-51	1	CL0023

Bradi1g67840.1	604	637	603	642	PF12799.2	LRR_4	2	35	44	27.3	1.7E-06	1	CL0022
Bradi4g17365.1	201	465	187	467	PF00931.17	NB-ARC	16	285	287	172.2	9.4E-51	1	CL0023
Bradi4g17365.1	606	643	605	644	PF12799.2	LRR_4	2	39	44	31.1	1.1E-07	1	CL0022
Bradi2g03007.2	188	331	176	333	PF00931.17	NB-ARC	12	159	287	117.6	4.1E-34	1	CL0023
Bradi2g03007.1	188	332	176	334	PF00931.17	NB-ARC	12	160	287	117.7	3.7E-34	1	CL0023
Bradi1g27770.1	163	447	162	448	PF00931.17	NB-ARC	2	286	287	168.4	1.3E-49	1	CL0023
Bradi1g27770.1	562	618	561	620	PF13855.1	LRR_8	2	60	61	31.8	7.6E-08	1	CL0022
Bradi3g15277.1	193	427	190	430	PF00931.17	NB-ARC	52	284	287	163.7	3.7E-48	1	CL0023
Bradi2g03020.1	181	325	170	327	PF00931.17	NB-ARC	12	160	287	109.1	1.6E-31	1	CL0023
Bradi2g37990.1	208	408	170	410	PF00931.17	NB-ARC	84	285	287	158	2E-46	1	CL0023
Bradi2g59310.1	206	498	190	500	PF00931.17	NB-ARC	17	285	287	156.4	6.3E-46	1	CL0023
Bradi4g01117.1	235	518	232	522	PF00931.17	NB-ARC	5	283	287	158	2E-46	1	CL0023
Bradi4g28177.1	124	406	121	407	PF00931.17	NB-ARC	4	286	287	153.7	4.2E-45	1	CL0023
Bradi4g28177.1	696	753	695	755	PF13855.1	LRR_8	2	60	61	31.3	1.2E-07	1	CL0022
Bradi1g15650.1	246	527	226	529	PF00931.17	NB-ARC	16	285	287	150.2	4.8E-44	1	CL0023
Bradi1g15650.1	652	689	650	692	PF12799.2	LRR_4	3	40	44	33.2	2.4E-08	1	CL0022
Bradi4g24887.1	173	444	170	447	PF00931.17	NB-ARC	4	284	287	148.1	2.1E-43	1	CL0023
Bradi3g60446.1	189	411	175	413	PF00931.17	NB-ARC	65	285	287	147.8	2.6E-43	1	CL0023
Bradi4g35317.1	239	425	206	429	PF00931.17	NB-ARC	94	283	287	148.9	1.2E-43	1	CL0023
Bradi4g36976.1	176	458	173	462	PF00931.17	NB-ARC	4	282	287	145.5	1.3E-42	1	CL0023
Bradi5g03140.1	178	366	176	368	PF00931.17	NB-ARC	3	190	287	136.5	7.3E-40	1	CL0023

续表

Seq ID	Alignment Start	Alignment End	Envelope Start	Envelope End	Hmm Acc	Hmm Name	Hmm Start	Hmm End	Hmm Length	Bit Score	E-value	Significance	Clan
Bradi4g03230.1	205	466	201	472	PF00931.17	NB-ARC	6	278	287	138.3	1.9E-40	1	CL0023
Bradi2g09427.1	201	467	189	470	PF00931.17	NB-ARC	16	283	287	135.5	1.5E-39	1	CL0023
Bradi1g29434.1	148	197	143	204	PF00931.17	NB-ARC	28	77	287	39	3.5E-10	1	CL0023
Bradi1g29434.1	206	350	202	354	PF00931.17	NB-ARC	137	283	287	94	6.4E-27	1	CL0023
Bradi1g01397.1m	177	462	172	464	PF00931.17	NB-ARC	6	285	287	221.1	1.2E-65	1	CL0023
Bradi1g50420.1	185	400	169	432	PF00931.17	NB-ARC	17	213	287	123.9	5E-36	1	CL0023
Bradi1g00960.3	212	434	202	436	PF00931.17	NB-ARC	65	285	287	121.4	2.7E-35	1	CL0023
Bradi1g00960.1	212	434	202	436	PF00931.17	NB-ARC	65	285	287	121.2	3.2E-35	1	CL0023
Bradi3g42037.1	87	273	33	277	PF00931.17	NB-ARC	100	283	287	115	2.4E-33	1	CL0023
Bradi4g09957.1m	218	432	190	438	PF00931.17	NB-ARC	19	218	287	110.8	4.7E-32	1	CL0023
Bradi2g03200.1	168	353	165	388	PF00931.17	NB-ARC	4	194	287	108.1	3.3E-31	1	CL0023
Bradi4g25780.1	65	399	64	402	PF00931.17	NB-ARC	2	284	287	98.6	2.4E-28	1	CL0023
Bradi3g61040.1	293	494	267	497	PF00931.17	NB-ARC	84	284	287	98.5	2.7E-28	1	CL0023
Bradi4g10037.1m1	555	599	548	601	PF13855.1	LRR_8	14	59	61	22.9	0.000 047	0	CL0022
Bradi4g10037.1m1	613	650	613	656	PF12799.2	LRR_4	2	38	44	15.4	0.009 7	0	CL0022
Bradi4g10037.1m1	773	810	754	821	PF13855.1	LRR_8	20	58	61	11.7	0.15	0	CL0022
Bradi4g10037.1m2	570	607	568	613	PF12799.2	LRR_4	3	40	44	22.2	0.000 067	0	CL0022
Bradi4g10037.1m2	615	652	615	657	PF12799.2	LRR_4	2	38	44	12.5	0.074	0	CL0022
Bradi4g10037.1m2	782	812	780	820	PF12799.2	LRR_4	3	33	44	12.4	0.081	0	CL0022
Bradi2g39517.1	246	331	242	415	PF00849.17	PseudoU_synth_2	53	86	164	11.6	0.16	0	No_clan
Bradi2g39517.1	848	881	846	888	PF12799.2	LRR_4	3	35	44	17.9	0.001 5	0	CL0022

Bradi2g39517.1	1 058	1 098	1 056	1 119	PF13855.1	LRR_8	19	61	61	16.5	0.004 6	0	CL0022
Bradi1g55080.1	746	780	743	785	PF13855.1	LRR_8	22	56	61	10.1	0.47	0	CL0022
Bradi1g55080.1	823	875	822	879	PF13855.1	LRR_8	2	54	61	13.4	0.043	0	CL0022
Bradi1g00227.1m	634	662	633	674	PF12799.2	LRR_4	2	30	44	11.8	0.13	0	CL0022
Bradi5g01167.1	609	665	608	666	PF13855.1	LRR_8	2	60	61	21.8	0.000 1	0	CL0022
Bradi3g41960.1	592	648	591	651	PF13855.1	LRR_8	2	59	61	22.8	0.000 05	0	CL0022
Bradi3g41960.1	1 089	1 142	1 088	1 148	PF13855.1	LRR_8	2	54	61	21.3	0.000 14	0	CL0022
Bradi5g17527.1	569	607	567	609	PF12799.2	LRR_4	3	41	44	22.6	0.000 05	0	CL0022
Bradi5g17527.1	614	642	613	645	PF12799.2	LRR_4	2	30	44	12.9	0.058	0	CL0022
Bradi5g17527.1	745	801	745	803	PF13855.1	LRR_8	2	58	61	20.2	0.000 32	0	CL0022
Bradi4g09247.1	609	661	608	666	PF13855.1	LRR_8	2	56	61	21.8	0.000 1	0	CL0022
Bradi1g29427.2	593	649	592	651	PF13855.1	LRR_8	2	59	61	19.3	0.000 61	0	CL0022
Bradi1g29427.2	770	826	767	827	PF13855.1	LRR_8	1	58	61	15.5	0.009 4	0	CL0022
Bradi1g29427.1	593	649	592	651	PF13855.1	LRR_8	2	59	61	19.2	0.000 65	0	CL0022
Bradi1g29427.1	787	843	783	844	PF13855.1	LRR_8	1	58	61	15.6	0.009	0	CL0022
Bradi4g06970.1	860	892	859	900	PF12799.2	LRR_4	2	33	44	12.7	0.066	0	CL0022
Bradi2g21360.1	582	619	580	623	PF12799.2	LRR_4	3	40	44	23.8	0.000 021	0	CL0022
Bradi2g21360.1	627	656	626	670	PF12799.2	LRR_4	2	30	44	9.5	0.68	0	CL0022
Bradi2g21360.1	783	844	783	849	PF13855.1	LRR_8	1	57	61	16.8	0.003 7	0	CL0022
Bradi2g21360.1	910	970	910	972	PF13855.1	LRR_8	1	58	61	19	0.000 75	0	CL0022
Bradi2g52840.1	7	85	5	87	PF05816.6	TelA	20	94	333	10.1	0.21	0	No_clan

续表

Seq ID	Alignment Start	Alignment End	Envelope Start	Envelope End	Hmm Acc	Hmm Name	Hmm Start	Hmm End	Hmm Length	Bit Score	E-value	Significance	Clan
Bradi2g52840. 1	591	642	590	645	PF13855. 1	LRR_8	2	54	61	23. 7	0. 000 026	0	CL0022
Bradi2g52840. 1	770	801	770	813	PF12799. 2	LRR_4	1	33	44	13. 2	0. 045	0	CL0022
Bradi2g52840. 1	870	911	869	918	PF12799. 2	LRR_4	2	40	44	13. 8	0. 03	0	CL0022
Bradi2g52840. 1	921	953	920	966	PF13855. 1	LRR_8	2	33	61	11. 5	0. 17	0	CL0022
Bradi2g52840. 1	1 020	1 060	1 019	1 065	PF12799. 2	LRR_4	2	40	44	14. 9	0. 014	0	CL0022
Bradi1g29441. 1	580	635	578	637	PF13855. 1	LRR_8	3	59	61	20. 4	0. 000 28	0	CL0022
Bradi5g03110. 1	599	650	598	653	PF13855. 1	LRR_8	2	55	61	25. 7	6. 1E-06	0	CL0022
Bradi4g21890. 1	597	649	596	652	PF13855. 1	LRR_8	2	56	61	26. 4	3. 7E-06	0	CL0022
Bradi4g21890. 1	776	834	776	838	PF13855. 1	LRR_8	1	58	61	11. 7	0. 15	0	CL0022
Bradi1g01377. 1	563	608	552	610	PF13855. 1	LRR_8	10	58	61	11	0. 25	0	CL0022
Bradi1g01377. 1	624	668	624	669	PF12799. 2	LRR_4	3	42	44	18. 5	0. 001	0	CL0022
Bradi4g14697. 1	718	771	716	772	PF13855. 1	LRR_8	3	58	61	16. 4	0. 005 1	0	CL0022
Bradi4g04655. 1	567	599	563	601	PF12799. 2	LRR_4	15	42	44	12. 6	0. 07	0	CL0022
Bradi4g04655. 1	624	658	623	673	PF12799. 2	LRR_4	2	36	44	19. 8	0. 000 38	0	CL0022
Bradi4g04655. 1	671	707	666	716	PF12799. 2	LRR_4	6	38	44	9. 8	0. 55	0	CL0022
Bradi4g04662. 1	26	109	24	120	PF06009. 7	Laminin_II	18	100	140	10. 2	0. 43	0	No_clan
Bradi4g04662. 1	62	128	52	132	PF10167. 4	NEP	53	113	118	11. 4	0. 17	0	No_clan
Bradi4g04662. 1	620	649	619	653	PF12799. 2	LRR_4	2	31	44	20. 5	0. 000 24	0	CL0022
Bradi2g37172. 1	554	592	553	593	PF12799. 2	LRR_4	2	40	44	16. 8	0. 003 3	0	CL0022
Bradi4g10060. 1	616	654	615	666	PF12799. 2	LRR_4	2	39	44	16. 8	0. 003 3	0	CL0022
Bradi4g10171. 1	441	479	440	484	PF12799. 2	LRR_4	2	39	44	18. 9	0. 000 75	0	CL0022

Bradi4g10171.1	607	637	605	644	PF12799.2	LRR_4	3	33	44	11.2	0.19	0	CL0022
Bradi4g10171.1	777	803	744	810	PF12799.2	LRR_4	15	41	44	10	0.45	0	CL0022
Bradi4g10207.1	441	479	440	492	PF12799.2	LRR_4	2	39	44	18.1	0.001 3	0	CL0022
Bradi4g10207.1	608	638	606	645	PF12799.2	LRR_4	3	33	44	12.1	0.1	0	CL0022
Bradi5g02367.1	1 052	1 089	1 049	1 093	PF13855.1	LRR_8	21	57	61	17.3	0.002 6	0	CL0022
Bradi5g02367.1	1 105	1 141	1 105	1 162	PF12799.2	LRR_4	1	32	44	12.5	0.074	0	CL0022
Bradi5g02367.1	1 449	1 488	1 447	1 493	PF12799.2	LRR_4	3	40	44	14.8	0.014	0	CL0022
Bradi4g10017.1	479	517	478	532	PF12799.2	LRR_4	2	39	44	13.3	0.044	0	CL0022
Bradi4g10017.1	660	676	583	685	PF12799.2	LRR_4	16	33	44	11.8	0.13	0	CL0022
Bradi4g10030.1	614	652	613	665	PF12799.2	LRR_4	2	39	44	17.8	0.001 6	0	CL0022
Bradi4g10030.1	781	811	779	818	PF12799.2	LRR_4	3	33	44	11.8	0.13	0	CL0022
Bradi4g12877.1	580	604	569	613	PF12799.2	LRR_4	14	38	44	13.2	0.046	0	CL0022
Bradi4g12877.1	639	682	614	695	PF12799.2	LRR_4	4	42	44	10.6	0.31	0	CL0022
Bradi1g01407.1	555	610	553	612	PF13855.1	LRR_8	2	58	61	12.4	0.087	0	CL0022
Bradi1g01407.1	626	670	626	671	PF12799.2	LRR_4	3	42	44	18.4	0.001 1	0	CL0022
Bradi4g10180.1	179	247	152	253	PF03464.10	eRF1_2	57	124	133	11.4	0.27	0	CL0267
Bradi4g10180.1	615	651	615	666	PF12799.2	LRR_4	2	37	44	9.2	0.85	0	CL0022
Bradi4g10180.1	782	812	780	819	PF12799.2	LRR_4	3	33	44	12.3	0.091	0	CL0022
Bradi4g05870.1	595	651	594	653	PF13855.1	LRR_8	2	58	61	26.9	2.7E-06	0	CL0022
Bradi2g39847.1	593	631	592	633	PF12799.2	LRR_4	2	40	44	25	9.2E-06	0	CL0022
Bradi3g22520.1	580	615	580	618	PF12799.2	LRR_4	5	40	44	24.5	0.000 013	0	CL0022

续表

Seq ID	Alignment Start	Alignment End	Envelope Start	Envelope End	Hmm Acc	Hmm Name	Hmm Start	Hmm End	Hmm Length	Bit Score	E-value	Significance	Clan
Bradi3g22520.1	623	652	622	657	PF12799.2	LRR_4	2	31	44	11	0.22	0	CL0022
Bradi4g04657.1	607	641	606	645	PF12799.2	LRR_4	2	36	44	18.1	0.001 3	0	CL0022
Bradi3g03882.1	665	697	665	699	PF12799.2	LRR_4	1	31	44	10.9	0.23	0	CL0022
Bradi4g21842.1	563	614	562	617	PF13855.1	LRR_8	2	55	61	25.5	7.3E-06	0	CL0022
Bradi1g01387.1	630	660	628	675	PF12799.2	LRR_4	3	33	44	12.5	0.075	0	CL0022
Bradi4g01687.1	75	144	70	149	PF07361.6	Cytochrom_B562	25	98	103	11.2	0.34	0	No_clan
Bradi4g01687.1	641	671	641	689	PF12799.2	LRR_4	3	33	44	11.9	0.12	0	CL0022
Bradi4g01687.2	75	144	70	149	PF07361.6	Cytochrom_B562	25	98	103	11.2	0.34	0	No_clan
Bradi4g01687.2	641	671	641	689	PF12799.2	LRR_4	3	33	44	11.9	0.12	0	CL0022
Bradi4g10220.1	582	619	581	631	PF12799.2	LRR_4	2	38	44	13	0.052	0	CL0022
Bradi4g10220.1	763	780	740	790	PF12799.2	LRR_4	16	34	44	11.8	0.13	0	CL0022
Bradi2g39207.1	536	594	533	595	PF13855.1	LRR_8	2	60	61	12.1	0.11	0	CL0022
Bradi2g39207.1	607	646	606	662	PF12799.2	LRR_4	2	33	44	22.7	0.000 05	0	CL0022
Bradi1g01257.1	603	655	602	661	PF13855.1	LRR_8	2	56	61	20.8	0.000 21	0	CL0022
Bradi2g60434.1	100	167	96	184	PF05130.7	FlgN	20	95	143	11.8	0.19	0	No_clan
Bradi2g60434.1	579	614	577	617	PF12799.2	LRR_4	3	39	44	20.6	0.000 22	0	CL0022
Bradi2g60434.1	624	647	622	672	PF12799.2	LRR_4	3	26	44	10.5	0.31	0	CL0022
Bradi2g60434.1	893	916	886	918	PF13428.1	TPR_14	15	38	44	13	0.11	0	CL0020
Bradi5g22547.1	841	880	818	892	PF01030.19	Recep_L_domain	20	58	112	9.6	0.79	0	No_clan
Bradi5g22547.1	1 451	1 494	1 450	1 495	PF12799.2	LRR_4	2	43	44	11.7	0.14	0	CL0022
Bradi2g37166.1	634	661	633	663	PF12799.2	LRR_4	2	29	44	12.9	0.058	0	CL0022

Bradi4g38170.1	419	471	418	474	PF13855.1	LRR_8	2	56	61	23.1	0.000 04	0	CL0022
Bradi4g38170.1	656	716	655	718	PF13855.1	LRR_8	2	59	61	13.2	0.051	0	CL0022
Bradi4g38170.1	754	812	734	815	PF13855.1	LRR_8	1	59	61	14.1	0.027	0	CL0022
Bradi2g03060.1	568	604	567	608	PF12799.2	LRR_4	3	39	44	19	0.000 68	0	CL0022
Bradi2g03060.1	612	651	612	657	PF12799.2	LRR_4	1	39	44	17.7	0.001 8	0	CL0022
Bradi2g03060.1	780	810	778	810	PF12799.2	LRR_4	3	33	44	11.6	0.15	0	CL0022
Bradi3g03874.1	623	659	618	660	PF13855.1	LRR_8	22	59	61	11.4	0.19	0	CL0022
Bradi3g03874.1	682	703	670	704	PF12799.2	LRR_4	10	32	44	9.5	0.65	0	CL0022
Bradi2g35767.1	1 270	1 302	1 269	1 302	PF12799.2	LRR_4	2	33	44	11.7	0.14	0	CL0022
Bradi2g35767.1	1 378	1 440	1 378	1 443	PF13855.1	LRR_8	1	59	61	10.3	0.42	0	CL0022
Bradi3g19967.1	183	224	169	230	PF09876.4	DUF2103	54	94	103	9.7	0.6	0	No_clan
Bradi3g19967.1	624	678	622	681	PF13855.1	LRR_8	2	55	61	12	0.12	0	CL0022
Bradi3g19967.1	806	837	806	850	PF12799.2	LRR_4	2	33	44	16.7	0.003 7	0	CL0022
Bradi2g09480.1	497	545	491	550	PF05342.9	Peptidase_M26_N	190	237	250	9.8	0.31	0	No_clan
Bradi2g09480.1	647	686	647	690	PF12799.2	LRR_4	1	39	44	26.8	2.4E-06	0	CL0022
Bradi2g09480.1	719	764	718	764	PF12799.2	LRR_4	2	44	44	23.5	0.000 026	0	CL0022
Bradi2g09480.1	771	828	770	829	PF13855.1	LRR_8	2	59	61	25.7	6.4E-06	0	CL0022
Bradi2g09480.1	843	876	842	885	PF12799.2	LRR_4	2	34	44	12.7	0.066	0	CL0022
Bradi2g09480.1	901	920	889	937	PF12799.2	LRR_4	12	31	44	9	0.94	0	CL0022
Bradi2g09480.1	1 167	1 224	1 166	1 227	PF13855.1	LRR_8	2	59	61	17.8	0.001 9	0	CL0022
Bradi2g39247.1	7	131	2	168	PF12128.3	DUF3584	831	958	1201	10.5	0.061	0	CL0023

续表

Seq ID	Alignment Start	Alignment End	Envelope Start	Envelope End	Hmm Acc	Hmm Name	Hmm Start	Hmm End	Hmm Length	Bit Score	E-value	Significance	Clan
Bradi2g39247.1	584	616	582	623	PF12799.2	LRR_4	3	35	44	25.7	5.6E-06	0	CL0022
Bradi1g48747.1	502	514	501	515	PF12368.3	DUF3650	12	24	28	11.1	0.19	0	No_clan
Bradi1g48747.1	646	681	645	687	PF12799.2	LRR_4	2	37	44	25.5	6.3E-06	0	CL0022
Bradi5g15560.1	607	650	606	657	PF12799.2	LRR_4	2	42	44	10.5	0.32	0	CL0022
Bradi5g22187.1	767	800	762	803	PF13855.1	LRR_8	21	55	61	14.8	0.016	0	CL0022
Bradi5g22187.1	1 170	1 222	1 170	1 228	PF12799.2	LRR_4	1	38	44	9.1	0.89	0	CL0022
Bradi5g22187.1	1 328	1 381	1 328	1 383	PF13855.1	LRR_8	1	55	61	13	0.057	0	CL0022
Bradi5g22187.1	1 412	1 464	1 411	1 467	PF13855.1	LRR_8	2	58	61	12.5	0.086	0	CL0022
Bradi5g22187.1	1 545	1 597	1 544	1 598	PF13855.1	LRR_8	3	59	61	15.8	0.008	0	CL0022
Bradi1g51687.1	627	654	626	655	PF12799.2	LRR_4	2	29	44	17.9	0.001 6	0	CL0022
Bradi2g39547.1	458	490	456	492	PF12799.2	LRR_4	3	34	44	18.1	0.001 4	0	CL0022
Bradi2g39547.1	673	728	669	732	PF13855.1	LRR_8	1	56	61	11.2	0.21	0	CL0022
Bradi2g36037.1	705	758	704	763	PF13855.1	LRR_8	2	56	61	9	1	0	CL0022
Bradi2g36037.1	1 382	1 410	1 368	1 413	PF12799.2	LRR_4	12	39	44	16.9	0.003 1	0	CL0022
Bradi2g36037.1	1 419	1 457	1 417	1 461	PF12799.2	LRR_4	3	40	44	9.6	0.59	0	CL0022
Bradi3g03878.1	625	659	622	664	PF13855.1	LRR_8	22	57	61	10.5	0.34	0	CL0022
Bradi3g03878.1	673	705	672	722	PF12799.2	LRR_4	2	32	44	9.9	0.51	0	CL0022
Bradi2g39537.1	595	622	595	633	PF12799.2	LRR_4	2	29	44	14	0.025	0	CL0022
Bradi4g10190.1	567	603	567	612	PF12799.2	LRR_4	1	37	44	25.2	8.2E-06	0	CL0022
Bradi4g10190.1	614	651	614	666	PF12799.2	LRR_4	2	38	44	17.4	0.002 2	0	CL0022
Bradi1g22500.1	11	84	7	89	PF12061.3	DUF3542	296	370	402	15.6	0.005 5	0	No_clan

Bradi1g22500.1	614	643	613	644	PF12799.2	LRR_4	2	31	44	21.4	0.000 12	0	CL0022
Bradi1g22500.1	778	833	778	834	PF13855.1	LRR_8	3	59	61	9	1	0	CL0022
Bradi2g52150.1	601	658	599	662	PF13855.1	LRR_8	3	55	61	9.4	0.75	0	CL0022
Bradi2g52150.1	717	739	716	739	PF04060.8	FeS	13	35	35	13.1	0.046	0	CL0344
Bradi4g03005.1	601	639	600	642	PF12799.2	LRR_4	2	40	44	20.2	0.000 29	0	CL0022
Bradi1g29560.1	624	660	623	700	PF12799.2	LRR_4	2	37	44	19.9	0.000 36	0	CL0022
Bradi1g29560.1	803	835	803	842	PF12799.2	LRR_4	1	33	44	13.6	0.035	0	CL0022
Bradi5g02360.1	859	894	858	902	PF13855.1	LRR_8	2	37	61	9.9	0.55	0	CL0022
Bradi5g02360.1	894	923	892	926	PF04405.9	ScdA_N	19	48	56	10.6	0.24	0	No_clan
Bradi4g16492.1	438	516	160	521	PF04928.12	PAP_central	62	113	254	8.7	0.61	0	No_clan
Bradi4g16492.1	599	632	598	633	PF12799.2	LRR_4	3	36	44	25.9	4.9E-06	0	CL0022
Bradi3g60337.1	614	667	609	669	PF13855.1	LRR_8	4	58	61	13.1	0.052	0	CL0022
Bradi3g60337.1	1 134	1 164	1 133	1 176	PF12799.2	LRR_4	2	32	44	9.8	0.51	0	CL0022
Bradi3g60337.1	1 272	1 329	1 262	1 330	PF13855.1	LRR_8	3	60	61	10.4	0.36	0	CL0022
Bradi2g03260.1	41	90	26	133	PF02259.18	FAT	87	137	351	10.2	0.24	0	CL0020
Bradi2g03260.1	561	616	560	617	PF13855.1	LRR_8	2	59	61	23.9	0.000 022	0	CL0022
Bradi1g01250.1	665	697	664	713	PF12799.2	LRR_4	3	35	44	15.3	0.009 8	0	CL0022
Bradi2g12497.1	604	642	603	646	PF12799.2	LRR_4	3	41	44	26.9	2.3E-06	0	CL0022
Bradi2g60250.1	520	575	518	575	PF13855.1	LRR_8	3	60	61	25.6	6.6E-06	0	CL0022
Bradi2g60250.1	614	653	612	655	PF12799.2	LRR_4	3	40	44	15.5	0.008 8	0	CL0022
Bradi2g60250.1	779	808	778	813	PF12799.2	LRR_4	2	30	44	17	0.002 9	0	CL0022

续表

Seq ID	Alignment Start	Alignment End	Envelope Start	Envelope End	Hmm Acc	Hmm Name	Hmm Start	Hmm End	Hmm Length	Bit Score	E-value	Significance	Clan
Bradi2g60250. 1	1 110	1 165	1 110	1 170	PF13855. 1	LRR_8	1	57	61	19. 6	0. 000 51	0	CL0022
Bradi2g36180. 1	122	227	100	239	PF01612. 15	DNA_pol_A_exo1	55	142	174	12. 1	0. 088	0	CL0219
Bradi2g36180. 1	447	476	447	487	PF12799. 2	LRR_4	1	30	44	21. 8	0. 000 09	0	CL0022
Bradi2g36180. 1	560	599	553	602	PF13855. 1	LRR_8	20	59	61	19. 7	0. 000 45	0	CL0022
Bradi2g36180. 1	616	649	615	649	PF12799. 2	LRR_4	2	33	44	19	0. 000 7	0	CL0022
Bradi2g36180. 1	657	697	651	701	PF13855. 1	LRR_8	17	58	61	23. 8	0. 000 025	0	CL0022
Bradi2g36180. 1	1 036	1 090	1 033	1 090	PF13855. 1	LRR_8	6	60	61	16	0. 006 6	0	CL0022
Bradi2g36180. 1	1 151	1 181	1 150	1 189	PF12799. 2	LRR_4	2	31	44	14	0. 026	0	CL0022
Bradi3g41870. 1	1 017	1 056	1 017	1 064	PF12799. 2	LRR_4	2	39	44	11. 5	0. 16	0	CL0022
Bradi3g41870. 1	1 064	1 094	1 064	1 100	PF12799. 2	LRR_4	1	29	44	9. 5	0. 67	0	CL0022
Bradi4g39317. 1	528	563	523	565	PF02495. 12	7kD_coat	19	54	59	9. 1	0. 78	0	No_clan
Bradi4g39317. 1	861	914	861	917	PF13855. 1	LRR_8	1	55	61	24. 1	0. 000 02	0	CL0022
Bradi4g39317. 1	1 125	1 180	1 124	1 182	PF13855. 1	LRR_8	2	58	61	9. 3	0. 83	0	CL0022
Bradi4g21950. 1	878	932	878	935	PF13855. 1	LRR_8	1	56	61	22. 8	0. 000 051	0	CL0022
Bradi4g09597. 1	648	685	646	692	PF12799. 2	LRR_4	3	40	44	25. 7	5. 7E-06	0	CL0022
Bradi3g28590. 1	577	633	575	633	PF13855. 1	LRR_8	3	61	61	26. 3	4. 2E-06	0	CL0022
Bradi3g28590. 1	645	680	644	696	PF12799. 2	LRR_4	2	36	44	11. 2	0. 19	0	CL0022
Bradi3g28590. 1	813	841	813	847	PF12799. 2	LRR_4	1	29	44	10	0. 47	0	CL0022
Bradi3g28590. 1	947	969	939	979	PF12799. 2	LRR_4	13	36	44	10	0. 46	0	CL0022
Bradi4g06460. 1	614	651	590	654	PF13855. 1	LRR_8	19	57	61	9. 5	0. 7	0	CL0022
Bradi4g06460. 1	691	736	690	738	PF12799. 2	LRR_4	2	42	44	19. 8	0. 000 38	0	CL0022

Bradi4g06460.1	1 068	1 127	1 066	1 127	PF13855.1	LRR_8	4	61	61	11.8	0.14	0	CL0022
Bradi1g50407.1	638	672	637	679	PF12799.2	LRR_4	2	36	44	22.8	0.000 045	0	CL0022
Bradi1g00237.1	543	589	537	592	PF13855.1	LRR_8	12	58	61	11.5	0.17	0	CL0022
Bradi1g00237.1	804	838	800	843	PF13855.1	LRR_8	23	57	61	14.3	0.023	0	CL0022
Bradi1g00237.1	865	901	855	903	PF12799.2	LRR_4	12	42	44	12.1	0.099	0	CL0022
Bradi2g38987.1	118	142	99	150	PF14197.1	Cep57_CLD_2	38	62	69	11.4	0.21	0	No_clan
Bradi2g38987.1	177	216	173	230	PF00931.17	NB-ARC	5	40	287	20.5	0.000 15	0	CL0023
Bradi2g38987.1	588	621	586	627	PF12799.2	LRR_4	3	36	44	26.9	2.4E-06	0	CL0022
Bradi2g60260.1	5	76	2	112	PF03980.9	Nnf1	6	58	111	10.2	0.54	0	No_clan
Bradi2g60260.1	558	600	557	604	PF13855.1	LRR_8	2	42	61	14.5	0.019	0	CL0022
Bradi2g60260.1	630	685	628	687	PF13855.1	LRR_8	3	60	61	23.3	0.000 034	0	CL0022
Bradi2g60260.1	699	756	698	759	PF13855.1	LRR_8	2	59	61	19.8	0.000 44	0	CL0022
Bradi2g60260.1	770	803	769	811	PF12799.2	LRR_4	2	34	44	21.6	0.000 11	0	CL0022
Bradi2g60260.1	889	920	888	924	PF12799.2	LRR_4	2	33	44	21.7	0.000 1	0	CL0022
Bradi2g60260.1	1 247	1 281	1 246	1 284	PF12799.2	LRR_4	2	35	44	20.1	0.000 33	0	CL0022
Bradi2g60230.1	666	721	664	723	PF13855.1	LRR_8	3	60	61	21.2	0.000 16	0	CL0022
Bradi2g60230.1	1 085	1 115	1 085	1 121	PF12799.2	LRR_4	1	31	44	9.1	0.91	0	CL0022
Bradi2g60230.1	1 261	1 320	1 261	1 322	PF13855.1	LRR_8	1	60	61	22.5	0.000 062	0	CL0022
Bradi1g27757.1	8	57	3	75	PF09330.6	Lact-deh-memb	43	92	291	11.5	0.13	0	CL0277
Bradi1g27757.1	27	133	8	139	PF05103.8	DivIVA	40	123	131	11.8	0.16	0	No_clan
Bradi1g27757.1	291	341	287	349	PF09539.5	DUF2385	7	56	96	11.8	0.22	0	No_clan

续表

Seq ID	Alignment Start	Alignment End	Envelope Start	Envelope End	Hmm Acc	Hmm Name	Hmm Start	Hmm End	Hmm Length	Bit Score	E-value	Significance	Clan
Bradi1g27757.1	504	559	503	559	PF13855.1	LRR_8	6	61	61	11.8	0.14	0	CL0022
Bradi1g27757.1	571	603	570	606	PF12799.2	LRR_4	2	34	44	18.1	0.001 4	0	CL0022
Bradi1g27757.1	837	892	837	894	PF13855.1	LRR_8	1	60	61	14	0.028	0	CL0022
Bradi4g15067.1	619	659	618	661	PF12799.2	LRR_4	2	42	44	25	8.9E-06	0	CL0022
Bradi4g15067.1	743	781	711	785	PF06327.9	DUF1053	50	88	101	10.7	0.44	0	No_clan
Bradi4g15067.1	790	844	790	845	PF13855.1	LRR_8	1	57	61	14.1	0.027	0	CL0022
Bradi4g06470.1	603	647	586	648	PF13855.1	LRR_8	14	59	61	10.8	0.27	0	CL0022
Bradi4g06470.1	935	998	933	998	PF13855.1	LRR_8	3	61	61	15	0.013	0	CL0022
Bradi2g51807.1	615	664	614	665	PF13855.1	LRR_8	2	54	61	20.3	0.000 31	0	CL0022
Bradi2g51807.1	975	1 034	974	1 035	PF13855.1	LRR_8	2	58	61	13.3	0.045	0	CL0022
Bradi2g03007.2	528	565	527	570	PF12799.2	LRR_4	3	40	44	19.8	0.000 39	0	CL0022
Bradi2g03007.2	572	612	572	623	PF12799.2	LRR_4	1	40	44	14.5	0.018	0	CL0022
Bradi2g03007.2	740	770	738	773	PF12799.2	LRR_4	3	33	44	9.8	0.54	0	CL0022
Bradi2g03007.1	528	565	527	570	PF12799.2	LRR_4	3	40	44	19.8	0.000 4	0	CL0022
Bradi2g03007.1	572	612	572	623	PF12799.2	LRR_4	1	40	44	14.5	0.018	0	CL0022
Bradi2g03007.1	740	770	738	773	PF12799.2	LRR_4	3	33	44	9.8	0.55	0	CL0022
Bradi1g27770.1	175	225	143	234	PF06918.9	DUF1280	154	204	224	11.7	0.09	0	No_clan
Bradi1g27770.1	632	660	631	667	PF12799.2	LRR_4	2	30	44	11.8	0.12	0	CL0022
Bradi1g27770.1	775	806	774	815	PF12799.2	LRR_4	2	33	44	14.9	0.014	0	CL0022
Bradi3g15277.1	569	600	568	603	PF12799.2	LRR_4	2	33	44	23.4	0.000 03	0	CL0022
Bradi3g15277.1	721	751	720	760	PF12799.2	LRR_4	2	32	44	8.9	0.99	0	CL0022

Bradi2g03020.1	521	558	520	564	PF12799.2	LRR_4	3	40	44	20	0.000 34	0	CL0022
Bradi2g03020.1	565	605	565	616	PF12799.2	LRR_4	1	40	44	16.5	0.0043	0	CL0022
Bradi2g37990.1	551	589	550	597	PF12799.2	LRR_4	2	40	44	24.6	0.000 013	0	CL0022
Bradi2g59310.1	619	672	618	676	PF13855.1	LRR_8	3	58	61	13.6	0.037	0	CL0022
Bradi4g01117.1	703	741	702	766	PF12799.2	LRR_4	3	41	44	15.7	0.007 4	0	CL0022
Bradi4g28177.1	389	436	372	444	PF08585.7	DUF1767	35	81	90	11.4	0.28	0	No_clan
Bradi4g28177.1	529	559	528	574	PF12799.2	LRR_4	2	32	44	22.4	0.000 062	0	CL0022
Bradi4g28177.1	575	616	574	618	PF12799.2	LRR_4	2	42	44	23.4	0.000 029	0	CL0022
Bradi4g28177.1	621	654	620	662	PF12799.2	LRR_4	2	34	44	20.3	0.000 27	0	CL0022
Bradi1g15650.1	993	1 056	993	1 057	PF13855.1	LRR_8	1	59	61	22.4	0.000 067	0	CL0022
Bradi1g15650.1	1 168	1 209	1 168	1 225	PF12799.2	LRR_4	1	40	44	16.2	0.005 4	0	CL0022
Bradi4g24887.1	249	306	242	331	PF04465.7	DUF499	86	143	1 036	8.6	0.26	0	No_clan
Bradi4g24887.1	573	605	571	606	PF12799.2	LRR_4	3	33	44	10.1	0.42	0	CL0022
Bradi4g24887.1	620	646	618	668	PF12799.2	LRR_4	3	29	44	13.7	0.031	0	CL0022
Bradi3g60446.1	73	140	34	156	PF01442.13	Apolipoprotein	41	109	202	11.4	0.15	0	No_clan
Bradi3g60446.1	101	133	101	176	PF07319.6	DnaI_N	1	33	94	12.2	0.14	0	No_clan
Bradi3g60446.1	553	583	552	584	PF12799.2	LRR_4	3	33	44	20.8	0.000 19	0	CL0022
Bradi4g35317.1	566	601	565	615	PF12799.2	LRR_4	2	37	44	24.3	0.000 015	0	CL0022
Bradi4g36976.1	603	652	602	653	PF13855.1	LRR_8	2	51	61	13.5	0.04	0	CL0022
Bradi5g03140.1	367	392	366	395	PF00931.17	NB-ARC	259	284	287	8.3	0.83	0	CL0023
Bradi5g03140.1	407	447	400	451	PF07707.10	BACK	21	61	103	11.2	0.23	0	CL0033

续表

Seq ID	Alignment Start	Alignment End	Envelope Start	Envelope End	Hmm Acc	Hmm Name	Hmm Start	Hmm End	Hmm Length	Bit Score	E-value	Significance	Clan
Bradi5g03140.1	537	588	536	591	PF13855.1	LRR_8	2	55	61	25.8	5.8E-06	0	CL0022
Bradi4g03230.1	464	520	459	526	PF06557.6	DUF1122	45	101	170	10.3	0.25	0	No_clan
Bradi4g03230.1	681	725	681	740	PF13855.1	LRR_8	1	44	61	12.5	0.085	0	CL0022
Bradi4g03230.1	753	792	753	802	PF12799.2	LRR_4	1	38	44	22.8	0.000 044	0	CL0022
Bradi2g09427.1	601	636	600	644	PF12799.2	LRR_4	3	37	44	25.7	5.7E-06	0	CL0022
Bradi1g29434.1	462	517	461	517	PF13855.1	LRR_8	2	58	61	24	0.000 021	0	CL0022
Bradi1g29434.1	679	728	679	730	PF13855.1	LRR_8	1	50	61	14.5	0.02	0	CL0022
Bradi1g01397.1m	558	613	556	615	PF13855.1	LRR_8	2	58	61	12.4	0.088	0	CL0022
Bradi1g01397.1m	629	673	629	674	PF12799.2	LRR_4	3	42	44	18.4	0.001 1	0	CL0022
Bradi1g50420.1	465	494	464	500	PF12799.2	LRR_4	2	31	44	20.6	0.000 21	0	CL0022
Bradi1g00960.3	525	566	523	567	PF12799.2	LRR_4	2	42	44	17.1	0.002 8	0	CL0022
Bradi1g00960.3	569	609	568	620	PF12799.2	LRR_4	2	39	44	11.7	0.13	0	CL0022
Bradi1g00960.3	717	749	717	768	PF12799.2	LRR_4	1	33	44	19.5	0.000 49	0	CL0022
Bradi1g00960.1	525	566	524	567	PF12799.2	LRR_4	2	42	44	17	0.003	0	CL0022
Bradi1g00960.1	569	608	568	620	PF12799.2	LRR_4	2	38	44	11.6	0.15	0	CL0022
Bradi1g00960.1	717	749	717	768	PF12799.2	LRR_4	1	33	44	19.3	0.000 54	0	CL0022
Bradi2g03200.1	463	518	462	519	PF13855.1	LRR_8	2	59	61	24.2	0.000 019	0	CL0022
Bradi4g25780.1	567	605	566	608	PF12799.2	LRR_4	3	41	44	25.3	7.7E-06	0	CL0022

拟南芥 *NBS-LRR* 抗病基因根据其保守结构域的特征，在构建的进化树上可以形成两个显著不同的分支，区分标志是抗病基因氨基端是否具有 TIR 结构域。拟南芥 *NBS* 抗病基因中存在大量含 TIR 结构域的基因，而单子叶作物水稻几乎不具有此类基因，在短柄草中，我们鉴定获得的所有 *NBS* 抗病基因均不具有 TIR 结构。这表明双子叶植物与单子叶植物在 *NBS* 抗病基因上存在着明显差异。因此，该分类标准不能作为划分短柄草中 *NBS-LRR* 基因的分类标准，我们是根据其蛋白质序列氨基端和 LRR 区域的特征对筛选获得的 *NBS* 抗病基因进行分类的。双子叶植物 *non-TIR NBS* 抗病基因的氨基末端一般含有典型的卷曲螺旋结构，依据此标准，我们发现在短柄草中 126 个典型 *NBS* 基因中，有 113 个含有该螺旋结构。对于 *NBS* 抗性基因含有其他未报道的结构域，我们用字母 X 表示。最后根据鉴定的 126 个典型 *NBS* 基因是否含有 *NBS*、LRR、CC 或者其他未知结构域，最终把它们分为 4 种类型：CNL，NL，CN，XN（表 2.3）。4 类基因家族中的成员个数相差很大，CNL 型抗病基因占绝大多数，为 102 个；CN 和 NL 型基因个数分别为 11 个和 12 个，而 XN 型基因最少，仅出现一个。4 类基因在数量上如此悬殊，值得后续进一步研究。另外需要说明的是，本书中若没有特殊说明，所进行的分析（如进化、表达等分析）均是针对已鉴定的 126 个典型 *NBS* 抗性基因。

表 2.3 在两种草科植物中编码 NBS 蛋白的基因数量统计

Predicted Protein Domain	Letter Code	*B. distachyon*	*Oryza sativa*
Regular *NBS-LRR* Type Genes			
CC-NBS-LRR	CNL	102	160
NBS-LRR	NL	12	0
X-NBS-LRR	XNL	0	263
NBS-LRR from TMRI	CNL and XNL	0	16
Total		114	440
Regular *NBS* Type Genes			
CC-NBS	CN	11	7
X-NBS	XN	1	25
Total Regular NBS Genes		126	472
Nonregular *NBS* Genes			
CC-NBS-LRR	CNL	55	0
NBS-LRR	NL	4	
X-NBS-LRR	XNL	2	40
CC-NBS	CN	37	0
X-NBS	XN	3	20
NBS	N	12	0
TIR-NBS	TN	0	3
Total Non-regular *NBS* Genes		113	63
Total *NBS-LRR* Genes		175	480
Total *NBS* Genes		239	535

2.3.2 二穗短柄草中*NBS-LRR*基因的保守基序分析

预测蛋白质功能的生物信息学主要方法是对蛋白质的结构域进行分析,本书利用在线MEME分析工具分析了已鉴定的126个二穗短柄草NBS蛋白的保守基序,结果如图2.2所示。发现其具有20个保守基序,完整的候选基因基序结构图见附录7,具体的保守基序序列见表2.4。

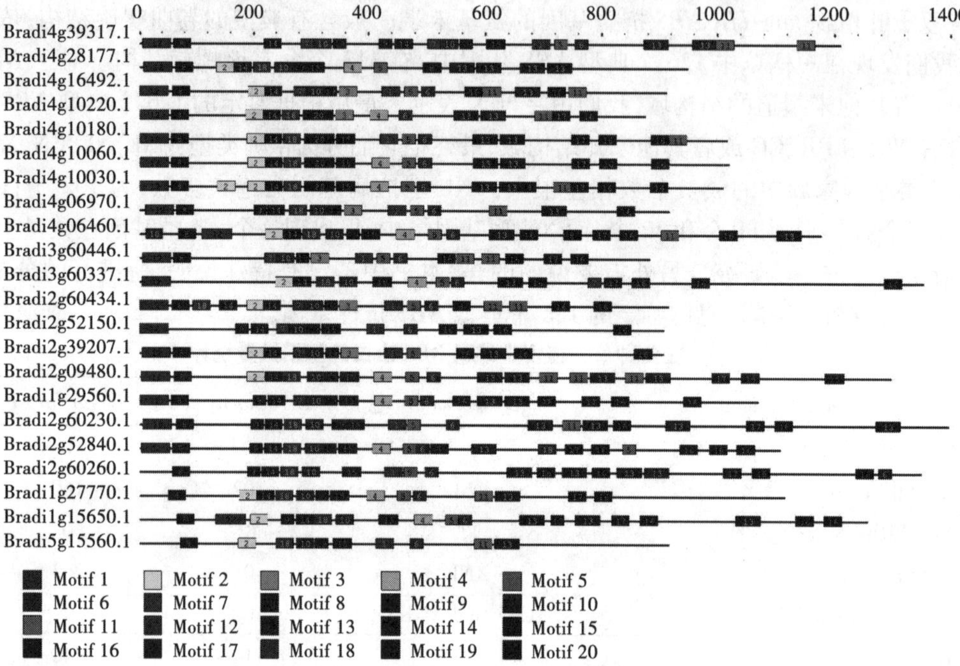

图2.2 二穗短柄草CNL蛋白的保守基序图

注:矩形框为基序序列宽度,矩形框间的直线为非基序域的序列,不同颜色的矩形框及其编号表示不同的基序,矩形框及直线的总长度表示了序列的长度。

使用MEME软件分析短柄草*NBS*抗病基因的保守结构域的结果表明,与水稻*NBS-LRR*抗病基因的氨基末端相比,短柄草的氨基末端不具有显著多样性;全部CNL型和CN型的抗病基因氨基末端均含有Q(L/I/V)RD基序(见表2.4的基序Motif 8),该基序几乎出现在所有植物物种的non-*TIR*型*NBS-LRR*抗病基因中,而短柄草其他类型基因中仅有一个基因(Bradi2g09434.1)含有该保守结构域。

前人分析结果表明,*R*基因的NBS保守结构域主要含有8个保守基序,这些基序序列会因基因类型的差别(如TNL或CNL)而相差很大。通过MEME软件获得的基序与先前鉴定的8类基序完全吻合,这进一步证实了NBS结构域在不同物种中均非常保守。有趣的是,在二穗短柄草中鉴别出的这8类基序与拟南芥中这8类基序具有相同的位置排列顺序。P-loop、Kinase-2、GLPL和MHDV等基序在短柄草与拟南芥中呈现出高度相似性;然而短柄草中的RNBS-A、RNBS-C、RNBS-D和RNBS-E基序却与拟南芥中的相应基序间有显著的差别(表2.4)。同样,这8个基序在我们鉴定的不同类型的*NBS*抗病基因群内部或者之间也表现出显著差异。另外,据相关文献报道,GLPL基序是*R*型抗病基因的核心保守结构域,在本书的研究中,发现短柄草的*NBS-LRR*抗病基因中有96%含有该保守基序。

表 2.4　使用 MEME 软件鉴别短柄草 *NBS* 抗病基因的保守基序

NO.	Best Possible Match	NBS Motif
1	**TCLLYLSAFPED**YEIERERLVRRWIAEGF	RNBS-D
2	VRKLNVVSIVGF**GGLGKTTLA**KQVYDKIR	P-loop
3	CPDMFKEVSNE**ILKKCGGLPLA**IISISSL	GLPL
4	**ALYLSYDELPHHLK**QCFLYCALYTEDSII	RNBS-C
5	EETAEEYYYELIHRNLLQPDG	—
6	AC**RVHDMVLDLICSLSSEE**NF	MHDV
7	FLKD**KRYLIVIDDIW**STSAWR	Kinase-2
8	NDTVRTWVKQVRDLANDVEDCLLDFVLYS	—
9	VLSIV**GFGGLGKTTLAK**AVYR	P-loop
10	IKCAFPDNEKGS**RIIITTR**NEDVANICCC	RNBS-B
11	NLRYIGLRRTNVKSLPDSIENLSNLQTLD	—
12	VSAADGALGPLLGKLATLLAEEYSRLKGVRGEIRSLKSELTSMHGALKKY	—
13	IQTIPDCIANLIHLRLLNLDGTEISCLPESIGSLINLQILN	—
14	GSFNIQAWVCVSQDYN**EVSLLKEVLR**NIG	RNBS-A
15	SAHPNLEIIGMEIVKKLK**GLPLA**AKAIGSLL	GLPL
16	PPLWQLPNLKYLRIEGAAAVTKIGPEFVG	—
17	QLRPPGNLENLWIHGFFGRRYPTWFGTTF	—
18	QGETIGELQRKLAETIEGKS**FFLVLDDVW**	Kinase-2
19	IYRMK**PLSDDY**SRRLFYKRIF	RNBS-C
20	LRTPLHATTAGVI**LVTTR**DDQIAMRIGVEDIHRVDLMSVEVGWELLWKSM	RNBS-B

注:加粗序列表示保守的 NBS 结构域序列。

2.3.3　二穗短柄草中 *NBS-LRR* 基因的基因复制事件分析

在进化过程中,基因复制事件对于基因家族成员的扩增起着重要作用,因此,进一步分析了 *NBS-LRR* 家族成员所存在的串联复制和染色体片段复制事件。根据 Gu 等人对基因复制事件的定义,在我们鉴定出的 126 个 *NBS* 抗病基因中共发现了 49 个基因发生过基因复制事件,并被归类到 20 个基因亚家族中。最大基因亚家族有 7 个成员,平均每个基因亚家族含有2.45 个成员。Zhou 等人从水稻中鉴定出 472 个典型的 *NBS* 基因,Yang 等研究者采用更为严格的标准鉴定出 464 个典型 *NBS* 抗病基因。本书对拟南芥、水稻和短柄草中编码 NBS-LRR 蛋白的抗病基因的复制事件也做了全面分析。结果表明,短柄草中的多基因亚家族(每个亚家族有两个及以上基因)的百分比(为 38.9%)要比拟南芥(为 46.6%)和水稻(为 53.4%)显著偏少,见表 2.5。短柄草中的抗病基因亚家族数量(为 20 个)低于拟南芥(为 25 个)和水稻(为 93 个)中的抗病基因亚家族的数量。短柄草中的 *NBS* 抗病基因亚家族的基因数量平均为

2.45个，均低于拟南芥(为3.24个)和水稻(为3个)。这些结果表明短柄草全基因组中的*NBS*基因家族的基因复制事件在减少。有趣的是仅有2对*NBS-LRR*基因发生了染色体片段复制，如图2.3所示，表明串联复制在短柄草*NBS-LRR*抗病基因的扩增过程中起重要作用。

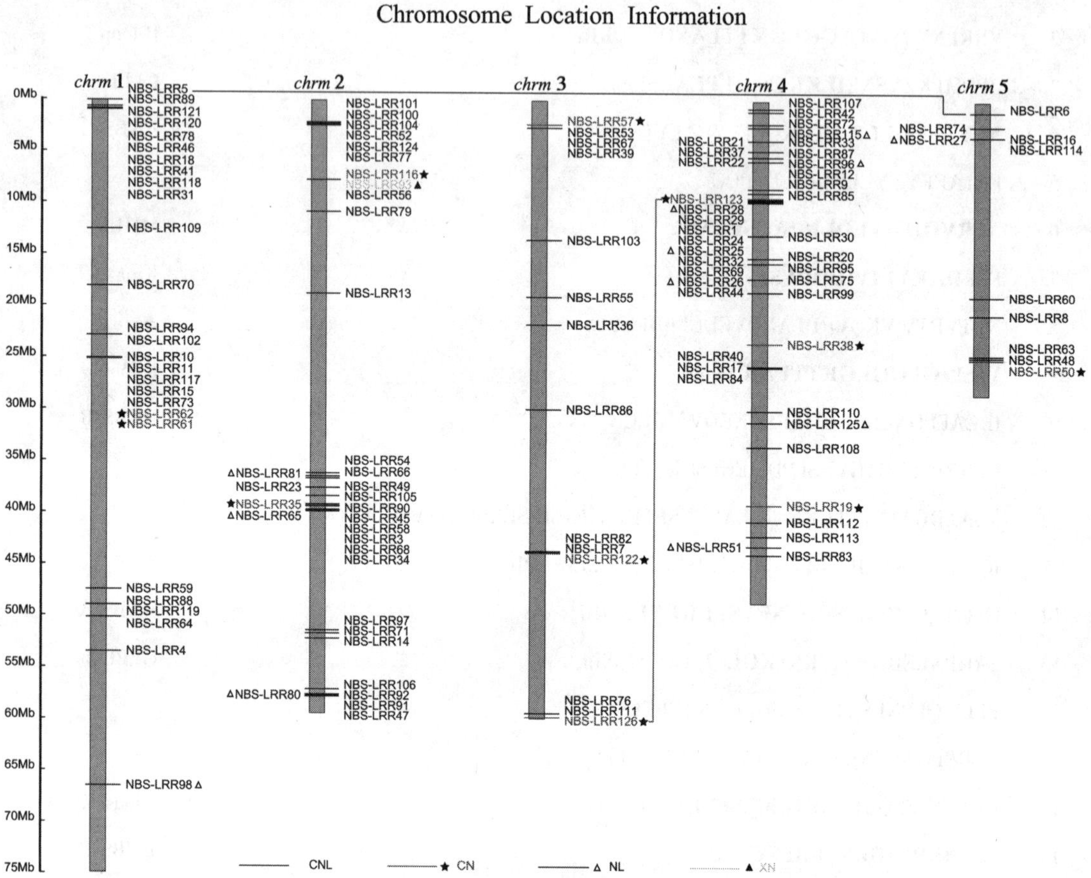

图2.3 短柄草中*NBS-LRR*抗病基因在染色体上的分布

表2.5 三种植物中*NBS-LRR*抗病基因的基因复制事件比较

Organization	*B. distachyon*	*Arabidopsis thaliana*	*Oryza sativa*
Single-genes	77	93	216
Multi-genes	49	81	248
Number of Family Members	20	25	93
Maximal Family Members	7	7	10
Average Members per Family	2.45	3.24	2.67
Multigenes/Single-gene Families	0.64	0.87	1.14
Percentage of Multi-gene Families	38.9	46.6	53.4

2.3.4 二穗短柄草中*NBS-LRR*基因的染色体分布

在进化过程中几乎所有的被子植物都发生了一次或多次基因组加倍事件，为了进一步研究基因分化以及基因复制对二穗短柄草*NBS-LRR*基因家族形成的影响，我们从短柄草官方数据库下载了该基因家族成员在二穗短柄草 5 条染色体上的定位信息，结果如图 2.3 所示。这些抗病基因在染色体上的分布不是随机的，而是以单独的或者成簇的形式存在。这种分布模式造成了某些染色体或者染色体的某个区域会含有较高密度的 *NBS-LRR* 成员。如在二穗短柄草的第 5 条染色体上仅含有 10 个 *NBS* 抗病基因，第 3 条染色体含有 14 个基因，而在第 4 条染色体上却含有全部 *NBS-LRR* 抗病基因中的 42 个基因，分布数量最多，第 2 条染色体上的抗病基因数量次之，含有 33 个，分布在第 1 条染色体上的 *NBS-LRR* 抗病基因会更少一些，为 27 条。由图 2.3 可知，在二穗短柄草的 5 条染色体中，第 1 条最长，而第 5 条染色体最短，根据染色体长度及每条染色体上的 *NBS-LRR* 的抗病基因数量，发现第 1 条染色体上的平均 *NBS-LRR* 抗病基因个数为每百万个碱基 0.360 80 个(27/74 834 646)，第 2 条染色体上为每百万个碱基 0.556 22 个(33/59 328 898)，第 3 条染色体上为每百万个碱基 0.233 75 个(14/59 892 396)，第 4 条染色体上为每百万个碱基 0.863 34 个(42/48 648 102)，第 5 条染色体上为每百万个碱基 0.351 56 个(10/28 444 383)。由上述分析可知，第 4 条染色体上的 *NBS-LRR* 抗病基因的分布密度最大，第 3 条染色体上的分布密度最低，相差大约 3.69 倍。第 1 条染色体和第 5 条染色体上的 *NBS-LRR* 抗病基因的分布密度比较接近。

二穗短柄草中的 CC 和 Non-CC 型的抗病基因在染色体分布特征上没有表现出显著差异。拟南芥和水稻中的 *NBS* 抗病基因在染色体的分布上也表现出不均衡性，大部分 *NBS* 编码基因在染色体上成簇分布。根据 Houb 的基因簇定义，在 200 Kb 范围内含有 4 个或者更多的功能相关的基因为基因簇。在本研究中，我们使用 200 Kb 的滑动窗口，发现 43 个基因位于 11 个基因簇，平均每个基因簇含有 4 个基因(附录 4)。两个最大的基因簇分别含有 7 个基因；其中一个基因簇分布在 1 号染色体上，另一个分布在 4 号染色体上；然而在 3 号和 5 号染色体上没有发现基因簇。如果将基因簇的滑动窗口长度缩小为 100 Kb，可以发现二穗短柄草中 69% *NBS* 抗病基因均以基因簇(最少含有两个基因)的形式存在；与 *M. truncatula* 中 79.8% 的 *NBS* 抗病基因以基因簇形式存在相比，短柄草中的抗病基因以基因簇形式分布的比例显著偏低。若进一步把判断基因簇标准的滑动窗口变宽为 430 Kb，短柄草 *NBS* 抗病基因中存在两个较大的基因簇，每个基因簇包含的基因数目较多。一个基因簇位于 1 号染色体的末端，包含 8 个抗病基因；另一基因簇位于 4 号染色体的末端，包含 11 个抗病基因。

2.3.5 二穗短柄草中 *NBS-LRR* 基因的进化分析

首先用多序列比对软件 Clustal W 对已鉴定的 *NBS-LRR* 候选基因的蛋白序列进行多序列比对，然后在此基础上构建进化树，由于鉴定出的 *NBS-LRR* 候选基因比较多，生成的进化分析树图形较大，我们把构建好的系统进化树分成图 2.4(a)和图 2.4(b)两个图来进行描述，另一种格式的完整进化树见图 2.5。图 2.4 清晰直观地展示了二穗短柄草中的 *NBS-LRR* 抗病基因之间的进化关系，并标注了与拟南芥和水稻中的同源 *NBS-LRR* 基因、基因的分类、EST 支持的个数及启动子区三个调控元件(WBOX、CBF、GCC)的数目(如图 2.4 右侧所示)。在图 2.4 的进化树中，还通过在基因名称的前面加上不同性状的符号来表示相同基因簇的信息；例如，位于 4 号染色上的最大的基因簇中(圆圈)的大多数成员碰巧成簇分布在进化树相邻分支上，但进化树中的其他基因簇不具有类似的情况。在图 2.4 中，发生基因复制事件的 *NBS-LRR* 基因用文字标出，例如：Bradi4g09957.1 m 和 Bradi3g61040.1 位于不同染色体上，但它们的氨基酸序列具有 88.48% 的一致性，表明这两条基因序列可能起源于基因复制事件，随后在致病原选择的压力下产生了分离。另外,我们发现二穗短柄草中 126 个典型 *NBS* 抗病基因中的 111 个虽然分散在 5 条不同的染色体上,但它们的拟南芥同源物序列却集中分布在拟南芥的第 3 号染色体上,这表明短柄草的这 111 个 *NBS-LRR* 基因与拟南芥第 3 号染色体上的这些同源基因具有共同的祖先基因。然而,水稻中的同源 *NBS* 抗病基因却没有类似的情况存在,这可能因为水稻与短柄草分化后又发生了特殊的基因组倍增事件,该问题值得进一步研究。

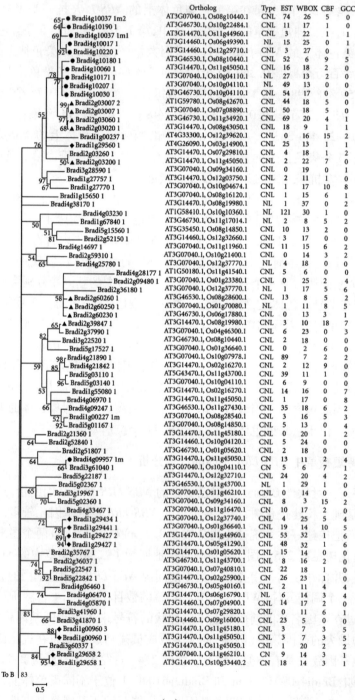

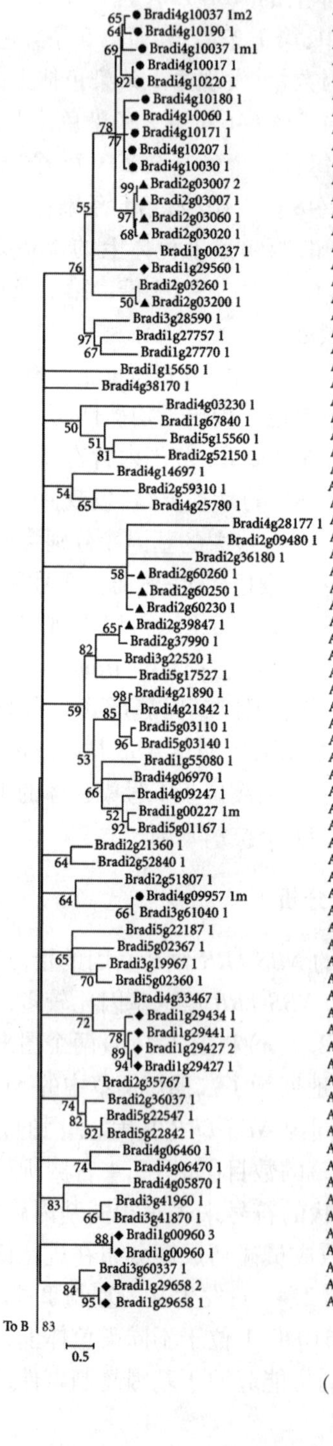

	Ortholog	Type	EST	WBOX	CBF	GCC
● Bradi4g10037 1m2	AT3G07040.1, Os08g10440.1	CNL	74	26	5	0
● Bradi4g10190 1	AT3G46730.1, Os10g22484.1	CNL	11	17	1	0
● Bradi4g10037 1m1	AT3G14470.1, Os11g44960.1	CNL	3	22	1	1
● Bradi4g10017 1	AT3G14460.1, Os06g49390.1	NL	15	25	0	1
● Bradi4g10220 1	AT3G14460.1, Os12g29710.1	CNL	3	27	0	1
● Bradi4g10180 1	AT3G46530.1, Os08g10440.1	CNL	52	6	9	5
● Bradi4g10060 1	AT3G14470.1, Os11g45050.1	CNL	16	18	2	0
● Bradi4g10171 1	AT3G07040.1, Os10g04110.1	NL	27	13	2	0
● Bradi4g10207 1	AT3G07040.1, Os10g04110.1	NL	49	13	0	0
● Bradi4g10030 1	AT3G46730.1, Os10g04110.1	CNL	54	17	0	0
▲ Bradi2g03007 2	AT1G59780.1, Os08g42670.1	CNL	44	18	5	0
▲ Bradi2g03007 1	AT3G07040.1, Os07g08890.1	CNL	50	18	5	0
▲ Bradi2g03060 1	AT3G46730.1, Os11g34920.1	CNL	69	20	4	1
▲ Bradi2g03020 1	AT3G14470.1, Os08g43050.1	CNL	18	9	1	1
Bradi1g00237 1	AT4G33300.1, Os12g39620.1	CNL	0	16	15	2
◆ Bradi1g29560 1	AT4G26090.1, Os03g14900.1	CNL	25	13	1	1
Bradi2g03260 1	AT3G14470.1, Os07g29810.1	CNL	4	18	1	2
▲ Bradi2g03200 1	AT3G14470.1, Os11g45050.1	CNL	2	22	7	0
Bradi3g28590 1	AT3G07040.1, Os09g34160.1	CNL	0	19	0	1
Bradi1g27757 1	AT3G14470.1, Os12g03750.1	CNL	2	11	1	0
Bradi1g27770 1	AT3G07040.1, Os10g04674.1	CNL	1	17	10	8
Bradi1g15650 1	AT3G07040.1, Os08g16120.1	CNL	1	15	6	1
Bradi4g38170 1	AT3G14470.1, Os08g19980.1	NL	1	37	0	2
Bradi4g03230 1	AT1G58410.1, Os10g10360.1	NL	121	30	1	0
Bradi1g67840 1	AT3G46730.1, Os11g17014.1	NL	2	8	5	2
Bradi5g15560 1	AT5G35450.1, Os08g14850.1	CNL	10	13	2	0
Bradi2g52150 1	AT3G14460.1, Os12g32660.1	CNL	3	17	0	0
Bradi4g14697 1	AT3G07040.1, Os11g11960.1	CNL	11	15	6	2
Bradi2g59310 1	AT3G07040.1, Os10g21400.1	CNL	0	14	3	2
Bradi4g25780 1	AT3G07040.1, Os12g37770.1	NL	4	18	0	0
Bradi4g28177 1	AT1G50180.1, Os11g41540.1	CNL	5	6	0	0
Bradi2g09480 1	AT3G07040.1, Os01g23380.1	CNL	0	25	2	4
Bradi2g36180 1	AT3G07040.1, Os12g37770.1	NL	1	17	5	6
▲ Bradi2g60260 1	AT3G46530.1, Os08g28600.1	CNL	13	8	5	2
▲ Bradi2g60250 1	AT3G07040.1, Os01g70080.1	NL	1	11	8	5
▲ Bradi2g60230 1	AT3G46730.1, Os06g17880.1	CNL	0	13	3	1
▲ Bradi2g39847 1	AT3G14470.1, Os08g19980.1	CNL	3	10	18	7
Bradi2g37990 1	AT3G07040.1, Os04g46300.1	CNL	6	23	0	3
Bradi3g22520 1	AT3G46730.1, Os08g10440.1	CNL	2	18	0	0
Bradi5g17527 1	AT3G07040.1, Os01g36640.1	CNL	0	2	6	0
Bradi4g21890 1	AT3G07040.1, Os10g07978.1	CNL	89	7	2	2
Bradi4g21842 1	AT3G14470.1, Os02g16270.1	CNL	2	12	9	0
Bradi5g03110 1	AT5G43470.1, Os11g43700.1	CNL	39	11	1	0
Bradi5g03140 1	AT3G07040.1, Os10g04110.1	CNL	6	9	0	0
Bradi1g55080 1	AT3G14470.1, Os02g16270.1	CNL	14	16	0	7
Bradi4g06970 1	AT3G14470.1, Os11g45050.1	CNL	1	17	0	8
Bradi4g09247 1	AT3G46530.1, Os11g27430.1	CNL	35	18	6	2
Bradi1g00227 1m	AT3G07040.1, Os08g28540.1	CNL	3	16	5	3
Bradi5g01167 1	AT3G07040.1, Os08g14850.1	CNL	5	13	0	4
Bradi2g21360 1	AT3G14470.1, Os11g45180.1	CNL	0	20	1	2
Bradi2g52840 1	AT3G14460.1, Os10g04120.1	CNL	5	24	0	0
Bradi2g51807 1	AT3G46730.1, Os01g05620.1	CNL	2	18	0	0
● Bradi4g09957 1m	AT3G14470.1, Os11g45050.1	CN	13	11	2	4
Bradi3g61040 1	AT3G07040.1, Os10g04110.1	CN	5	6	7	1
Bradi5g22187 1	AT3G14470.1, Os12g32710.1	CNL	24	20	4	2
Bradi5g02367 1	AT3G46530.1, Os11g43700.1	NL	1	29	1	0
Bradi3g19967 1	AT3G07040.1, Os11g46210.1	CNL	0	14	0	0
Bradi5g02360 1	AT3G07040.1, Os09g34160.1	CNL	8	3	15	2
Bradi4g33467 1	AT3G07040.1, Os11g16470.1	CN	10	17	2	0
◆ Bradi1g29434 1	AT3G07040.1, Os12g37740.1	CNL	4	25	5	4
◆ Bradi1g29441 1	AT3G07040.1, Os01g36640.1	CNL	19	14	10	5
◆ Bradi1g29427 2	AT3G14470.1, Os11g44960.1	CNL	53	32	1	6
◆ Bradi1g29427 1	AT3G14470.1, Os05g41290.1	CNL	48	32	1	6
Bradi2g35767 1	AT3G14470.1, Os01g05620.1	CNL	15	14	0	0
Bradi2g36037 1	AT3G46730.1, Os11g43700.1	CNL	8	16	2	0
Bradi5g22547 1	AT3G07040.1, Os07g40810.1	CNL	22	18	1	0
Bradi5g22842 1	AT3G14470.1, Os02g25900.1	CN	26	23	1	0
Bradi4g06460 1	AT3G46730.1, Os05g40160.1	CNL	2	11	4	4
Bradi4g06470 1	AT3G14470.1, Os06g16790.1	NL	6	14	3	4
Bradi4g05870 1	AT3G14460.1, Os07g04900.1	CNL	14	17	2	0
Bradi3g41960 1	AT3G14470.1, Os07g29820.1	CNL	0	11	6	1
Bradi3g41870 1	AT3G14460.1, Os09g16000.1	CNL	23	5	0	0
◆ Bradi1g00960 3	AT3G14470.1, Os11g45180.1	CNL	3	7	3	5
◆ Bradi1g00960 1	AT3G14470.1, Os11g45050.1	CNL	3	7	3	5
Bradi3g60337 1	AT3G14470.1, Os11g45050.1	CNL	1	20	2	2
◆ Bradi1g29658 2	AT3G07040.1, Os11g46210.1	CN	9	14	3	1
◆ Bradi1g29658 1	AT3G14470.1, Os10g33440.2	CN	18	14	3	1

(a)

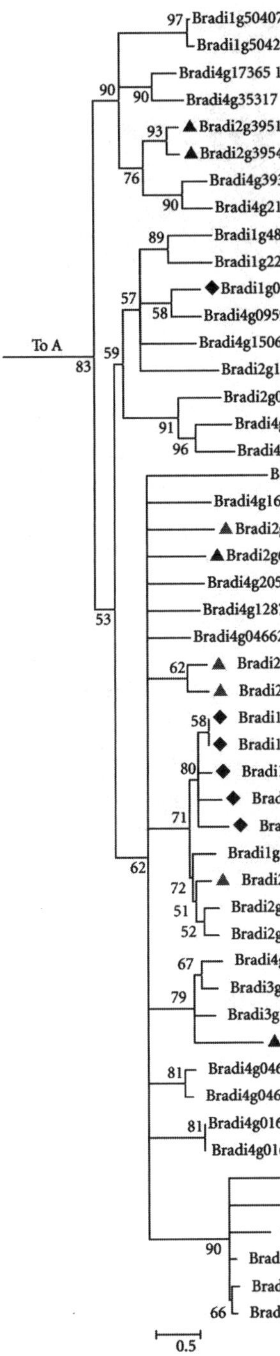

Gene	Ortholog	Type	EST	WBOX	CBF	GCC
Bradi1g50407 1	AT3G07040.1, Os11g11990.1	CNL	35	12	1	0
Bradi1g50420 1	AT3G07040.1, Os10g04110.1	CNL	23	21	1	4
Bradi4g17365 1	AT3G14460.1, Os06g16790.1	CNL	10	22	8	6
Bradi4g35317 1	AT3G07040.1, Os11g12330.1	CNL	53	17	6	0
▲Bradi2g39517 1	AT3G14470.1, Os06g49390.1	CNL	11	23	0	5
▲Bradi2g39547 1	AT3G14470.1, Os05g16200.1	NL	16	22	1	0
Bradi4g39317 1	AT3G14470.1, Os03g37720.1	CNL	9	22	2	2
Bradi4g21950 1	AT3G46530.1, Os11g11550.1	CNL	2	22	3	2
Bradi1g48747 1	AT3G14470.1, Os08g43000.1	CNL	4	20	7	6
Bradi1g22500 1	AT3G46730.1, Os11g39160.1	CNL	4	27	0	0
◆Bradi1g01250 1	AT3G46530.1, Os08g28540.1	CNL	30	17	1	3
Bradi4g09597 1	AT3G46730.1, Os08g28540.1	CNL	29	14	2	4
Bradi4g15067 1	AT3G46530.1, Os01g21240.1	CNL	37	18	14	4
Bradi2g12497 1	AT3G14470.1, Os11g45050.1	CNL	30	8	4	0
Bradi2g09427 1	AT3G07040.1, Os08g32880.1	CN	27	15	3	2
Bradi4g24887 1	AT3G14470.1, Os05g41290.1	CNL	2	9	3	2
Bradi4g36976 1	AT3G07040.1, Os11g11960.1	CNL	11	19	9	0
Bradi4g01117 1	AT1G50180.1, Os11g41540.1	CNL	17	14	11	2
Bradi4g16492 1	AT3G14470.1, Os11g45050.1	CNL	10	17	5	1
▲Bradi2g39247 1	AT3G14470.1, Os11g10610.1	CNL	37	23	10	6
▲Bradi2g60434 1	AT3G14470.1, Os11g44960.1	CNL	12	12	10	7
Bradi4g20527 1	AT3G07040.1, Os06g06380.1	CN	7	27	0	0
Bradi4g12877 1	AT3G14470.1, Os06g15750.1	CNL	4	19	9	5
Bradi4g04662 1	AT3G46730.1, Os11g43700.1	CNL	0	24	5	8
▲Bradi2g39091 1	AT3G14470.1, Os01g15580.1	CN	9	22	2	1
▲Bradi2g38987 1	AT1G50180.1, Os11g41540.1	CNL	16	9	4	1
◆Bradi1g01407 1	AT3G14470.1, Os11g45180.1	CNL	10	20	1	0
◆Bradi1g01397 1	AT3G07040.1, Os12g37770.1	CNL	12	20	1	0
◆Bradi1g01377 1	AT3G07040.1, Os12g37740.1	CNL	22	31	0	0
◆Bradi1g01387 1	AT3G14470.1, Os04g53160.1	CNL	3	24	0	4
◆Bradi1g01257 1	AT3G46730.1, Os11g14380.1	CNL	36	8	6	8
Bradi1g51687 1	AT3G46730.1, Os06g17880.1	CNL	2	20	2	0
▲Bradi2g39207 1	AT3G46530.1, Os08g10440.1	CNL	28	20	0	0
Bradi2g37172 1	AT3G46730.1, Os11g43700.1	CNL	1	17	6	0
Bradi2g37166 1	AT4G26090.1, Os01g57870.1	CNL	13	8	2	3
Bradi4g03005 1	AT3G14460.1, Os01g57310.1	CNL	0	22	1	0
Bradi3g60446 1	AT1G50180.1, Os11g41540.1	CNL	4	17	0	0
Bradi3g15277 1	AT3G07040.1, Os11g35580.1	CNL	10	8	1	5
▲Bradi2g39537 1	AT1G69545.1, Os01g71114.1	CNL	23	5	7	5
Bradi4g04655 1	AT3G46730.1, Os10g04110.1	CNL	2	41	2	2
Bradi4g04657 1	AT3G07040.1, Os11g43700.1	CNL	1	29	2	1
Bradi4g01687 1	AT3G07040.1, Os10g04110.1	CNL	25	27	3	0
Bradi4g01687 2	AT1G58390.1, Os08g42670.1	CNL	29	27	3	0
Bradi3g42037 1	AT3G14470.1, Os08g20000.1	CN	4	20	7	5
Bradi2g09434 1	AT3G14470.1, Os12g03750.1	XN	19	9	7	7
Bradi3g03882 1	AT4G26090.1, Os04g43440.1	CNL	9	35	3	0
Bradi3g03874 1	AT3G14470.1, Os02g16270.1	CNL	17	15	1	1
Bradi3g03587 1	AT3G14470.1, Os01g71114.1	CN	5	9	1	0
Bradi3g03878 1	AT1G69545.1, Os01g71114.1	CNL	6	8	2	0

（b）

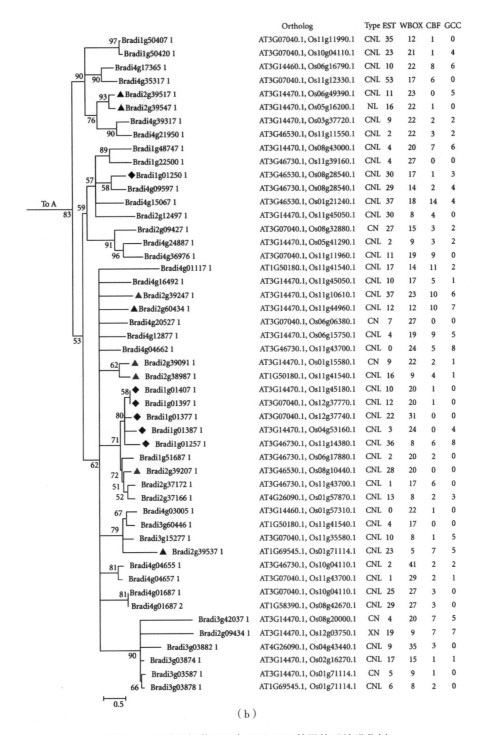

图 2.4　二穗短柄草 126 个 *NBS-LRR* 基因的系统进化树

注：每个基因的染色体定位信息显示于基因名称中的第 6 个字母（例如 Bradi4，其中的数字 4 表示染色体编号）。基因名称前的不同图形性状表示了不同的基因簇或者超基因簇，来源于染色体片度复制的基因，基因名称用文字表示，位于进化树右侧的各列分别表示对应 *NBS* 抗病基因在拟南芥和水稻中的同源基因、基因分类、EST 以及预测的启动子调控元件数目。

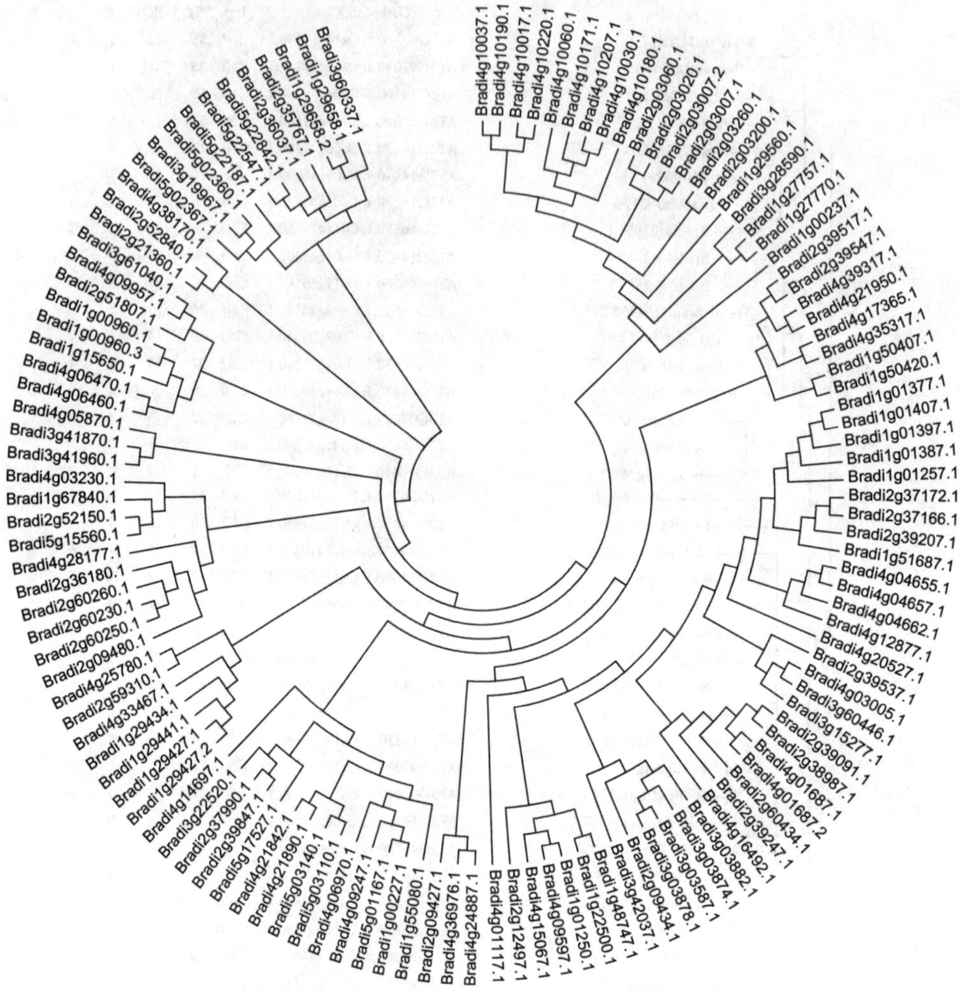

图 2.5　二穗短柄草 *NBS-LRR* 基因的系统进化树

2.3.6　二穗短柄草中 *NBS-LRR* 基因的启动子元件分析

参照苜蓿中分析 *NBS* 抗病基因启动子元件的方法，以二穗短柄 *NBS-LRR* 候选基因上游 1 Kb 范围作为搜索窗口，利用启动子在线分析软件 PLACE 分析了 *NBS-LRR* 上游的启动子序列中是否含有与植物抗逆和抗病有关的、具有代表性的启动子元件（WBOX、CBF 和 GCC 元件）。结果显示 WBOX 元件存在于这个家族所有成员的启动子区，平均每个基因含有 17.10 个 WBOX 调控元件（图 2.4（a）、（b）），80.95% 的 *NBS-LRR* 基因上游包含至少 11 个预测的 WBOX 元件。与 WBOX 元件相比，调控元件 CBF 和 GCC 在抗病基因上游出现的次数偏少，平均每个基因含有 3.36 个 CBF 元件及 2.01 个 GCC 元件。其中 51.60% 的 *NBS-LRR* 基因同时含有这三种启动子元件。然而每个 *NBS-LRR* 成员 EST 支持数目的多少与它们启动子区域所含有的这些元件的排列顺序无关。

2.3.7　二穗短柄草中 *NBS-LRR* 基因的 EST 数目分析

为了获得二穗短柄草中 *NBS* 编码基因是否有 EST 支持，我们利用 BLAST 软件包中的

blastn 程序,搜索二穗短柄草的表达序列标签数据库,若搜索序列与靶 EST 数据的序列相似性高于 90%,我们则认为该序列有 EST 支持。分析结果表明:短柄草中 126 个 *NBS-LRR* 基因中仅 8%(10 个 *NBS* 抗病基因)没有二穗短柄草组织及干旱胁迫下的 EST 的支持(附录 2)。这 10 个基因可能是由于在我们所有下载的 EST 数据库中确实没有表达,或者是由于它们的表达量较低而没有被检测到。该结果也表明我们预测 *NBS-LRR* 基因方法的可靠性,同时为二穗短柄草中 *NBS* 抗病基因的进一步分离与功能研究提供了依据。

2.4 讨论与小结

在其他物种中,*NBS* 抗病基因家族在很多方面得到了广泛的研究,如有文献对拟南芥、水稻、毛果杨、蒺藜苜蓿、酿酒葡萄、杨树、番木瓜中的 *NBS-LRR* 抗病基因家族进行了鉴定和分析。在本书的研究中,我们利用生物信息学方法从二穗短柄草(Bd21,1.2 version)全基因组中共鉴定出 239 个 *NBS* 抗病基因,与拟南芥全基因组中的 *NBS* 编码基因数量相当,但明显少于水稻全基因组中的 *NBS* 编码基因的数量。比较有趣的是,Li 等人在分析草科植物中 *NBS-LRR* 基因的进化模式时,从二穗短柄草全基因组(Bd21,1.0 version)中鉴定出的 *NBS* 编码蛋白的数量与本研究一致。但是他们分析方法以及研究目标与我们不同,由于他们鉴定的序列编号没有释放,因此我们无法清楚地考察他们的数据与我们的数据之间的差异,但是研究内容上还是具有很大的差别。例如:在本书的研究中,我们对二穗短柄草官方数据库序列中的 6 个 *NBS* 候选基因进行了手工矫正,他们的研究中没有相关内容;他们对 *NBS* 抗病基因功能域的分类以及分类成员的数量与我们的研究也相差甚大。Li 等人研究的主要目的是研究 *R* 型抗病基因在四类草科植物中的进化关系,我们的研究兴趣在于二穗短柄草中的 *NBS-LRR* 抗病基因的鉴定、结构域、保守基序、染色体分布、基因复制事件、基于 EST 的基因表达数据、启动子元件及进化分析等内容。

为了验证从二穗短柄草全基因组序列中鉴定 *NBS* 抗病基因方法的可行性,通过访问NCBI 网站逐个手工验证了我们鉴定出的全部 NBS 候选蛋白。结果表明在 GenBank 中仅发现 2 个 *NBS* 基因(GenBank 号:GU733187 和 ACF22730.1)在 NCBI 上未被注释,分别位于二穗短柄草第 2 号和 4 号染色体上,对应于我们鉴定的 Bradi2g51807.1 和 Bradi4g09957.1m 蛋白。有趣的是,这两个基因中的一个基因因自动注释系统而产生了注释错误。因此,我们对二穗短柄草鉴定出的 *NBS* 基因进行了手工矫正,矫正了由自动预测产生的错误起始密码子、剪切错误或由丢失形成的融合基因或断裂基因,以及错误预测生成的伪基因,共对 126 个 *NBS* 基因中的 6 个基因进行了矫正。如前面提到的序列 Bradi4g09957.1,其末端多预测了一个外显子, 矫正后的 Bradi4g09957.1m 与 GenBank 中的 ACF22730.1 序列完全匹配。Bradi4g10037.1,Bradi1g00227.1 和 Bradi4g44560.1 存在起始密码子错误或部分蛋白保守结构域缺失,矫正后的 Bradi4g10037.1m2,Bradi1g00227.1m 和 Bradi4g44560.1m 序列与 NCBI 检索到的二穗短柄草 XP003577237.1,XP003558418.1 和 XP003577143.1 序列一致(检索 NCBI 的日期为:2011 年 11 月 15 日)。为了确认矫正后的序列是否有 EST 支持,我们搜索了短柄草的 EST 数据库。结果表明我们矫正的这几个基因均有 EST 支持,特别是 Bradi4g10037.1m2 基因有 74 个 EST 的支持。同样由自动注释引入的错误也存在于拟南芥和水稻数据库中。如拟南芥中有三分之一

的 *R-like* 基因及苜蓿中 59 个 *R* 基因存在注释错误。因此仅仅通过自动注释系统而不进行手工矫正容易引入注释错误，特别是在分析大的基因家族时，对基因预测算法的持续改进将减少注释系统的错误发生率。

2.4.1 *NBS-LRR* 抗病基因的结构域特征

蛋白质的三维结构决定了它的生物学功能，植物抗病蛋白的三维结构特征主要是基于人们对动物中同源蛋白的研究。但是先进的分子生物学和生物信息学工具已经可以对病原体效应子与特定受体间的作用方式及相互作用的机制进行预测。植物中 R 蛋白的两个主要结构域分别是 NBS 和 LRR，这两个结构域与植物在防御反应过程中对病原体的识别与信号转导途径的激活有关。NBS 结构域作为分子开关在激活抗病反应的信号传导过程中起重要作用，这个结构域主要含有 P-loop（Walker A 或者 Kinase-1），RNBS-A，Kinase-2（Walker B），RNBS-B，RNBS-C，GLPL，RNBS-D 和 MDH 等保守基序。目前，NBS 结构域及其内部的一些基序已经被用作分子标记，用来检测全基因组特定表型的潜在功能域与遗传变异。LRR 结构域的基本元件由 20～30 个氨基酸长度的串联重复结构组成，其保守基序为 LxxLxLxxNxL，其中字母 L 表示亮氨酸残基或者是其他脂肪族氨基酸，N 表示天冬酰胺、苏氨酸、丝氨酸、半胱氨酸等残基，字母 x 表示任意一个氨基酸残基。具有 LRR 结构域的蛋白一般至少含有两个 LRR 重复结构。单个 LRR 结构域的三维结构是马蹄形超螺旋结构，每个 LRR 重复结构都会形成一个这样的螺旋，一般认为 LRR 结构域的超螺旋结构组成了蛋白质相互作用的平台。

对从二穗短柄草中鉴定出的 126 个典型的 *NBS-LRR* 基因进行多序列比对及保守基序分析，结果显示短柄草的 *NBS-LRR* 基因的 NBS 结构域含有 P-loop（Motif 2 和 9），RNBS-A（Motif 14），Kinase-2（Motif 7 和 18），RNBS-B（Motif 10），GLPL（Motif 3 和 15），RNBS-C（Motif 19），RNBS-D（Motif 1）和 MHDV（Motif 6）等保守基序，但并不是我们鉴定的全部 *NBS* 抗病基因均含有这 8 个保守基序，但它们至少含有其中的 5 个保守基序。相对 NBS 结构域，LRR 结构域是 *NBS-LRR* 抗病基因进化的最大贡献者，因为 LRR 结构域中的氨基酸替代频率较高。Paterson 等人认为相对于其他保守结构域，抗病基因中β折叠（由 LRR 结构域形成）在新功能进化方面的潜力要比其他区域大。对于 CC 保守结构域的分析，使用 Coils 软件预测的结果与使用 MEME 软件分析的结果一致。所有含有 CC 结构域的 *NBS* 编码基因在氨基末端均含有保守基序 8（图 2.2）。通过分析这些 *NBS* 抗病基因的保守结构域可知，在我们鉴定的 *NBS* 编码基因中，大多数基因均含有 3 个经典的抗病基因结构域：CC，NBS 和 LRR；只有少数不具有上述结构域。如二穗短柄草中抗病基因 Bradi2g09434.1 缺乏 LRR 结构域，但在 C 末端却含有 AP2 结构域；Bradi5g22187.1 基因在 C 末端含有 zef-BED 结构域，该基因与杨树中同源基因具有类似结构域；另外也有几个抗病基因含有非典型的 CNL 结构。这些基因非均匀地分布在不同染色体上，并且能从表达标签数据库中获得表达数据的支持，但不属于任何一个多基因亚家族或者基因簇。

2.4.2 *NBS-LRR* 抗病基因的染色体分布、基因复制和进化分析

与其他物种中的 *NBS* 抗病基因染色体分布情况类似，二穗短柄草中的 *NBS* 抗病基因在染色体上的分布也不是随机的，而是单个或者成簇的分布在短柄草的各条染色体上，其中，很多基因还形成了超级基因簇。例如在 4 号染色体末端就有一个包含 11 个 *NBS* 基因的超级基因

簇存在;在苜蓿的 *NBS* 基因家族中也有类似的情况,它最大的超级基因簇包含 82 个基因。这些例子表明抗病基因簇在扩增过程中的基因复制类型以及基因复制次数也存在多样性。另外,还有一些 *NBS-LRR* 抗病基因不是成簇地分布在染色体上,而是单个存在,这些基因一般是单基因,但这些基因与基因组中的其他基因紧密相关;如 Bradi4g03005.1 和Bradi3g60446.1;虽然这类 *NBS-LRR* 抗病基因比较稀少,但这些基因可能发挥先锋作用,在基因组中新的位置"驻扎并进化",为未来新基因簇的形成奠定基础。

进化树分析结果表明:发生基因复制事件的每个基因亚家族的全部成员均成簇分布在进化树上,而每个基因簇中的全部成员在进化树上的分布却不是这样。我们还发现进化树的大多数进化分支上的基因通常来源于同一条染色体,也有一些进化分支上(混合分支)的基因来源于不同的染色体。进化树上形成混合分支的基因可能是由以下几个因素形成的:染色体重排(例如基因分裂和融合)、转座或大规模基因组复制等。在图 2.4 中,一个混合进化分支包含一个来源于 4 号染色体的由 10 个 *NBS-RR* 基因形成的子分支和一个来源于 2 号染色体的由 4 个 *NBS-LRR* 基因(图 2.4(a)的顶部)形成的子分支,这些基因可能来源于同一个祖先基因,在进化过程中,又发生了基因复制与扩增过程。这种情况也存在于水稻和拟南芥中。另外,进化树中有些分支很长,说明这些基因的"祖先"基因在很早的时间里就发生了分化,其相应的基因序列也发生了很大的分化,但仍然可以肯定它们之间具有一定的进化关系。

2.4.3　*NBS-LRR* 抗病基因的启动子区和 EST 数据分析

为了检测从二穗短柄草中鉴定出的 126 个编码 NBS-LRR 蛋白的候选基因是否有 EST 数据支持,我们使用 EST 数据库对每个候选基因进行了表达分析。结果表明这些基因在众多表达标签数据库中均有表达,这些表达数据库包括短柄草的各个生长阶段、不同的组织、在干旱胁迫条件和无胁迫的对照条件下的表达数据。其中仅 8% 的 *NBS-LRR* 抗病基因没有获得 EST 数据的支持,可能是这些基因在该环境或者组织中表达水平较低;或者这些 *NBS* 基因仅在特定的环境下且在特定的组织中才表达;因此这些抗病基因的表达情况有待于我们进一步的研究。

除了检测这些抗病基因的 EST 表达数据外,我们也考察了这些基因上游 1000 bp 范围内的启动子元件序列。根据现有的研究,WBOX 基序是基因 *NPR*1 上游的调控序列,而 *NPR*1 是诱导植物抗病的正向调控因子,拟南芥中大多数感知病原体入侵基因的上游均包含有该基序。我们发现,在每个典型 *NBS-LRR* 抗病基因的上游均发现了 WBOX 基序,平均每个基因出现该调控元件序列 17.10 次,这比苜蓿中该调控元件出现的次数要高。但没有数据表明 EST 数量的多少与调控元件 WBOX 基序数量的多少存在相关性;EST 的数量及 WBOX 基序的数量因进化分支不同而表现出显著的差异,即使在同一进化分支上的高度相似的抗病基因间的 EST 的数量及 WBOX 基序的数量也表现出明显的差异。

3

二穗短柄草 *NBS-LRR* 抗病基因家族的表达谱分析

3.1 引言及研究动机

生物体中的基因表达变化是调控细胞生命活动的关键策略，基因差异表达是基因行使其功能的重要途径，决定着生物体的全部生命特征；研究一个基因及其基因家族在不同时间、组织及环境下的基因时空表达情况，能更好地了解该基因家族的功能，弄清楚该基因家族内部基因成员间的相互作用关系。

在前一章，利用生物信息学的相关技术从短柄草中鉴定出了 126 个典型的编码 *NBS-LRR* 蛋白的抗病基因，然后从基因组水平上分析了 *NBS-LRR* 抗病基因的基因结构、染色体位置分布、基序结构特征、基因复制情况、进化关系、EST 数目、基因上游启动子区的调控元件等。本章结合已有的表达芯片数据，分析这些抗病基因在四种非生物胁迫和一种生物胁迫（赤霉菌侵染）条件下的转录谱数据，希望找到受这些胁迫显著诱导的基因。众所周知，低温、高温、干旱、高盐及赤霉病侵染等外界胁迫会严重影响作物的生长发育，导致农作物的大面积减产。本章通过对 *NBS-LRR* 抗病基因在这 5 种胁迫条件下的表达谱数据的研究，发现新的与植物抗性相关的基因。这些工作将对二穗短柄草中抗病基因的克隆以及抗病机制的研究具有十分重要的意义。

3.2 基因表达谱分析的常用技术

基因表达谱（Gene Expression Profile）是指通过构建某一特定时空条件下的细胞或组织的 cDNA 文库，大规模 cDNA 测序，收集 cDNA 序列片段、定性、定量分析 mRNA 群体组成，由此来描绘该细胞或者组织在一定时空条件下的基因表达的数量和强度数据，据此得到的数据分析表就是基因的表达谱。

研究各种条件下基因在 mRNA 水平上的基因表达情况是功能基因组学上的一个重要分支，目前研究基因表达的方法很多，传统小规模研究基因表达的方法，如 Northern 印迹与 RT-

PCR(Reverse Transcription-Polymerase Chain Reaction)技术。Northern 印迹是一种常用的 RNA 定性和定量分析方法;RT-PCR 技术是将 RNA 反转录成 cDNA,然后与聚合酶链式扩增相结合的技术。RT-PCR 对 RNA 的质量要求较低,且更易于操作,它是在转录水平上检测基因时空表达的常用方法之一。这两种方法只能定性不能定量,目前小规模的检测基因表达的定量方法是用实时荧光定量 PCR 技术(Real-Time Fluorescent Quantitative PCR),由美国 Applied Biosystems 公司于 1996 年推出,目前已被广泛用于基因的表达分析、核酸多态性分析、基因组中目的基因的拷贝数鉴定、基因突变分析、分子诊断、食品安全检测及动植物检疫等多个研究领域。该技术虽然也能做到高效、高通量、高灵敏度等特点,但若在全基因水平上研究基因的表达,目前比较流行的还是高通量测序技术(RNA-seq)和基因芯片(Gene Chip、DNA Chip)技术。基因芯片技术又称为 DNA 微阵列(DNA Microarray),从 1987 年提出基因芯片技术到现在,该技术已经发展得较为成熟,并在药物靶点、特别是功能基因组方面得到广泛应用。我们对抗病基因表达谱的研究也是通过分析基因芯片数据来实现的。通过二穗短柄草的官方网站获得全部基因组内的表达数据,从中提取编码 NBS 蛋白的抗病基因,并进行相关的基因表达谱分析。

3.2.1　RNA-seq

高通量表达谱实验技术和传统的基因表达分析技术相比,在效率上有明显优势,已经广泛应用于复杂疾病亚型分型,药物靶点筛选,特征表达谱鉴定等领域。然而,并不是说高通量技术已经可以取代传统的表达谱检测技术,在测量个体基因表达水平高低方面,高通量技术仍有缺欠,Northern 杂交技术仍然是基因表达丰度鉴定的金标准。

RNA-seq(RNA Sequencing),即 RNA 测序,又称转录组测序,就是把 mRNA、small RNA 和 non-coding RNA(ncRNA)全部或者其中一些用高通量测序技术进行测序分析的技术。转录组是指特定组织或细胞在某一发育阶段或功能状态下转录出来的全部 RNA 的总和,主要包括 mRNA 和非编码 RNA。目前已经被广泛应用到转录本结构、转录本变异、非编码区的功能、基因表达水平研究及低丰度全新转录本的确定等方面。

3.2.2　**基因芯片技术**

基因芯片技术是指通过微阵列技术将高密度 DNA 片段阵列通过高速机器人或原位合成方式以一定的顺序或排列方式使其附着在如玻璃片等固相表面,以荧光标记的 DNA 探针,借助碱基互补杂交原理,进行大量的基因表达及监测等方面研究的技术。基因芯片技术经过几十年的发展,已经发展成为一种高通量、大规模和微量化的分析手段,成为功能基因组研究中的重要技术方法,得到了较为广泛的应用和推广。基因芯片技术具有测序速度快、高通量、自动化、测序成本低等一系列优点。它通过改进免疫共沉淀(Immunoassay)的测定方法来将 mRNA反转录成 cDNA 并与芯片上的探针杂交,可同时测定细胞内数千个基因的表达情况,芯片的体积非常小,仅需要微量的样品就可以检测,在获得了基因的表达数据后便可以进行定量分析并检测基因的表达差异。

基因芯片按照实验要求一般分为单通道和双通道。这里主要介绍双通道基因芯片制作流程。双通道在制作基因芯片的过程中,首先选取所研究生物不同时空状态下的样本,比如正常组织和受胁迫组织、不同发育阶段的组织、不同胁迫强度下的细胞或者组织等;一般分为两类样本,一类是实验样本,另一类是没有被处理的参考样本;实验样本和参考样本的 mRNA 在逆转录过程中,分别用红、绿荧光基团标记后进行等量混合,然后与微阵列上的探针序列进行杂交实验,对获得的结果进行恰当的洗脱步骤后,使用激光扫描仪对基因芯片进行扫描,获得对应于每种荧光的荧光强度图像,使用相应的图像分析软件获得基因芯片上每个点的红、绿荧光值(一般表示为 Cy5 和 Cy3),红绿荧光的比值(Cy5/Cy3)就是该基因在实验样本中的相对表达水平。

1)芯片数据的预处理

在双通道的基因芯片的实验中,可以获得实验样本基因和参考样本基因的双色 cDNA 芯片(Two-color cDNA Microarray)的红色和绿色荧光值。这里的参考样本一般是在没有处理的情况下提取不同组织在不同时间点的基因表达数据;而实验样本是根据不同的实验目的(比如在环境胁迫条件下)获取的不同组织、不同发育阶段、不同实验设计条件下的基因表达数据;通过样本基因与参考基因的表达量比值来获得不同条件下基因的相对表达量关系。

激光扫描仪对基因芯片的荧光图像进行扫描,获得每个点的光强度值并转化成绝对表达量;由专用的图像分析软件对图像的背景噪声图像及杂交点的荧光强度进行分析校准;然后取样本基因与参考基因的表达量的比值(R/G Ratio)作为每个样本基因的相对表达量;相对表达量可以减少背景噪声对样本结果的影响,并抵消一部分扫描成像偏差;然后对比值取以 2 为底的对数,当比值为 1 时($R/G=1$ 时),$\log_2 1=0$,即表示表达量没有发生变化;当 $R/G=2$,或者 $R/G=0.5$ 时,则 $\log_2 R/G=1$ 或者 -1,表示表达量发生了 2 倍的变化;正 1 表示正调控,负 1 表示负调控。

2)芯片数据的标准化

在对数据进行标准化之前,需要过滤一些垃圾数据。图像扫描软件在对每个杂交点荧光图像的光强度转化为表达量时,由于受到背景噪声的影响,可能会产生 0 或者负数,由于不能对 0 或者负数取对数,所以需要去掉这些脏数据,去掉这些数据不会对表达谱的分析结果产生影响,因为这些数据可能是一些非常微弱的信号,这些微弱信号无法为基因差异表达提供有力的证据。由于同一个 RNA 样品用相同类型的几块芯片进行杂交,获得的结果(信号强度等)不可能完全相同,甚至差别很大,因此为了使不同芯片获得的结果具有可比性,必须对结果进行归一化处理。

3)表达谱数据的相关性度量

基因表达的相似程度可以用度量函数实现,一般用基因表达谱间的距离来表示其相似性,距离越小,表示基因间的表达模式越接近;反之,则表示它们的表达模式差别较大。设两个基因的表达数据为:$A=[a_1, a_2, \cdots, a_n]$和 $B=[b_1, b_2, \cdots, b_n]$,则表达谱数据间的距离 $D(A, B)$,一般使用欧式距离来度量 n 维空间中两点间的距离,距离的计算公式见式(3.1):

$$D(A,B) = \frac{1}{n}\sqrt{\sum_{i=1}^{n} (a_i - b_i)^2} \tag{3.1}$$

基因表达谱数据的相关系数 r 也可用来计算其表达相关性,可以使用公式(3.2)进行计算:

$$r(A,B) = \frac{1}{n}\sum_{i=1}^{n}\left(\frac{a_i - a_{\text{mean}}}{\sqrt{\sum_{i=1}^{n}\frac{(a_i - a_{\text{mean}})^2}{n}}}\right)\left(\frac{b_i - b_{\text{mean}}}{\sqrt{\sum_{i=1}^{n}\frac{(b_i - b_{\text{mean}})^2}{n}}}\right) \tag{3.2}$$

其中,a_{mean},b_{mean} 分别表示两个基因表达数据的均值,通过欧氏距离和相关系数这两种相似性度量方法可以找出表达谱或者其变化趋势相同的基因,反映出这些基因间的共表达关系,基因表达谱数据的距离小于给定阀值或者相关系数大于给定阀值,则认为它们之间有共表达关系。

3.3　实验数据的获取

从二穗短柄草官方网站获取了二穗短柄草各组织在低温、高温、干旱和高盐 4 种胁迫条件下的基因表达谱数据,数据下载日期为 2014 年 6 月 28 日。另外,从美国国家生物技术信息中心 GEO 公共芯片数据库中下载了赤霉病(Fusarium Head Blight)侵染二穗短柄草的表达谱数据,数据下载日期为 2014 年 9 月 15 日,表达数据的下载网址为 http://www. ncbi. nlm. nih. gov/geo/query/acc. cgi? acc = GSE50665,对获得的芯片数据,使用 R/Bioconductior 软件包进行数据预处理和分析。

3.4　结果与分析

3.4.1　二穗短柄草 *NBS-LRR* 抗病基因芯片数据的获得、处理与初步分析

从 NCBI 的基因表达数据库 GEO 和短柄草官方数据库中,获取了二穗短柄草在低温、高温、干旱、高盐 4 种胁迫条件下的表达谱数据,包括分别处理 1 h、2 h、5 h、10 h 和 24 h 的 4 种非生物胁迫下的全基因组表达谱数据和相应的对照组表达谱数据。通过探针比对,获得了 126 个抗病基因的芯片表达数据,然后对各胁迫条件下的芯片表达数据进行散点图(MA Plot)分析,由此观察表达数据的分布情况,其中:

$$A = \log_2 \sqrt{R \times G} \tag{3.3}$$

$$M = \log_2 R/G \tag{3.4}$$

式(3.3)和式(3.4)中的 R 为 *NBS-LRR* 抗病基因在相应胁迫条件下的表达量,G 为 *NBS-LRR* 抗病基因在对应时间点且没有胁迫条件下的表达量,以 M 为纵坐标,A 为横坐标制作散点分布图如图 3.1 所示。

利用获得的冷(低温)和热(高温)胁迫下 *NBS-LRR* 抗病基因的基因芯片表达数据,绘制了这些数据的散点图,其中,在每种胁迫条件下,分别取 1 ~24 h 的 5 组胁迫样本数据(R)和参考数据(G),并将冷胁迫下 5 组胁迫数据统一绘制在图 3.1(a)中,高温胁迫条件下的 5 组数据绘制在图 3.1(b)中。从总体上看,冷胁迫对 *NBS-LRR* 基因家族表达数据的影响没有高温胁迫明显,在高温胁迫条件下,该家族的基因表达谱数据呈现出更大的差异。

在干旱、高盐胁迫下的 *NBS-LRR* 抗病基因的基因芯片表达数据散点图如图 3.2 的(a)和(b)所示,胁迫时间点与上面的冷或高温相同,同样是 1 ~24 h 胁迫的 5 组胁迫数据与对照数据,从图 3.2 中可以看到高盐胁迫条件下表达数据的分布更集中,表明干旱条件对抗病基因的表达影响较大。

观察低温、高温、干旱和高盐 4 种环境胁迫条件的散点图可以发现,*NBS-LRR* 抗病基因家

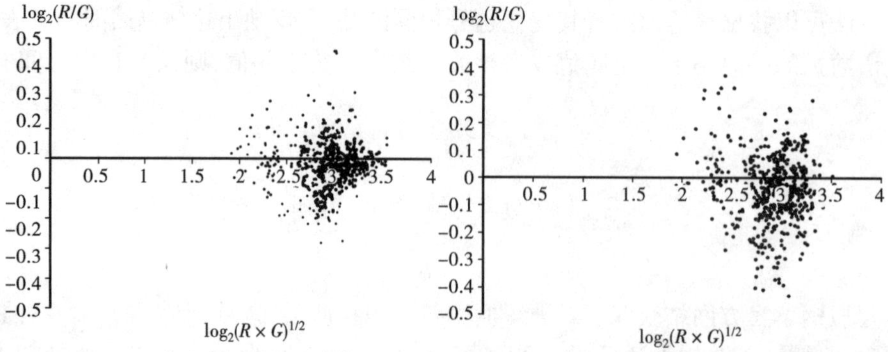

（a）低温的胁迫条件　　（b）高温的胁迫条件

图 3.1　*NBS-LRR* 基因在低温与高温胁迫条件下基因芯片数据散点分布图

族在受到这 4 种环境胁迫后，仅有少数基因表现出较为明显的表达波动，或许这些基因正是值得详细研究的抗病基因，具体表达情况将在后面基因表达谱部分进行详细讨论。

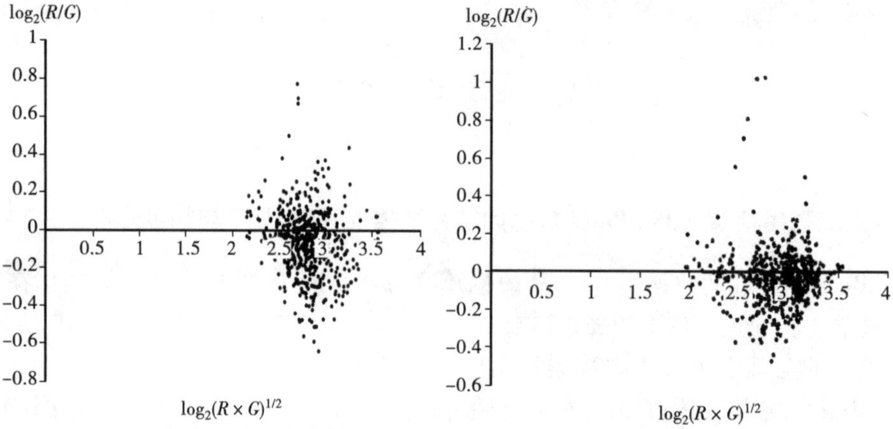

（a）干旱的胁迫条件　　（b）高盐的胁迫条件

图 3.2　*NBS-LRR* 基因在干旱与高盐胁迫条件下基因芯片数据散点分布图

赤霉菌是一种影响包括短柄草、小麦和大麦在内的禾谷科植物的重要病害，主要感染大麦和小麦。赤霉菌是全球性的小麦病害，也是我国小麦生产的主要病害之一。在我国，小麦赤霉病过去主要发生在小麦抽穗期湿润多雨的长江流域和沿海麦区，20 世纪 70 年代以后逐渐向我国北方的黄淮麦区和关中麦区蔓延。1985 年，小麦赤霉病曾在河南省大范围流行，造成了严重的产量和经济损失。小麦赤霉病可使小麦蛋白质和面筋含量减少，出粉率降低。同时病粒内含有多种毒素如脱氧雪腐镰刀菌烯醇和玉米赤霉烯酮等，可引起人、畜中毒，发生呕吐、腹痛、头昏等现象，严重感染此病的小麦不能食用。因此，分析与小麦比较近缘的二穗短柄草的 *NBS-LRR* 抗病基因对赤霉菌胁迫条件下的响应将具有十分重要的意义。

比较幸运的是，NCBI 上 GEO 芯片数据库中正好有该病诱导的芯片数据，下载这些数据后，分析赤霉菌的有毒和无毒两类菌株侵染二穗短柄草后 *NBS-LRR* 基因的芯片表达谱数据，其散点分布图如图 3.3 所示，其中圆点表示赤霉菌有毒菌株侵染二穗短柄草后 *NBS-LRR* 基因的表达数据，三角形为赤霉菌无毒菌株侵染后 *NBS-LRR* 基因的表达数据。分析图 3.3 可以发现 *NBS-LRR* 抗病基因家族中的一些基因出现明显的差异表达现象，有一小部分散点远离聚集簇，呈现增长式的发射状分布，表明这些基因的表达变化较大；有些基因的表达出现正向（+）

和反向(－)的调控特征,这些特征可能与抗性反应、信号传导、过敏反应等一系列生物调控相关;还有些基因的表达数据成簇地聚在横坐标轴附近,表明这些基因可能对赤霉菌的侵染不敏感。但大部分基因在有毒菌株和无毒菌株侵染二穗短柄草后表达相似,表明有毒菌株和无毒菌株可能诱导的信号转导途径类似,只是引发的后续的抗病反应及信号传导过程中所表现出的剧烈程度有差异。

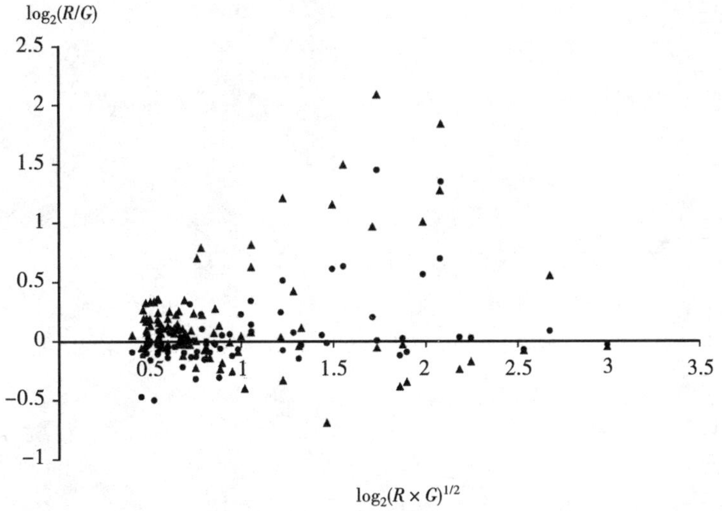

图 3.3 *NBS-LRR* 抗病基因在赤霉菌胁迫下表达数据分布图

从二穗短柄草的高温、低温、干旱、高盐这 4 种非生物胁迫及赤霉菌感染后的 *NBS-LRR* 基因表达数据散点分布图可知,经有毒和无毒赤霉菌侵染二穗短柄草后获得的基因芯片数据呈现出更为显著的离群特征,表明 *NBS-LRR* 基因家族中一些成员对赤霉菌较敏感,响应这一生物胁迫的抗病基因比响应其他 4 种非生物环境胁迫下的基因要多,这也说明了 *NBS-LRR* 基因对生物胁迫的诱导更敏感,与该家族的基因属于抗病基因家族相一致。

3.4.2 二穗短柄草 *NBS-LRR* 抗病基因的表达模式分析

1) *NBS-LRR* 基因低温胁迫下的表达模式分析

基因表达模式的研究是了解基因功能的重要线索,为此,首先对利用生物信息学鉴定的 126 个 *NBS-LRR* 基因在低温胁迫条件的表达模式进行了分析。从二穗短柄草低温胁迫的芯片数据中,获得了 118 个基因的表达谱数据,分析结果如图 3.4 所示。从图 3.4 中发现,在低温胁迫条件下表达较活跃的基因约占总基因的 1/3,共 46 个。其中表达量较低的基因数量为 25 个,而表达量较高的基因占 21 个。虽然有超过 1/3 的基因出现表达上的差异,但相对于对照,在冷胁迫下表达量特别强的基因的表达量相对于其对照的表达量,并没有出现 2 倍以上变化的关系($R/G>2$ 或者 $R/G<0.5$);这表明鉴定的 *NBS-LRR* 抗病基因对冷胁迫不敏感。虽然低温环境会对部分抗病基因的表达有一定的诱导作用,但这些影响不显著;特别是有些基因(如 *NBS-LRR*8,Bradi5g17527)在刚遇到低温胁迫时,表达量会出现波动,但随着低温胁迫时间的持续,该基因会逐渐适应低温环境,表达量渐渐趋于正常。相对于热胁迫,低温胁迫条件下表现活跃的 *NBS-LRR* 基因较少,可能是由于 *NBS-LRR* 基因对热胁迫条件更为敏感。

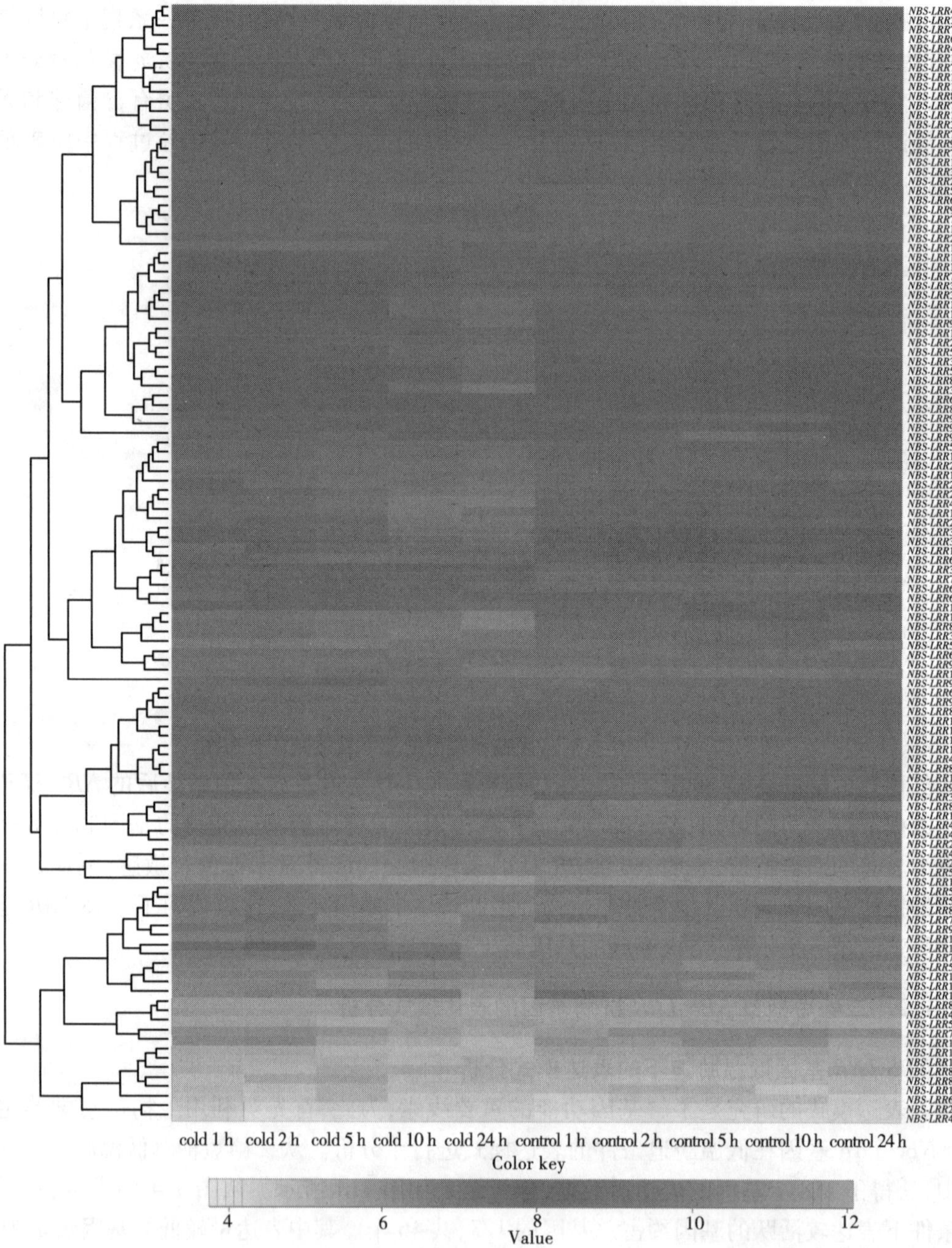

图 3.4　二穗短柄草 *NBS-LRR* 抗病基因低温胁迫下的表达情况

2）*NBS-LRR* 基因在高温胁迫下的表达模式分析

二穗短柄草中 *NBS-LRR* 抗病基因在高温胁迫条件下的活跃程度明显增强，大部分基因在高温胁迫条件下的基因表达量都有所改变，分析结果如图 3.5 所示。相对于对照，有 32 个 *NBS-LRR* 抗病基因表达量明显增强，有 35 个基因表达量相对减弱，即有 67 个 *NBS-LRR* 基因在高温胁迫下的表达量发生了显著改变。在表达量增强的基因中，*NBS-LRR*1，（Bradi4g10037）、*NBS-LRR*8（Bradi5g17527）、*NBS-LRR*6（Bradi5g01167）、*NBS-LRR*19（Bradi4g33467）、*NBS-LRR*42（Bradi4g01687）、*NBS-LRR*113（Bradi4g36976）等基因的表达量显

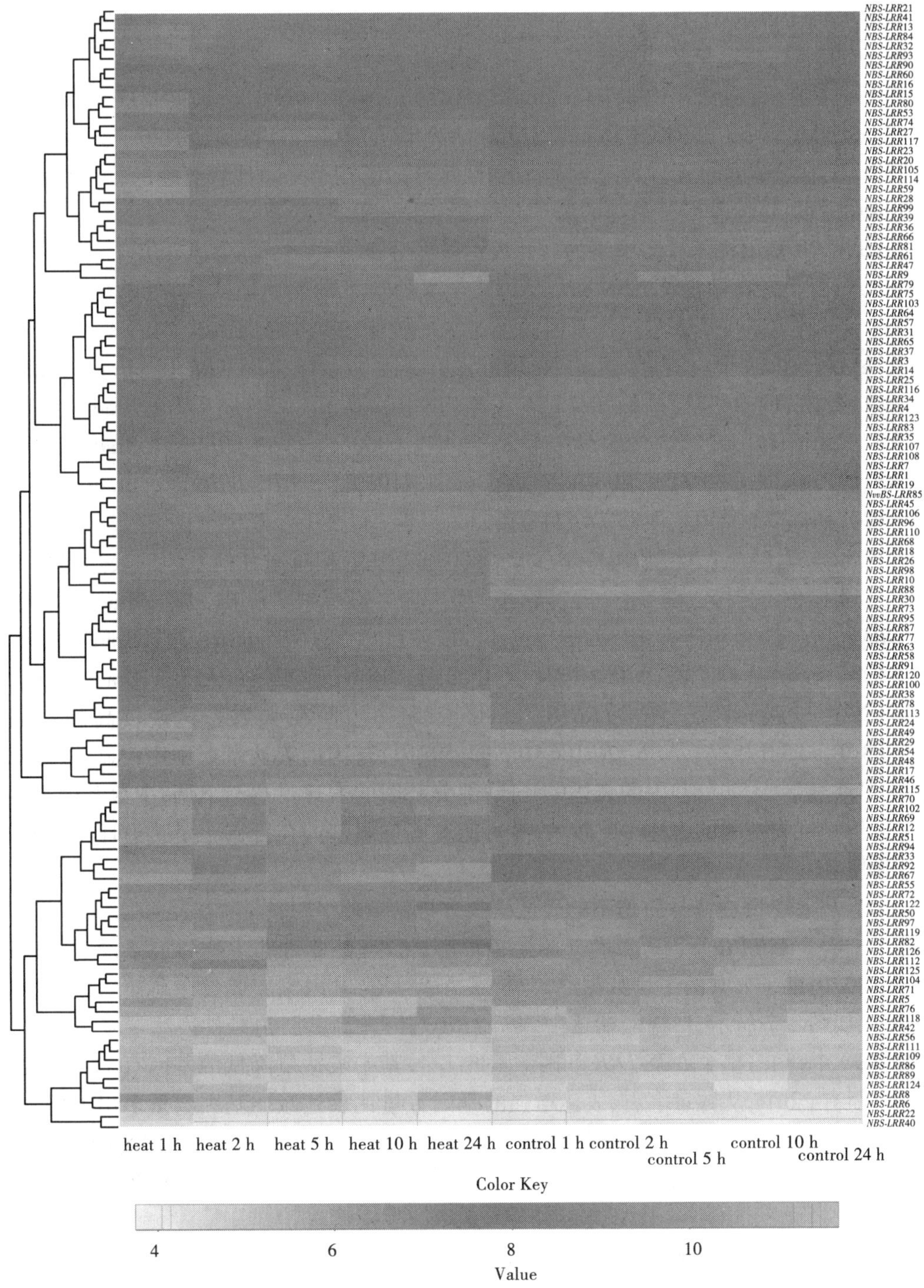

图 3.5　二穗短柄草 *NBS-LRR* 抗病基因高温胁迫下的表达情况

著增强。在表达量下调的基因中，*NBS-LRR*61（Bradi1g29658）、*NBS-LRR*27（Bradi5g02367）、*NBS-LRR*9（Bradi4g09247）、*NBS-LRR*12（Bradi4g06970）、*NBS-LRR*33（Bradi4g05870）、*NBS-LRR*76（Bradi3g60337）、*NBS-LRR*67（Bradi3g03878）、*NBS-LRR*92（Bradi2g60230）等基因的表达量减弱明显。特别是 *NBS-LRR*61（Bradi1g29658）、*NBS-LRR*9（Bradi4g09247）、*NBS-LRR*92（Bradi2g60230)等基因的表达量下调非常显著,因此,本书的研究为后续易受温度诱导的抗病基因的分离与功能研究奠定了基础。

在高温胁迫条件下,*NBS-LRR*82(Bradi3g41870)、*NBS-LRR*3(Bradi2g39517)、*NBS-LRR*81(Bradi2g36180)、*NBS-LRR*13(Bradi2g21360)、*NBS-LRR*119(Bradi1g50420)、*NBS-LRR*118(Bradi1g01397)等基因的表达为先下降后上升,这样的调控结果是比较有趣的,可能是在高温胁迫初期和后期,这些基因所参与的信号通路发生了改变。

3)*NBS-LRR* 基因在干旱胁迫下的芯片表达数据分析

同样地,分析二穗短柄草 *NBS-LRR* 基因在干旱胁迫下的表达模式,如图 3.6 所示。二穗短柄草在干旱胁迫条件下大量抗病基因的表达水平较低,有 84 个,而表达水平较高的基因数量比较少,仅有 7 个。在表达水平较低的基因中,有 *NBS-LRR*50(Bradi5g22842)、*NBS-LRR*113(Bradi4g36976)、*NBS-LRR*26(Bradi4g10207)、*NBS-LRR*32(Bradi4g10180)、*NBS-LRR*25(Bradi4g10171)、*NBS-LRR*24(Bradi4g10060)、*NBS-LRR*29(Bradi4g10030)、*NBS-LRR*123(Bradi4g09957)、*NBS-LRR*7(Bradi3g41960)、*NBS-LRR*91(Bradi2g60260)、*NBS-LRR*80(Bradi2g60250)、*NBS-LRR*34(Bradi2g39847)、*NBS-LRR*68(Bradi2g39537)、*NBS-LRR*49(Bradi2g37166)、*NBS-LRR*100(Bradi2g03007)等基因相对于其他基因的表达量更低;而有些基因的表达量是逐渐下降的,如 *NBS-LRR*100(Bradi2g03007)、*NBS-LRR*54(Bradi2g35767)、*NBS-LRR*49(Bradi2g37166)、*NBS-LRR*123(Bradi4g09957)、*NBS-LRR*28(Bradi4g10017)、*NBS-LRR*32(Bradi4g10180)、*NBS-LRR*25(Bradi4g10171)、*NBS-LRR*26(Bradi4g10207)、*NBS-LRR*48(Bradi5g22547)。而在少数表达量较高的基因中,*NBS-LRR*8(Bradi5g17527)、*NBS-LRR*106(Bradi2g59310)基因的表达量上调比较显著。总的来说,在干旱环境下,大部分基因的表达量较低;部分基因的表达量逐渐下调;少数基因上调,说明干旱对植物抗病基因的表达影响较大,有可能这些抗病基因在抵御干旱胁迫环境中起着重要调控作用。

4)*NBS-LRR* 基因在高盐胁迫下的表达模式分析

除了分析 *NBS-LRR* 基因家族在二穗短柄草冷、干旱、热 3 种非生物胁迫条件下的表达情况外,我们又借助于公共的芯片数据库,分析了 *NBS-LRR* 基因家族成员在高盐胁迫下的表达情况,结果如图 3.7 所示,二穗短柄草中 *NBS-LRR* 基因在高盐胁迫条件表达量发生显著变化的基因有 33 个,约占整个 *NBS-LRR* 基因数量的 1/4,其中表达量降低的基因有 11 个,表达量上升的基因有 22 个,从数量上看,表达增强的基因数量比表达减弱基因数量多出 1 倍。在这些表达量发生变化的基因中,*NBS-LRR*60(Bradi5g15560)、*NBS-LRR*114(Bradi5g03140)、*NBS-LRR*76(Bradi3g60337)基因的表达量上调比较显著,而 *NBS-LRR*5(Bradi1g00227)的表达量下调比较显著。

5)*NBS-LRR* 基因在赤霉菌胁迫下的表达模式分析

NBS-LRR 基因在非生物胁迫中的作用没有在抗病虫害中的作用大,因此我们又从美国国家生物信息中心 NCBI 下载了二穗短柄草赤霉菌侵染条件下的表达谱数据,并进行了分析,从中找到 44 个 *NBS-LRR* 抗病基因的表达数据,这些基因的平均表达量见表 3.1。

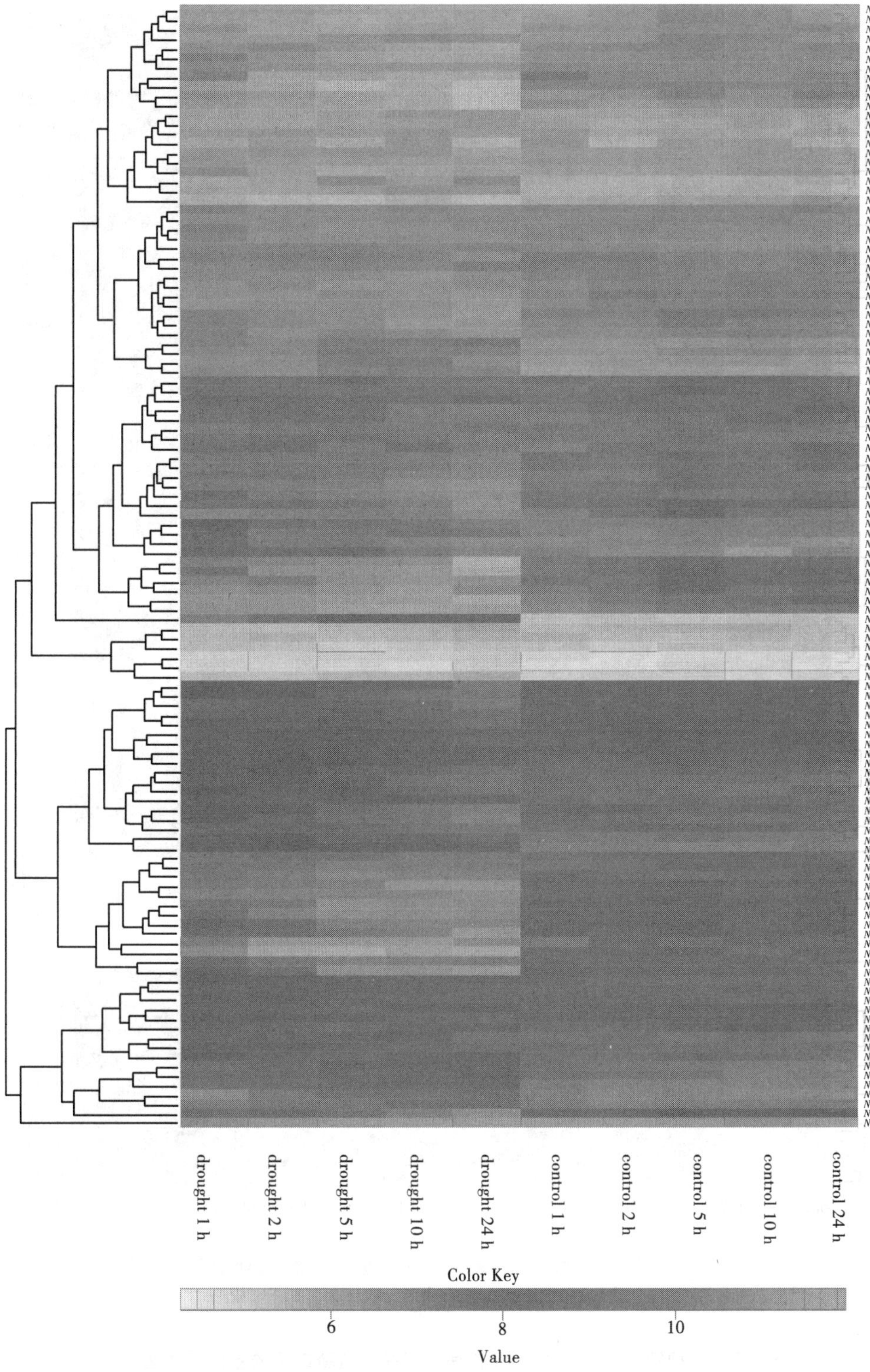

图 3.6　二穗短柄草中 *NBS-LRR* 抗病基因在干旱胁迫下的基因表达图

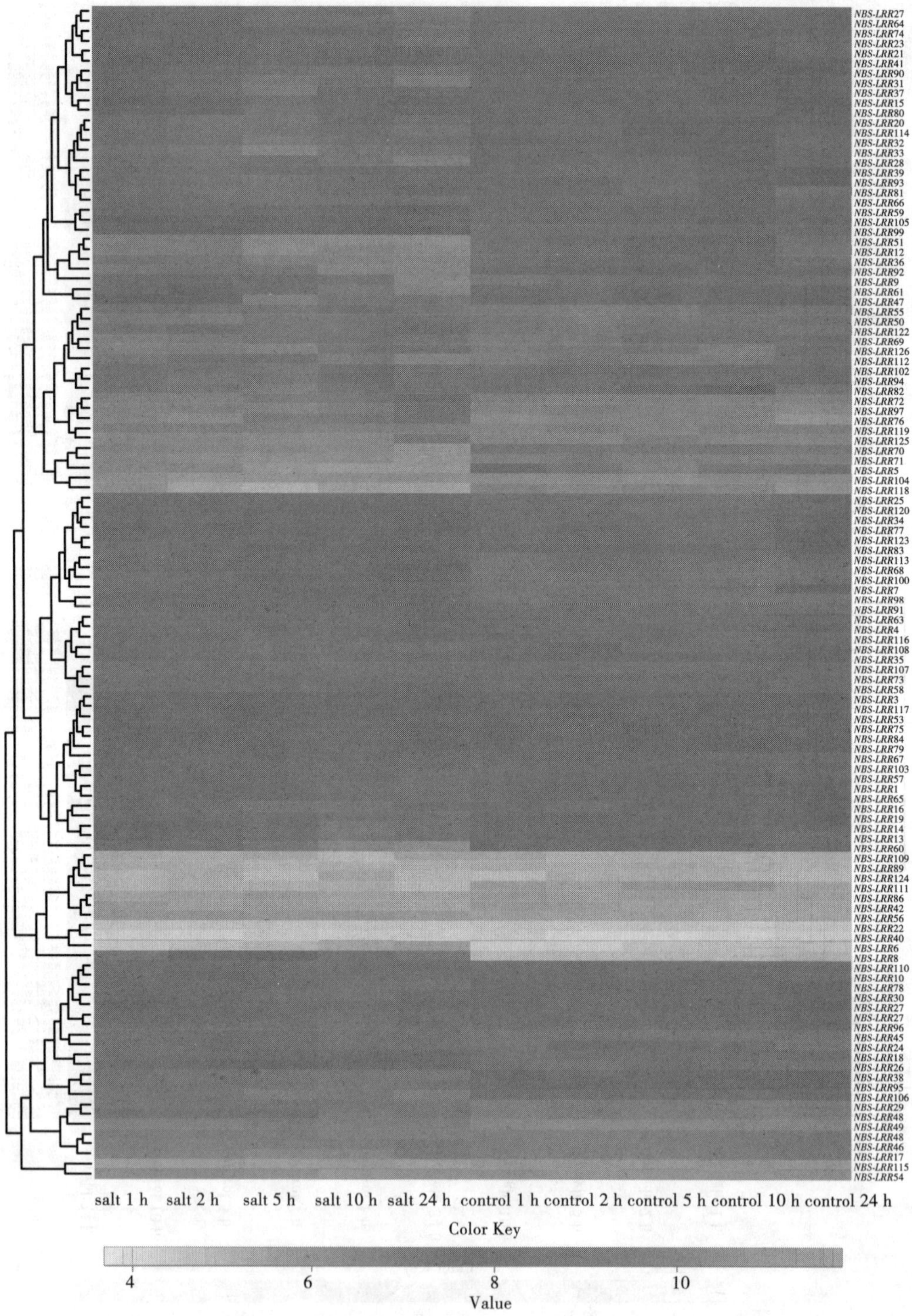

图 3.7　二穗短柄草中 *NBS-LRR* 抗病基因在高盐胁迫下的基因表达图

表 3.1 *NBS-LRR* 部分抗病基因在赤霉菌胁迫下的表达数据

Name	Gene ID	PHI_WT_mean	PHIdTri_mean	TWEEN_mean	PHI_WT/TWEEN	PHIdTri/TWEEN
*NBS-LRR*102	Bradi1g27770	1.687414667	1.775224833	1.631508167	1.033438777	1.086372543
*NBS-LRR*104	Bradi2g03020	1.432246667	1.6551395	1.447413167	0.989668763	1.145715177
*NBS-LRR*105	Bradi2g37990	1.649387	1.862602	1.615443167	1.02548097	1.167104615
*NBS-LRR*106	Bradi2g59310	5.043733333	7.553422167	4.629469833	1.104572441	1.714704127
*NBS-LRR*109	Bradi1g15650	1.476062	1.734909167	1.499978833	0.984971745	1.155754247
*NBS-LRR*114	Bradi5g03140	1.776459333	2.288985667	1.6993345	1.034275983	1.307792544
*NBS-LRR*115	Bradi4g03230	6.747798167	6.6927225	6.987356833	0.963614224	0.956284372
*NBS-LRR*119	Bradi1g50420	1.422714167	1.628078	1.691071667	0.846602591	0.976381075
*NBS-LRR*12	Bradi4g06970	1.537646	1.618743667	1.529973833	1.004476426	1.058985568
*NBS-LRR*120	Bradi1g00960	2.094905389	1.8317615	2.146929556	0.997623472	0.882208082
*NBS-LRR*124	Bradi2g03200	1.323810667	1.987335667	1.649800167	0.806031871	1.202424342
*NBS-LRR*125	Bradi4g25780	1.470611	1.705751	1.478634	0.992567295	1.154856315
*NBS-LRR*126	Bradi3g61040	1.906992167	2.0755335	1.947132833	0.988860392	1.064212221
*NBS-LRR*13	Bradi2g21360	2.3257425	3.642767833	1.772924	1.298509372	2.024326423
*NBS-LRR*14	Bradi2g52840	2.084512833	2.574192667	2.019400333	1.028091106	1.260410166
*NBS-LRR*16	Bradi5g03110	2.428934833	2.066998333	1.987668667	1.224985438	1.041006596
*NBS-LRR*17	Bradi4g21890	4.680932667	3.978575167	4.588531167	1.020186081	0.866631849
*NBS-LRR*24	Bradi4g10060	2.295311833	1.700752167	2.497650167	0.910304823	0.688578487
*NBS-LRR*29	Bradi4g10030	1.2535315	1.680543333	1.528527833	0.825918267	1.107631309
*NBS-LRR*32	Bradi4g10180	1.569329667	1.7348105	1.651394083	0.949073709	1.058456396
*NBS-LRR*33	Bradi4g05870	1.3834785	1.594649333	1.403769667	0.985742515	1.135924303
*NBS-LRR*36	Bradi3g22520	1.535905667	1.659154	1.664975333	0.923260127	0.996023721
*NBS-LRR*4	Bradi1g55080	4.143177333	5.825217833	2.7684665	1.500812237	2.123217165
*NBS-LRR*51	Bradi4g38170	1.448604333	1.612509167	1.514600667	0.956434842	1.064563457
*NBS-LRR*56	Bradi2g09480	1.6101345	1.9542065	1.580532333	1.020103262	1.235130635
*NBS-LRR*60	Bradi5g15560	6.13259	9.040154	2.335016667	2.63840336	3.917039126
*NBS-LRR*69	Bradi4g10190	1.492023167	1.658026833	1.497276833	0.997357325	1.106976608
*NBS-LRR*7	Bradi3g41960	1.709497333	1.955533167	1.72105	0.994115612	1.131080133
*NBS-LRR*70	Bradi1g22500	1.823037333	1.783477667	1.931131667	0.943615508	0.92270789
*NBS-LRR*71	Bradi2g52150	1.511464	1.582725333	1.520535	0.993629795	1.041963993
*NBS-LRR*73	Bradi1g29560	3.515869833	3.383365167	3.4825	1.00930981	0.971129174
*NBS-LRR*74	Bradi5g02360	1.888025667	3.203918333	1.883501667	0.998073658	1.696202513
*NBS-LRR*77	Bradi2g03260	4.514034667	7.343603833	2.836647667	1.585363467	2.622265833

续表

Name	Gene ID	PHI_WT_mean	PHIdTri_mean	TWEEN_mean	PHI_WT/TWEEN	PHIdTri/TWEEN
*NBS-LRR*78	Bradi1g01250	2.705140667	2.315500833	2.869302833	0.946324517	0.817618783
*NBS-LRR*80	Bradi2g60250	1.601391667	1.6900555	1.7521015	0.91486567	0.965408741
*NBS-LRR*81	Bradi2g36180	1.5973955	1.529659833	1.557269667	1.026621477	0.984283572
*NBS-LRR*82	Bradi3g41870	1.412731167	1.6409555	1.450264333	0.974108779	1.131490159
*NBS-LRR*84	Bradi4g21950	2.214644667	2.307442	2.2078295	1.007981776	1.038560903
*NBS-LRR*86	Bradi3g28590	1.543287833	1.738434333	1.531514333	1.008952238	1.136815379
*NBS-LRR*87	Bradi4g06460	1.519604167	1.677799167	1.524594	0.997785769	1.101223762
*NBS-LRR*91	Bradi2g60260	1.429083333	1.6327895	1.550727833	0.923209117	1.051156276
*NBS-LRR*92	Bradi2g60230	2.254418833	1.951789833	2.208818167	1.016917447	0.897154194
*NBS-LRR*96	Bradi4g06470	1.404034667	1.737739	1.444392167	0.971956484	1.201713693
*NBS-LRR*98	Bradi1g67840	2.087153	2.253000833	2.431119333	0.855028525	0.923035258

表 3.1 中的列 PHI_WT_mean 是有毒赤霉菌侵染短柄草后 *NBS-LRR* 基因的表达数据，PHIdTri_mean 列为无毒赤霉菌侵染短柄草后 *NBS-LRR* 基因的表达数据，TWEEN_mean 为对照组表达数据（用 TWEEN 处理的）。每列数据由 3 个重复样本的表达数值据求平均得到。PHI_WT/TWEEN 列为有毒赤霉菌表达数据与对照组表达数据的比值，PHIdTri/TWEEN 列为无毒赤霉菌表达数据与对照组表达数据的比值，这两列为赤霉菌侵染二穗短柄草后 *NBS-LRR* 基因的相对表达量。根据相对表达量的数据，我们绘制了检测到的 44 个 *NBS-LRR* 抗病基因的相对表达量折线图（图 3.8），其中小方块折线为无毒赤霉菌表达数据，小三角形折线图为有毒赤霉菌表达数据。

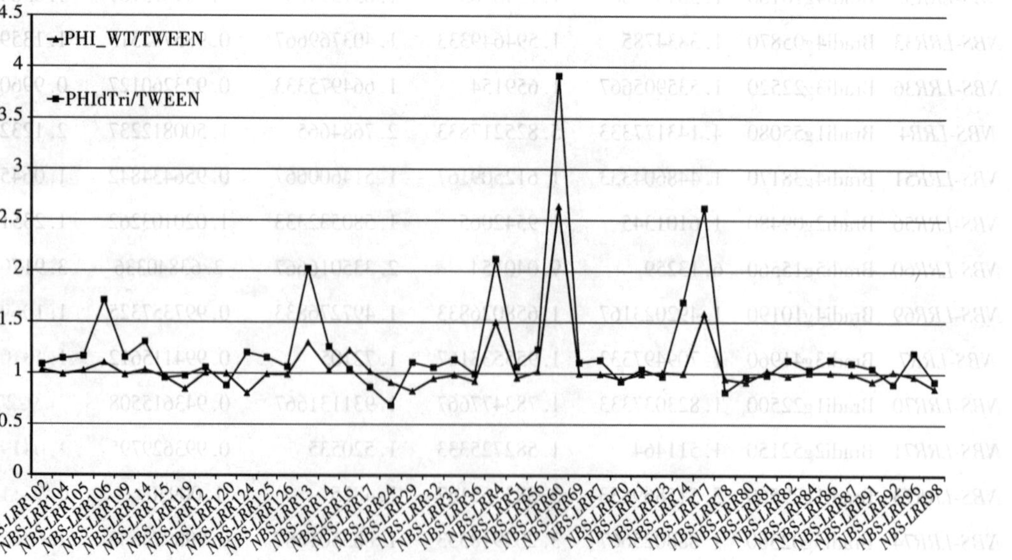

图 3.8 赤霉菌胁迫下的 *NBS-LRR* 抗病基因表达谱变化趋势

分析表 3.1 和图 3.8，我们发现在赤霉菌侵染下，5 个基因的表达被显著上调，即 *NBS-LRR*106(Bradi2g59310)、*NBS-LRR*124(Bradi2g03200)、*NBS-LRR*13(Bradi2g21360)、*NBS-LRR*60(Bradi5g15560)、*NBS-LRR*77(Bradi2g03260)，表明这 5 个基因参与了赤霉菌的生物胁迫响应。有趣的是，赤霉菌无毒侵染引起的 *NBS-LRR* 基因表达量的变化均强于有毒赤霉菌感染后该基因的变化，表明无毒赤霉菌菌株对二穗短柄草 *NBS-LRR* 抗病基因表达的诱导作用较大；特别是基因 *NBS-LRR*60(Bradi5g15560)在表达上出现明显的上调趋势，该基因可能是二穗短柄草抵御赤霉菌感染的主效基因，值得生物学家后续进一步对该基因进行克隆与功能研究，对这 5 个基因的分析将为抗病新基因的筛选提供了抗病候选基因。在图 3.8 中，两条有毒赤霉菌侵染和无毒赤霉菌侵染的抗病基因表达的趋势线的走势基本一致，仅在强度方面表现不同，表明不管赤霉菌是否含有毒力因子，均能触发二穗短柄草的抗病反应。图 3.8 中虽然两条折线在整体走势上保持一致，但个别基因的表达却差异显著，如 *NBS-LRR*124(Bradi2g03200)，可能是这个基因在有毒和无毒条件下引起的调控信号通路有所差别，这有待于实验的进一步验证。

总的来说，在赤霉菌侵染的条件下，我们共获得了 44 个抗病基因的表达谱数据，但仅有 5 个基因的表达量出现了显著上调，表明 *NBS-LRR* 中参与赤霉病调控反应的基因偏少。如果与整个 *NBS-LRR* 抗病基因家族的 126 个基因相比，5 个基因所占的比例就更小了，所以我们认为不同病原菌诱导的植物抗病基因的抗病反应是特异性的，即不同的抗病基因调控由不同病原物引起的调控反应。

3.5 讨论与小结

在植物抗病基因家族中，编码 NBS-LRR 蛋白的抗病基因是其中普遍存在、研究最多的一类抗病基因，它在植物抵御各类病原物的侵扰中发挥着重要作用。二穗短柄草是最近测序完成的新型单子叶模式植物，它与小麦、大麦及水稻等禾本科植物的亲缘关系较近，很多感染小麦和大麦的病害同样可以使二穗短柄草染病。因此，对二穗短柄草中的 *NBS-LRR* 抗病基因家族的鉴定及研究有利于阐明禾本科植物的抗病机理。

对基因表达调控的研究表明，有机体的不同细胞和组织，在不同的发育和分化阶段，在不同的生理条件和病理状态下，其表达的基因种类及基因的表达丰度都各有差异，且此差别存在着严格的时空调控特异性。生命过程的精确调控很大程度上正是依赖于这类基因，许多生命现象的深层次问题也集中于此。因此，通过对二穗短柄草中的 *NBS-LRR* 抗病基因在生物胁迫与非生物胁迫条件下的表达谱分析，部分解析了这些抗病基因在抵御逆境中的作用；理解了这些抗病基因家族成员在抗病或者抗逆过程中的互作关系，以及对环境和生物胁迫的响应机理。

从前面的表达谱分析可知：*NBS-LRR* 抗病基因在高温胁迫条件下表达较活跃，有大部分抗病基因的表达都增强，说明较多 *NBS-LRR* 基因响应了高温胁迫，其生命活动趋向活跃可能会增强其抗高温特性，相反，在低温环境下，大部分基因的表达量都没有变化，说明这些 *NBS-LRR* 基因对低温胁迫不敏感，几乎不参与冷诱导的信号通路。

而在干旱和高盐环境下，二穗短柄草中的 *NBS-LRR* 基因的表达出现了分化，在干旱环境下，大部分基因的表达量较低，有些下调较明显，表明部分 *NBS-LRR* 基因是负调控二穗短柄草中的抗干旱信号通路上的基因。对高盐胁迫过程中 *NBS-LRR* 抗病基因的表达谱数据分析后，发现高盐环境对二穗短柄草 *NBS-LRR* 基因表达的影响比干旱要小,仅有 1/4 的 *NBS-LRR* 基因在表达量上发生了显著改变。在高盐胁迫条件下,*NBS-LRR* 表达增强基因的数量要多于表达减弱基因的数量,可能大部分 *NBS-LRR* 基因在高盐环境条件下是正向调控二穗短柄草抗盐信号。

在赤霉菌侵染条件下,我们从 NCBI GEO 芯片数据库中挖掘了 44 个 *NBS-LRR* 抗病基因的表达谱数据,仅占全部抗病基因的 1/3,这些基因中表达明显上调的基因仅有 5 个,说明植物的抗病反应是特异的,即不同的抗病基因负责不同类别的抗病反应。这 5 个基因可能在二穗短柄草抵御赤霉菌感染中起着重要作用。

除此之外,我们又比较了 *NBS-LRR* 基因中发生基因复制事件及在进化树上相邻基因的表达模式,结果表明,它们的表达模式有的正相关,有的负相关,有的不相关;表明表达模式主要由基因功能决定,而不是由其氨基酸序列相似度的高低程度所决定的。

基于上述表达谱的分析结果,若生物学家能通过普通的 RT-PCR 或者 Real-time 湿实验进行验证,将能更好为二穗短柄草乃至整个禾本科植物抗病基因的克隆及功能研究奠定坚实基础。

4 *NBS-LRR* 基因家族预测算法的设计与应用

4.1 研究背景

随着高通量测序成本的越来越低，大量物种的全基因组测序数据相继在国际公共序列数据库中发布，而通过实验手段来研究 *NBS-LRR* 抗病基因家族的成本高、周期长且费时耗力。因此，基于特征选择的机器学习方法被认为是一种很有实用价值的计算机辅助研究方法，它有助于生物学家快速找到全基因中的 *NBS-LRR* 候选基因，便于他们在一个较小的候选基因集中进行相关的功能确认实验，从而加快实验进度和节省实验成本。

通过构建计算机模型来预测新测序物种中的 *NBS-LRR* 基因，并进一步对预测的 *NBS-LRR* 候选基因进行子类别划分和功能注释，该工作将为 *NBS-LRR* 抗病基因家族的自动预测和功能注释提供重要帮助。目前采用机器学习方法对各类功能蛋白进行预测和功能分析的算法很多，如转录因子结合位点的预测，蛋白质甲基化位点的识别，跨膜蛋白类型的预测等，而对 *NBS-LRR* 抗病基因家族功能预测的研究还不多。本章从已验证的 *NBS-LRR* 序列出发，通过构建高效的特征选择算法来对全基因组中的序列进行特征向量化，并根据这些特征向量使用支持向量机(Support Vector Machine)对 NBS-LRR 蛋白进行预测和分类。

对蛋白序列进行功能预测的模型一般有两种，一种是连续模型(Sequential Model)，另一种是离散模型(Discrete Model)。连续模型的一个成功应用是序列的相似性搜索，比如 BLAST。当序列间的相似性不显著时，该方法的性能不佳，并且随着序列数量的增加，该模型的计算成本将快速增长到无法接受的程度。因此，各种离散模型被广泛使用来对蛋白质序列进行功能预测。该模型是把连续的序列转换成能表示序列特征的离散向量。因为目前的机器学习算法要求输入的数据是离散特征向量，怎样将连续的序列字符串转化成离散的特征向量，且这些离散的特征向量能很好地保留序列中原有的序列信息，已成为衡量该模型是否有效的重要指标。

4.2 方法与数据集

4.2.1 氨基酸序列的特征提取方法

目前,统计预测算法无法处理连续的氨基酸序列,必须将序列转化成用数值表示的离散向量后,才能应用这些算法进行预测和分析。氨基酸的特征提取方法实现将连续字符串表示的氨基酸序列转化成离散的特征向量。

1)氨基酸组成成分

在离散模型中,用特征向量表示蛋白质序列的最简单的方法是氨基酸组成(AAC,Amino Acid Composition)成分。蛋白质序列由20种基本的氨基酸组成,一条长度为n个字母的蛋白质序列P能用如下形式表示:

$$P = r_1 r_2 r_3 \cdots r_i \cdots r_n \tag{4.1}$$

其中,r_1表示蛋白质序列P中第1个位置上的氨基酸残基,r_i表示序列P中第i个位置上的残基,r_i是20种基本氨基酸之一,其可取字母为:A,C,D,E,F,G,H,I,K,L,M,N,P,Q,R,S,T,V,W和Y中的某个字母,若序列中出现B,J,O,U,X,Z字母,则认为本条序列不规范而被舍弃,因为这6个字母没有出现在氨基酸的密码子表中。n表示蛋白质序列的长度,即残基个数。氨基酸组成成分模型将每条蛋白质序列转化为一个具有20个分量(20维)的特征向量:

$$AAC = (f_1, f_2, \cdots, f_i, \cdots, f_{20}) \tag{4.2}$$

其中,

$$f_i = n_i / n \tag{4.3}$$

在式(4.3)中,n_i表示第i种基本氨基酸在序列P中出现的次数,比如字母A(丙氨酸,三字母编码为Ala)的出现频率为$f_A = n_A / n$,i的取值为上述的20种氨基酸之一,即$1 \leqslant i \leqslant 20$,$n$为蛋白质序列长度。

氨基酸组成算法可将不同长度的蛋白质序列转化成一个20维的向量,即蛋白质P可表示为:

$$P = R^{20}, R \in [0,1] \tag{4.4}$$

2)k-tuple 频率分布

在氨基酸组成算法中,仅统计了序列中20个基本氨基酸的出现频率,氨基酸残基间的顺序被忽略了,为了部分考虑序列间的局部关系,于是提出了k-tuple模型。这里的tuple是指序列中长度为k的小片段,即序列中的一个小段,又称为单词;这里的k为序列片段(单词)的长度,组成单词的字母表可以为核苷酸或者氨基酸残基。比如,在DNA的核苷酸序列中,1-tuple就是指序列片段长度为一个字母的片段,产生一个4维的向量,2-tuple是2个字母的片段,产生一个16维的向量,3-tuple是序列片度长度为3个字符的单词,产生一个64维的向量,因为核苷酸序列由A、G、C、T 4个字母组成。DNA的1-tuple就是指这4种单个字母,DNA的2-tuple是一个$4 \times 4 = 16$的向量,即该向量有4^2个元素,其元素包括AA、AG、AC、AT、GA、…、TT共16个元素在序列中出现的频率,DNA的3-tuple有4^3个元素,其元素包括AAA、AAG、AAC、AAT、AGA、…、TTT等64个元素出现的频率。本书研究蛋白质序列的特征,其基本编码字母表为 A、C、D、E、F、G、H、I、K、L、M、N、P、Q、R、S、T、V、W、Y 20 种基本氨基酸，1-tuple 是这 20 种基本氨基酸出现的频率，生成一个 20 维的向量，2-tuple 有 $20^2=400$ 种组合，包括 AA、AC、AD、…、YY 等 400 种由 2 个字母组成的短片段，生成一个 400 维的向量，而蛋白质序列的 3-tuple 有 $20^3=8\ 000$ 种，比如 AAA、AAC、AAD、AAE、…、YYY，生成一个 8 000 维的向量，每个分量表示某 tuple 在该序列中出现的频率，由于 n-tuple，$n\geqslant4$ 以上的 tuple 个数太多而单个单词出现在序列中的频率很少而很少被采用，比如 4-tuple 有 $20^4=160\ 000$ 种单词，在一条氨基酸序列中，多数 4-tuple 都出现 0 次，而该向量的维数太高，故甚少被采用。通过计算同一组蛋白不同 tuple 的频率，可以将蛋白质的氨基酸序列表示成一组用 k-tuple 频率表示的特征向量，长度不同的氨基酸序列，只要选择相同的 tuple 长度，则生成相同维度的 k-tuple 频率向量。

3）伪氨基酸组成成分

氨基酸组成模型没有考虑残基在序列中出现的顺序，而仅仅计算 20 种基本氨基酸在序列中的出现频率，该模型完全忽略了氨基酸残基间的顺序关系；k-tuple 概率分布模型仅考虑了氨基酸残基的局部顺序关系，这两种模型在将氨基酸序列转化成离散向量方面丢失了较多的氨基酸残基间的顺序关系。为了更完整地表示序列的位置信息，Chou 等人提出了伪氨基酸组成模型（Pseudo Amino Acid Composition Model），在该模型中，伪氨基酸组成模型保留了氨基酸组成的特征，并通过扩展的特征向量来部分地表示位置信息。故伪氨基酸组成的特征向量表示为：

$$PAAC=(x_1,x_2,\cdots,x_i,\cdots,x_{20},x_{20+1},\cdots,x_{20+\lambda}) \tag{4.5}$$

在 $PAAC$ 中，前 20 个分量用来表示 20 个基本氨基酸出现的频率，而分量 $x_{20+1},\cdots,x_{20+\lambda}$ 部分表示了序列中残基的位置信息。残基间的顺序信息能通过如图 4.1 所示的残基间的相关关系来描述。图 4.1（a）描述残基间的第一层关系，图 4.1（b）和图 4.1（c）分别描述了残基间的第二层和第三层关系，层数 λ 可由用户指定，但 λ 应该小于蛋白序列的长度 n。

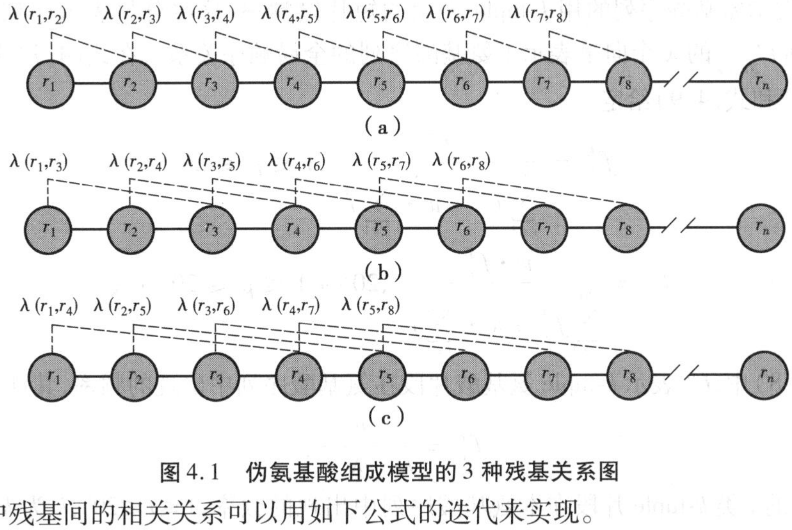

图 4.1　伪氨基酸组成模型的 3 种残基关系图

图 4.1 中残基间的相关关系可以用如下公式的迭代来实现。

$$\begin{cases} \theta_1 = \dfrac{1}{n-1}\sum_{i=1}^{n-1}\phi(r_i, r_{i+1}) \\ \theta_2 = \dfrac{1}{n-2}\sum_{i=1}^{n-2}\phi(r_i, r_{i+2}) \\ \theta_3 = \dfrac{1}{n-3}\sum_{i=1}^{n-3}\phi(r_i, r_{i+3}) \\ \vdots \\ \theta_\lambda = \dfrac{1}{n-1}\sum_{i=1}^{n-\lambda}\phi(r_i, r_{i+\lambda}) \end{cases} \tag{4.6}$$

在这里 θ_1 表示氨基酸残基间的第一层关系，θ_2 表示氨基酸残基间的第二层关系，θ_λ 表示氨基酸序列的第 λ 层关系，λ 作为一个参数进行输入；n 表示氨基酸序列的长度，$\phi(r_i,r_j)$ 表示两氨基酸残基间的关系表示。通常，$\phi(r_i,r_j)$ 是用两基本氨基酸的理化性质、空间结构或者序列间的转化等数量关系来描述。

4）**基于 k-tuple 的伪氨基酸组成成分**

在此基础上，我们提出了基于 k-tuple 的伪氨基酸组成成分，选用 20 种基本氨基酸的 3 种物理化学性质来表示相邻度为 k 的氨基酸残基间的差异程度，由此来表示两个氨基酸残基间的全局关系。3 种理化性质包括氨基酸的疏水性、亲水性和氨基酸的侧链分子量。

由式(4.1)表示的氨基酸序列，可以表示成下面的向量：

$$V = [f_1^K f_2^K \cdots f_{20^k}^K f_{20^k+1}^L f_{20^k+2}^L \cdots f_{20^k+\lambda}^L] \tag{4.7}$$

在式(4.7)中，f_i^K 表示 k-tuple 氨基酸片段在氨基酸序列中出现的频率，K 仅作为标记，表示是 k-tuple 氨基酸片段，而不表示指数，i 的取值为 $1 \leqslant i \leqslant 20^k + \lambda$，$k = 1,2,3,\cdots$。$k$ 表示氨基酸片段的长度，即单词中的字母个数，λ 表示氨基酸残基的层数。氨基酸序列的特征向量 V 的前 20^k 分量表示氨基酸序列的用 k-tuple 表示的短片段频率，这些分量表示序列的局部特征，而从 $f_{20^k+1}^L$ 到 $f_{20^k+\lambda}^L$ 的 λ 个向量表示了氨基酸序列的全局顺序关系。在式(4.7)中，f_i^K 和 f_i^L 分别由式(4.8)和式(4.9)给定

$$f_i^K = \frac{f_u^K}{\sum_{i=1}^{20^k} f_i^K + w \cdot \sum_{j=1}^{\lambda} f_j^L}, 1 \leqslant \mu \leqslant 20^k \tag{4.8}$$

$$f_i^L = \frac{w \cdot f_u^L}{\sum_{i=1}^{20^k} f_i^K + w \cdot \sum_{j=1}^{\lambda} f_j^L}, 20^k + 1 \leqslant \mu \leqslant 20^k + \lambda \tag{4.9}$$

在式(4.8)中，f_i^K 表示 k-tuple 氨基酸片段在氨基酸序列中出现的频率，其计算表达式为：

$$f_i^K = \frac{n_i}{n - \lambda + 1} \tag{4.10}$$

f_i^K 表示的 i 类 k-tuple 片段在本氨基酸序列中出现的频率，$1 \leqslant i \leqslant 20^k$，$k$ 为 k-tuple 的片段长度，n_i 表示第 i 类 k-tuple 在当前氨基酸序列中出现的次数，n 为氨基酸的长度，λ 为关系层数，其中，

$$n = \sum_{i=1}^{20^k} n_i \tag{4.11}$$

在式(4.9)中,f_j^L 表示氨基酸序列的全局关系,其中$20^k+1\leqslant j\leqslant 20^k+\lambda$,$f_j^L$ 表示如下:

$$f_j^L=\frac{1}{n-j-1}\cdot\sum_{i=1}^{n-j-1}\psi(r_i,r_{i+j}),\quad 1\leqslant j\leqslant\lambda,\lambda<n \tag{4.12}$$

在式(4.12)中,n 表示氨基酸序列的长度,λ 表示关系的层数,f_j^L 表示第 j 层关系,$\psi(r_i,r_{i+j})$表示氨基酸残基 r_i 和 r_{i+j}之间物理化学特性的差值平方的均值。在本书中,仅考虑氨基酸残基的疏水性、亲水性和侧链质量这三方面的物理化学特征值。

$$\psi(r_i,r_{i+j})=\frac{[H_1(r_{i+j})-H_1(r_i)]^2+[H_2(r_{i+j})-H_2(r_i)]^2+[M(r_{i+j})-M(r_i)]^2}{3} \tag{4.13}$$

在式(4.13)中,$H_1(r_i)$表示氨基酸残基 r_i 标准化后的疏水性,$H_2(r_i)$表示标准化后的亲水性,$M(r_i)$表示标准化后的氨基酸侧链质量。

$$\begin{cases}H_1(r_i)=\dfrac{H_1^0(r_i)-\langle H_1^0(r_i)\rangle}{SD\langle H_1^0(r_i)\rangle}\\[2ex] H_2(r_i)=\dfrac{H_2^0(r_i)-\langle H_2^0(r_i)\rangle}{SD\langle H_2^0(r_i)\rangle}\\[2ex] M(r_i)=\dfrac{M^0(r_i)-\langle M^0(r_i)\rangle}{SD\langle M^0(r_i)\rangle}\end{cases} \tag{4.14}$$

在式(4.14)中,$H_1^0(r_i)$、$H_2^0(r_i)$和 $M^0(r_i)$分别表示查询氨基酸物理化学属性表所得的氨基酸残基 r_i 的疏水性、亲水性和侧链质量的值(附录 5),$\langle H_1^0(r_i)\rangle$、$\langle H_2^0(r_i)\rangle$和$\langle M^0(r_i)\rangle$分别表示氨基酸理化性质表中的均值。其表示公式为:

$$\begin{cases}\langle H_1^0(r_i)\rangle=\dfrac{1}{20}\displaystyle\sum_{i=1}^{20}H_1^0(r_i)\\[2ex] \langle H_2^0(r_i)\rangle=\dfrac{1}{20}\displaystyle\sum_{i=1}^{20}H_2^0(r_i)\\[2ex] \langle M^0(r_i)\rangle=\dfrac{1}{20}\displaystyle\sum_{i=1}^{20}M^0(r_i)\end{cases} \tag{4.15}$$

$SD\langle H_1^0(r_i)\rangle$、$SD\langle H_2^0(r_i)\rangle$和 $SD\langle M^0(r_i)\rangle$分别表示 20 个基本氨基酸残基的疏水性、亲水性和侧链质量的值的标准差,其式(4.16)如下:

$$\begin{cases}SD\langle H_1^0(r_i)\rangle=\sqrt{\dfrac{\sum_{i=1}^{20}[H_1^0(r_i)-\langle H_1^0(r_i)\rangle]^2}{20}}\\[2ex] SD\langle H_2^0(r_i)\rangle=\sqrt{\dfrac{\sum_{i=1}^{20}[H_2^0(r_i)-\langle H_2^0(r_i)\rangle]^2}{20}}\\[2ex] SD\langle M^0(r_i)\rangle=\sqrt{\dfrac{\sum_{i=1}^{20}[M^0(r_i)-\langle M^0(r_i)\rangle]^2}{20}}\end{cases} \tag{4.16}$$

将式(4.16)和式(4.15)代入式(4.14),可以对 20 个基本氨基酸的 3 种物理化学性质的值进行归一化处理。

4.2.2 基于支持向量机的分类模型

支持向量机(Support Vector Machine)包括支持向量分类机和支持向量回归机两类算法模型(这里的 Machine 表示算法),该算法由 Vapnik 等人在 1995 年提出,属于一种基于监督学习的数据挖掘技术。支持向量机是一种基于小样本的统计学习方法,主要通过对小样本中的统计规律进行学习,产生学习模型并根据此模型对类别未知的样本进行预测。当支持向量机用作分类问题时,它要求输入带有类别的离散向量作为训练样本集,其数据格式包括类标、属性下标及属性值,支持向量机算法根据样本集中的分类标号及各维的属性值进行训练并建立预测模型,一组没有分类标号的待预测样本通过该模型的处理,可以输出这些样本的分类标号预测值。

给定一组二分类训练样本 $x_i \in R^n, i = 1, \cdots, l$。$i$ 表示第 i 个样本,R^n 表示第 i 个样本有 n 维属性,每维属性的值可以取实数 R,l 表示总共有 l 个样本。一个向量 $y \in R^l$ 表示 l 个样本的类标号,例如 $y_i \in \{-1, +1\}$。C-SVC 支持向量机解决下面的最优问题,

$$\min_{w,b,\xi} \frac{1}{2} w^T w + C \sum_{i=1}^{l} \xi_i \tag{4.17}$$

式(4.17)需满足下面两个条件:

$$y_i (w^T \phi(X_i) + b) \geqslant 1 - \xi_i$$
$$\xi_i \geqslant 0, i = 1, \cdots, l \tag{4.18}$$

通过求式(4.17)的最优值,支持向量机的决策函数如下:

$$\operatorname{sign}\left(\sum_{i=1}^{l} y_i a_i K(x_i, x) + b \right) \tag{4.19}$$

式(4.17)通过核函数 ϕ 将训练向量 x_i 映射到一个更高维的空间,支持向量机将寻找一个有最大边界的线性分类超平面。式(4.17)中的 $C > 0$ 表示错误分类的惩罚参数。$K(x_i, x_j) \equiv \phi(x_i)^T \phi(x_j)$ 为支持向量机的核函数,不同的核函数及在同一核函数下的不同参数设置都将会对支持向量机的分类性能产生影响。支持向量机有 4 类基本的核函数,分别是:

①线性核函数(Linear 核函数):由支持向量机的定义得

$$K(x_i, x_j) = x_i^T x_j \tag{4.20}$$

②多项式核函数(Polynomial 核函数):由支持向量机的定义得

$$K(x_i, x_j) = (\gamma x_i^T x_j + r)^d, \gamma > 0 \tag{4.21}$$

③径向基核函数(Radial Basis Function 核函数)由支持向量机的定义得:

$$K(x_i, x_j) = \exp(-\gamma \| x_i - x_j \|^2), \gamma > 0 \tag{4.22}$$

④S 型核函数(Sigmoid 核函数):由支持向量机的定义得

$$K(x_i, x_j) = \tanh(\gamma x_i^T x_j + r) \tag{4.23}$$

在式(4.20)~式(4.23)中,γ、r 和 d 都是核函数的参数。

在使用支持向量机对样本进行训练和分类时,选择合适的核函数以及根据不同的核函数选择参数 γ、r、d 和惩罚参数 C 将对分类准确度产生影响。

使用支持向量机进行分类预测的流程一般包括如下步骤:

①按照特定的特征提取策略将连续的氨基酸序列转化成离散的特征向量,不同的特征提取策略将产生不同的特征向量,将直接影响支持向量机的分类性能;

②将特征向量转化成支持向量机所要求的数据格式；

③选择合适的支持向量机核函数，一般优先选择径向基核函数，如果特征向量的维度很高且显著大于样本数量，则选择线性核函数；

④通过交叉检验获得支持向量机的最佳参数 C 和 γ；

⑤用参数 C 和 γ 训练数据集，获得支持向量机的预测模型；

⑥使用获得的模型对新样本进行类别预测。

4.2.3 NBS-LRR 数据集

为了实现对 NBS-LRR 抗病蛋白的预测，选取来自模式植物拟南芥的 NBS-LRR 抗病蛋白序列。从网站 http://niblrrs. ucdavis. edu/data_protein. php 下载拟南芥的 NBS-LRR 抗病蛋白序列，共获得 202 条蛋白序列。在拟南芥的 202 条 NBS-LRR 抗病蛋白中，CC-NBS-LRR 型蛋白 54 条，TIR-NBS-LRR 型蛋白 93 条，TIR-X 型蛋白 30 条，TIR-NBS 型蛋白 21 条，CC-NBS 型基因片段蛋白 4 条。由于拟南芥 NBS-LRR 文章发表版本的拟南芥数据库和当前的拟南芥数据库版本 TAIR 不同，最终只找到了 202 条序列中的 189 条序列。

从拟南芥数据库 ftp://ftp. Arabidopsis . org/下载文件名 TAIR10_pep_20101214 的拟南芥的蛋白序列（本文简称 TAIR10），其中有蛋白序列 35 386 条。该蛋白质库文件中蛋白质的 gi 行有对蛋白的简单注释。以关键词"NBS-LRR"搜索 TAIR10，获得 143 条序列。

将上述的 189 + 143 = 332 条序列通过 cd-hit 软件剔除重复序列，使序列间的一致性低于 40% 并手工逐一检验，获得 101 条蛋白序列作为正样本数据（详细信息见表4.1）。从 TAIR10 中随机选择 101 条非 NBS-LRR 蛋白序列作为负样本数据。作为负样本的序列必须满足样本集中任意两条序列间的一致性小于 40%，且这些序列不出现在正样本数据中。

表 4.1 从拟南芥中选出的 101 个 NBS-LRR 的分类信息及氨基酸长度

Number	Gene Model	Type	Length	Database Source
1	AT1G17600	TNL	1 049	TAIR10
2	AT1G63740	TNL	992	TAIR10
3	AT1G59780	CNL	906	TAIR10
4	AT1G56540	TNL	1 096	TAIR10
5	AT1G59620	CNL	842	TAIR10
6	AT1G53350	CNL	927	TAIR10
7	AT1G50180	CNL	857	TAIR10
8	AT1G27180	TNL	1 556	TAIR10
9	AT1G63350	CNL	898	TAIR10
10	AT1G58848	CNL	1 049	TAIR10
11	AT1G61190	CNL	967	TAIR10
12	AT1G51480	CNL	941	TAIR10

续表

Number	Gene Model	Type	Length	Database Source
13	AT1G69550	TNL	1 400	TAIR10
14	AT1G72860	TNL	1 163	TAIR10
15	AT1G63860	TNL	1 004	TAIR10
16	AT1G33560	CNL	787	TAIR10
17	AT1G12280	CNL	894	TAIR10
18	AT1G63750	TNL	964	TAIR10
19	AT1G72840	TNL	1 042	TAIR10
20	AT1G56520	TNL	897	TAIR10
21	AT2G17050	TNL	1 355	TAIR10
22	AT2G14080	TNL	1 215	TAIR10
23	AT2G17060	TNL	1 195	TAIR10
24	AT2G16870	TNL	1 109	TAIR10
25	AT3G51570	TNL	1 226	TAIR10
26	AT3G51560	TNL	1 253	TAIR10
27	AT3G14470	CNL	1 054	TAIR10
28	AT3G14460	CNL	1 424	TAIR10
29	AT3G44670	TNL	1 219	TAIR10
30	AT3G44630	TNL	1 240	TAIR10
31	AT3G07040	CNL	926	TAIR10
32	AT3G46710	CNL	847	TAIR10
33	AT3G25510	TNL	1 981	TAIR10
34	AT3G50950	CNL	852	TAIR10
35	AT3G46530	CNL	835	TAIR10
36	AT4G27220	CNL	919	TAIR10
37	AT4G16940	TNL	1 147	TAIR10
38	AT4G16950	TNL	1 449	TAIR10
39	AT4G27190	CNL	985	TAIR10
40	AT4G16900	TNL	1 040	TAIR10
41	AT4G16890	TNL	1 301	TAIR10
42	AT4G16960	TNL	1 041	TAIR10
43	AT4G19500	TNL	1 309	TAIR10
44	AT4G19510	TNL	1 210	TAIR10
45	AT4G19050	CNL	1 201	TAIR10
46	AT4G08450	TNL	1 234	TAIR10
47	AT4G19520	TNL	1 744	TAIR10
48	AT4G36150	TNL	1 179	TAIR10

续表

Number	Gene Model	Type	Length	Database Source
49	AT4G36140	TNL	1 607	TAIR10
50	AT4G09420	TN	457	TAIR10
51	AT4G09430	TNL	1 039	TAIR10
52	AT4G14370	TNL	1 008	TAIR10
53	AT4G09360	TNL	853	TAIR10
54	AT4G26090	CNL	909	TAIR10
55	AT4G12010	TNL	1 219	TAIR10
56	AT4G19530	TNL	1 167	TAIR10
57	AT4G10780	CNL	892	TAIR10
58	AT4G33300	CNL	816	TAIR10
59	AT4G11170	TNL	1 095	TAIR10
60	AT4G19510	TNL	1 210	TAIR10
61	AT4G12020	TNL	1 798	TAIR10
62	AT5G66910	CNL	815	TAIR10
63	AT5G44510	TNL	1 187	TAIR10
64	AT5G48770	TNL	1 190	TAIR10
65	AT5G47260	CNL	948	TAIR10
66	AT5G47250	CNL	843	TAIR10
67	AT5G40060	TNL	968	TAIR10
68	AT5G17680	TNL	1 294	TAIR10
69	AT5G49140	TNL	980	TAIR10
70	AT5G46260	TNL	1 205	TAIR10
71	AT5G40910	TNL	1 104	TAIR10
72	AT5G63020	CNL	888	TAIR10
73	AT5G22690	TNL	1 008	TAIR10
74	AT5G51630	TNL	1 229	TAIR10
75	AT5G41550	TNL	1 085	TAIR10
76	AT5G46470	TNL	1 127	TAIR10
77	AT5G46490	TNL	858	TAIR10
78	AT5G46510	TNL	1 353	TAIR10
79	AT5G38850	TNL	986	TAIR10
80	AT5G45510	CNL	1 222	TAIR10
81	AT5G18350	TNL	1 245	TAIR10

续表

Number	Gene Model	Type	Length	Database Source
82	AT5G18360	TNL	900	TAIR10
83	AT5G38350	TNL	833	TAIR10
84	AT5G05400	CNL	874	TAIR10
85	AT5G38340	TNL	1 059	TAIR10
86	AT5G17890	TNL	1 613	TAIR10
87	AT5G17880	TNL	1 197	TAIR10
88	AT5G45060	TNL	1 165	TAIR10
89	AT5G45050	TNL	1 372	TAIR10
90	AT5G45230	TNL	1 231	TAIR10
91	AT5G18370	TNL	1 210	TAIR10
92	AT5G44870	TNL	1 170	TAIR10
93	AT5G45240	TNL	812	TAIR10
94	AT5G45250	TNL	1 217	TAIR10
95	AT5G45260	TNL	1 288	TAIR10
96	AT5G17970	TNL	780	TAIR10
97	AT5G45210	TNL	697	TAIR10
98	AT5G45200	TNL	1 261	TAIR10
99	AT5G45050	TNL	1 372	TAIR10
100	AT5G36930	TNL	1 188	TAIR10
101	AT5G41740	TNL	1 046	TAIR10

4.2.4 分类系统检验

使用 Jackknife 检验来评价本文支持向量机的分类结果。Jackknife 检验具有不改变样本的分布特征且检验结果稳定可靠的优点。Jackknife 依次从数据集中选择一条序列作为测试集而剩余序列作为训练集，数据集中的每条序列仅选取一次作为测试集，一个有 N 条序列的数据集进行 N 次检验，并取平均检验参数作为此支持向量机的性能参数。评价支持向量机预测结果的指标包括：

设某一数据集中的正样本数量为 P(阳性数据)，负样本数量为 N(阴性数据)，对于预测结果而言，真阳性 TP 表示阳性数据中被 SVM 预测为阳性的数据，假阳性 FP 表示阴性数据被 SVM 预测为阳性，真阴性 TN 表示阴性数据被 SVM 预测为阴性数据，假阴性 FN 表示阳性数据被 SVM 预测为阴性数据。

灵敏度 Sn(Sensitivity)表示阳性数据能够被 SVM 预测为阳性的百分比，特异性 Sp(Specificity)表示 SVM 将阴性数据预测为阴性的百分比，准确性 Ac(Accuracy)表示对于整个数据集中的阳性和阴性数据 SVM 预测的总准确率的百分比，当阳性数据和阴性数据在数量上有显著差别时，马修相关系数 *MCC*(Mathew Correlation Coefficient) 能较客观反映 SVM 分类器的预测性能，其公式如下：

$$Sn = \frac{TP}{TP + FN} \tag{4.24}$$

$$Sp = \frac{TN}{TN + FP} \tag{4.25}$$

$$Ac = \frac{TP + TN}{TP + FP + TN + FN} \tag{4.26}$$

$$MCC = \frac{(TP \times TN) - (FN \times FP)}{\sqrt{(TP + FN) \times (TN + FP) \times (TP + FP) \times (TN + FN)}} \tag{4.27}$$

$$F = \frac{2 \times Ac \times Sn}{Ac + Sn} \tag{4.28}$$

4.3 结果与分析

4.3.1 参数优化

由式(4.7)和式(4.8)可知，支持向量机分类结果的准确性依赖于 3 个参数 k、λ 和 w 的最佳组合。参数 k 反映了序列的局部关系，λ 代表的层数反映了序列的全局关系，权值 w 用来调节局部关系和全局关系在特征向量中的权重，其取值为[0,1]。一般认为，k 值越大，特征向量中包括更多序列的局部信息，λ 值越大，更多序列的全局信息包括在特征向量中。随着 k 的增长，特征向量的维度会呈指数增长，从而引起维度灾难。在本书中，这 3 个参数的搜索范围如下：

$$\begin{cases} 1 \leqslant k \leqslant 3 & \text{步长为 } 1 \\ 1 \leqslant \lambda \leqslant 50 & \text{步长为 } 1 \\ 0.1 \leqslant w \leqslant 1.0 & \text{步长为 } 0.1 \end{cases} \tag{4.29}$$

从式(4.29)可知，总共有 $3 \times 50 \times 10 = 1\ 500$ 种组合需要被考虑。参数组合的搜索过程比较费时，为了减少计算时间，使用基于 LibSVM 支持向量机工具包中的 grid. py 程序来搜索最佳参数组合，并采用 10 倍交叉检验来获得不同参数组合下的准确率。

4.3.2 基于 *k*-tuple 组成的结果分析

为了考察单词长度对 NBS-LRR 抗病蛋白序列的预测性能的影响，从拟南芥蛋白质库中选取 101 条 NBS-LRR 抗病蛋白的阳性样本和 101 条随机挑选的非 NBS-LRR 蛋白序列用作阴性样本集。阳性和阴性样本的详细蛋白序列列表参见附件 5。分别使用单词长度为 1、2、3、4 的 *k*-tuple策略分别从阳性样本和阴性样本抽取特征向量，利用 libSVM 支持向量机对特征向量进行训练和分类。在对特征向量进行训练前，采用径向基核函数(Radial Basis Function)，并采用网格搜索策略搜索支持向量机的参数 c 和 g，通过支持向量机获得的预测结果及评测指标如表 4.2 所示。在正负样本量各为 101 条序列的同样样本容量情况下，特征向量随着单词长度增长而快速变成高维向量，1-tuple 单词长度为一个字母，即为 20 个基本氨基酸的单字母，其特征向量为 20 维，该特征抽取策略也称为氨基酸组成成分方法，2-tuple 单词长度为两个字母，特征向量维度为 $20^2=400$ 维，类似的 3-tuple 和 4-tuple 的单词长度分别为 3 个和 4 个字母，其特征向量长度为 $20^3=8\ 000$维和 $20^4=160\ 000$ 维。如表 4.2 所示，随着单词长度的增长，特征维度快速增长到不可接收的程度，其预测的灵敏度（*Sn*）先升高然后下降，其中，1-tuple 为 97.03%，2-tuple 和 3-tuple 的灵敏度均为 99.01%，而 4-tuple 的灵敏度则降为 97.03%。同样，1-tuple至 4-tuple 的准确度（*Ac*）和马修相关系数（*MCC*）也满足先升后降的规律。特异度（*Sp*）则随单词长度增加而升高。

表 4.2　不同单词长度的预测性能比较

k-tuple	Word Length	Dimension	*TP*	*TN*	*FP*	*FN*	*Sn* /%	*Sp* /%	*Ac* /%	*MCC*
1-tuple	1	20	98	99	2	3	97.03	98.02	97.52	0.951
2-tuple	2	400	100	99	2	1	99.01	98.02	98.51	0.970
3-tuple	3	8 000	100	99	2	1	99.01	98.02	98.51	0.970
4-tuple	4	16 000	98	100	1	3	97.03	99.01	98.02	0.961

由表 4.2 可知，当单词长度增长，引起特征向量迅速高维化后，会影响支持向量机的预测性能，特别是影响准确率和灵敏度；另外，当特征向量维度很高时，预测样本所需的计算代价会迅速增长，计算时间快速增加到不可接受的程度，因此对蛋白序列来说，利用 2-tuple 和 3-tuple 的小蛋白片段进行特征提取是较理想的选择。

NBS-LRR 蛋白序列只有部分片段保持该蛋白的保守特征，即 motif 结构域，特定功能的蛋白质具有保守的 motif 结构域，motif 结构域由几个到几十个氨基酸构成，不同功能的 motif 具有各自保守的序列特征，这是采用短片段进行蛋白功能预测的基本假设。受限于计算资源，本文仅考察 1-tuple 到 4-tuple 短片段氨基酸序列用作 NBS-LRR 蛋白功能的预测。

考察正负数据集中不同长度 tuple 的分布特征，有助于进一步了解 NBS-LRR 蛋白序列的特征。通过对拟南芥中的 101 条正样本 NBS-LRR 序列和 101 条随机挑选的非 NBS-LRR 序列的单氨基酸频率进行统计，如图 4.2 所示，发现阳性序列中 L（亮氨酸）的出现频率高，这与 NBS-LRR 蛋白中的亮氨酸重复结构有关。

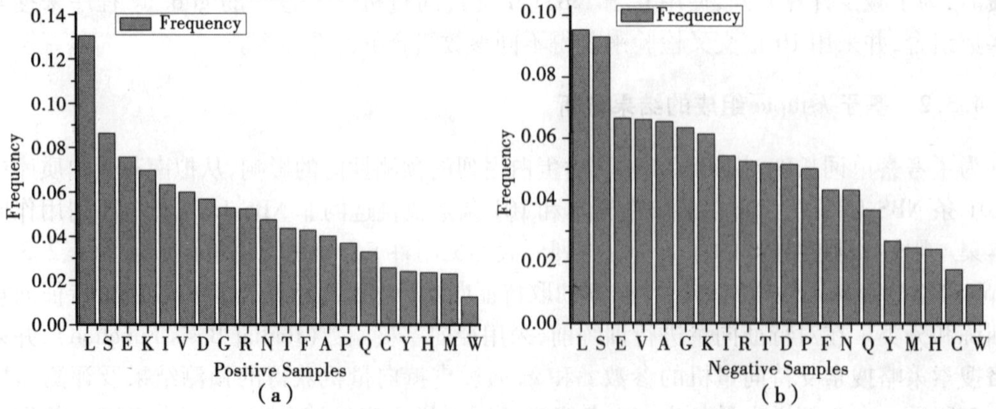

（a）　　　　　　　　　　　　　　　　（b）

图 4.2　单氨基酸在正负样本序列中的频率分布

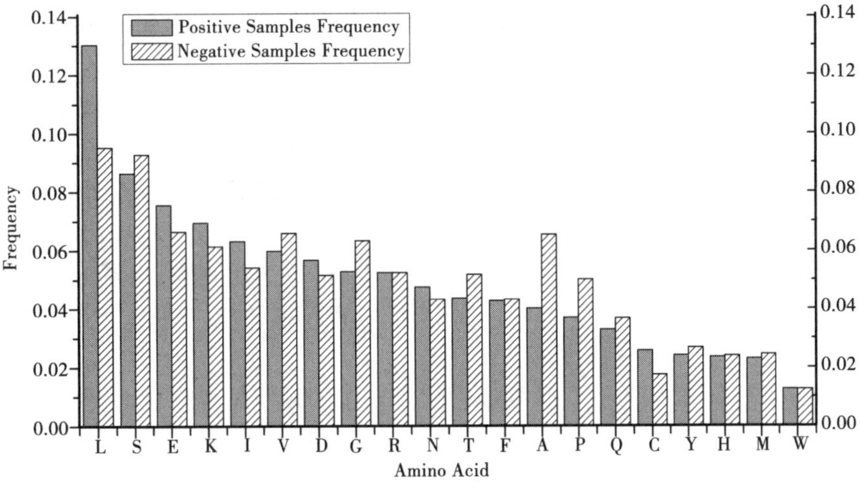

图 4.3　正负数据集中基本氨基酸的频率分布

另外,从图 4.3 中的基本氨基酸分布对比图,正样本中的 A(丙氨酸)和 P(脯氨酸)显著少于阴性样本中的频率分布,说明 NBS-LRR 蛋白序列中 A 和 P 的分布显著偏少。同样,在正样本中出现频率少于负样本的单氨基酸还包括 G(甘氨酸)和 T(苏氨酸),推测氨基酸 G 和 T 的低频出现与抗病功能相关。

通过比较正负样本集中的二肽分布频率(图 4.4),发现二肽 NL、KL、LK、LE、LP、LD、LR 和 EL 等二肽在正样本集和负样本集中的分布出现显著差异。由于 NBS-LRR 蛋白中有亮氨酸(L)重复结构,且亮氨酸重复结构域是 NBS-LRR 蛋白的重要模体(Motif),是构成 β-螺旋的单位,其功能是充当识别外来病原物的重要受体,在抗病反应的病原体识别方面起重要作用。因此从高频二肽的阳性样本中,我们发现多数阳性样本中包括 L(亮氨酸)残基,这也与前面的分析一致。

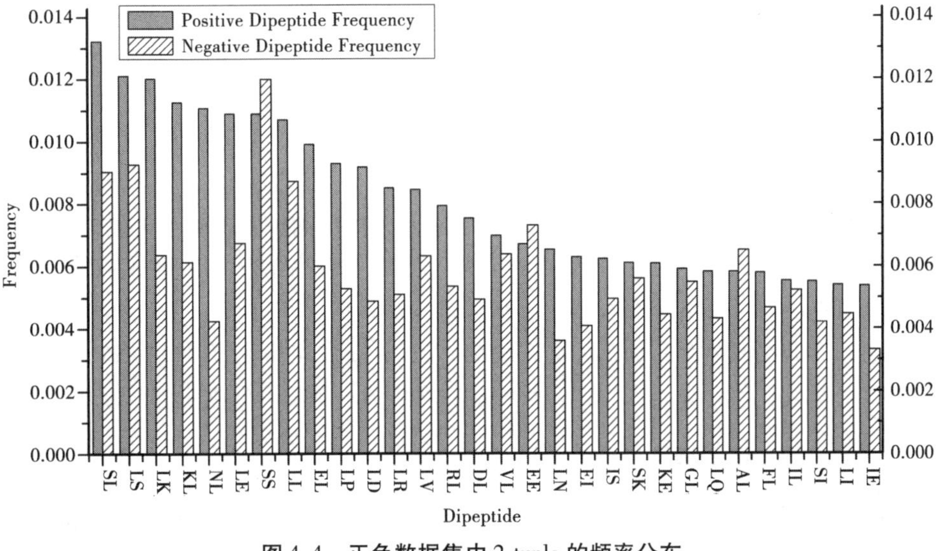

图 4.4　正负数据集中 2-tuple 的频率分布

对比图 4.3 与图 4.4,发现正负样本中二肽分布的频率呈现出明显差异,有显著概率分布差异的二肽片段较多,这也解释了使用 2-tuple 进行 NBS-LRR 蛋白分类比使用 1-tuple 的频率分布作为支持向量机的特征提取策略好,其分类准确率(*Ac*)和灵敏度(*Sn*)均好于基于 1-tuple

的支持向量机分类器。在2-tuple特征抽取方案中有400类二肽,图4.4仅列出了阳性样本中分布频率最高的前30个二肽频率分布情况。

随着肽段的增长,序列的更多局部信息被包括在特征向量中,进一步比较正负数据集中三肽的分布频率将变得更有意义,也能更直观地展示三肽作为特征抽取策略的优势。图4.5列出正数据集中三肽出现频率最高前30个肽段的频率与负数据集中对应的三肽频率的比较图。观察图4.5可知,肽段SSS在正负数据集中出现频率比较高,但在正样本中出现的频率低于在负样本中出现的频率,说明NBS-LRR抗病蛋白中SSS肽段(S丝氨酸)出现偏少,正负样本集中三肽频率分布存在显著差异的3-tuple包括NLE、ELP、NLK、KEL等肽段,这些肽段将作为区分NBS-LRR抗病蛋白的主要特征指标。

为进一步考察随肽段增长,正负数据集中肽段分布的频率是否有显著变化。我们比较了正负数据集中四肽频率分布情况如图4.6所示。观察图4.6较易发现四肽的频率分布差异显著。从正样本中四肽分布的前30个4-tuple频率分布情况看,LEVE、GKTT、LPSS、LPSS、GIGK、LDLS、GSSL等四肽的频率分布差别较明显。

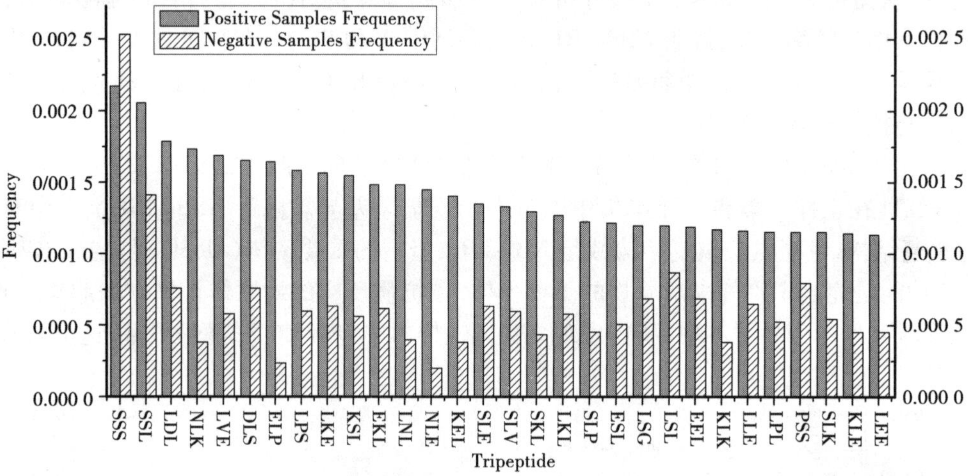

图4.5　正负数据集中3-tuple的频率分布

从三肽和四肽频率分布的角度分析,正负样本频率分布的差别更明显,选择这两种特征抽取策略生成NBS-LRR特征向量矩阵,能更好反映序列的特征信息。但三肽和四肽生成的特征向量维数已非常高,三肽的特征向量为8 000维,四肽的特征向量为160 000维,如此高的特征向量用作分类与预测,已经出现了高维灾难。针对三肽的特征向量,如果能采取恰当的特征选择策略,可能会部分解决高维灾难问题。

由图4.7可知,在k-tuplede的特征抽取策略下,当k等于2和3时,性能达到最佳,当$k=4$时,由于特征向量的维度过高(当$k=4$时,$20^4=160\ 000$维),预测的准确率因维度过高而降低。

4.3.3　基于k-tuple的伪氨基酸组成的结果分析

基于k-tuple的伪氨基酸组成的特征提取策略生成的特征向量矩阵由两部分构成,一部分由各个k-tuple的频率构成矩阵,矩阵的列数由参数k确定,另一部分由表示序列中残基顺序关系的λ部分构成,其矩阵的列数由参数λ确定。为了调节这两个矩阵在特征矩阵中的权重,权值w被给定用来乘以λ矩阵的每个元素。

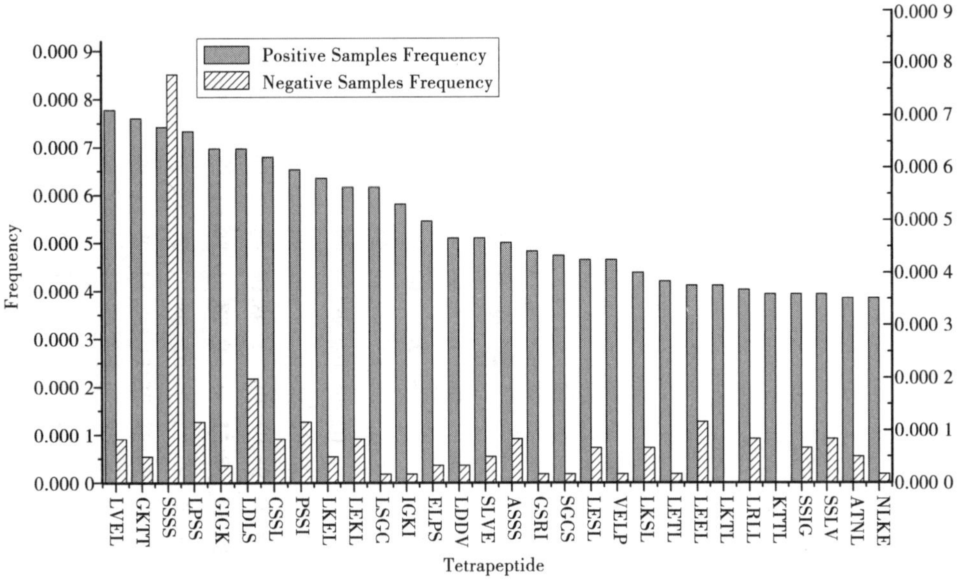

图 4.6 正负数据集中 4-tuple 的频率分布

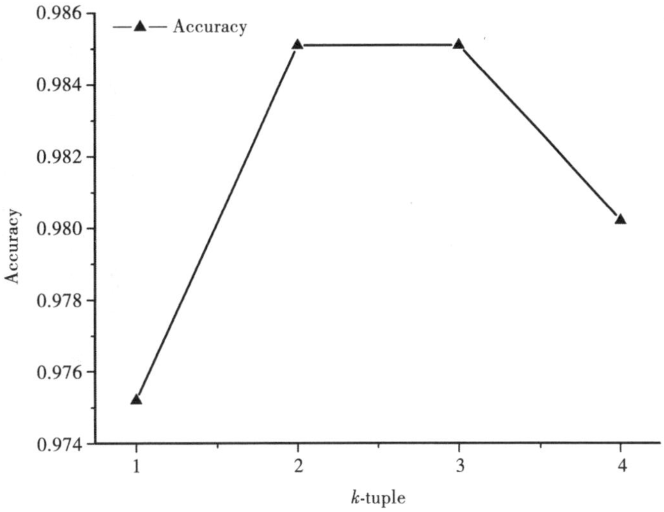

图 4.7 不同 tuple 长度下的支持向量机预测准确率比较

为了在支持向量机中获得最佳的分类性能，需要获得特征提取策略中 3 个参数 k、λ 和 w 的最佳参数组合。本书使用支持向量机算法对特征矩阵进行训练学习，在 10 倍交叉检验条件下获得支持向量机的预测准确率(Ac)。3 个参数组合的网格搜索区间如式(4.29) 所示。基于1-tuple($k=1$)的各 λ(每行为一个 λ 的值，其取值为 $1\leqslant\lambda\leqslant50$)下不同权值 w 的预测准确率(百分度)如表 4.3 所示，表中各列表示不同权值 w 下的预测准确率。

表4.3 中字体加灰色底纹部分为预测性能最佳的准确率。在 $k=1$ 的条件下，不是全部 λ 都能取得较好的预测性能，在 λ 等于 2、3、4、5、7、10、11、12、18、19、20、21、22、23、50 等值时，能取得 98.51% 的预测准确率。在这些 λ 中，以 $\lambda=10$ 时，在 16 个 k 权值下均取得了 98.51% 的准确率，说明在 $k=1$ 时，$\lambda=10$ 的预测准确率较高。当 λ 的取值在区间属于[1,50]时，权值 k 的取值区间为[0.5,1]的平均预测准确率如图 4.8 所示。

表 4.3　基于伪氨基酸组成成分各 λ 和权值的预测性能比较（$Ac/\%$）

	0.05	0.1	0.15	0.2	0.25	0.3	0.35	0.4	0.45	0.5	0.55	0.6	0.65	0.7	0.75	0.8	0.85	0.9	0.95	1
1	97.52	97.52	97.52	97.52	97.52	97.52	97.52	97.52	97.52	97.52	98.02	98.02	98.02	98.02	98.02	98.02	98.02	98.02	98.02	98.02
2	98.02	97.52	97.52	98.02	98.02	98.02	98.02	**98.51**	**98.51**	**98.51**	**98.51**	98.02	98.02	98.02	98.02	98.02	98.02	97.52	97.52	97.52
3	**98.51**	**98.51**	98.02	98.02	98.02	98.02	98.02	97.52	97.52	97.52	97.52	97.52	97.52	97.52	97.52	97.52	97.52	97.52	97.52	97.52
4	**98.51**	98.02	98.02	98.02	98.02	98.02	98.02	97.52	97.52	97.52	97.52	97.52	97.52	97.52	97.52	97.52	97.52	97.52	97.52	97.52
5	**98.51**	**98.51**	98.02	98.02	98.02	97.52	97.52	97.52	97.52	97.52	97.52	97.52	97.52	98.02	98.02	98.02	98.02	98.02	98.02	98.02
6	98.02	98.02	98.02	98.02	98.02	98.02	98.02	97.52	97.52	97.52	97.52	97.52	97.52	97.52	97.52	97.52	97.52	97.52	97.52	97.52
7	**98.51**	98.02	98.02	98.02	98.02	98.02	98.02	98.02	98.02	98.02	98.02	98.02	98.02	98.02	98.02	98.02	98.02	98.02	98.02	98.02
8	98.02	98.02	98.02	98.02	98.02	98.02	98.02	98.02	98.02	98.02	98.02	98.02	98.02	98.02	98.02	98.02	98.02	98.02	98.02	98.02
9	98.02	98.02	98.02	98.02	98.02	98.02	98.02	98.02	98.02	98.02	98.02	98.02	98.02	98.02	98.02	98.02	98.02	98.02	98.02	98.02
10	98.02	98.02	98.02	**98.51**	**98.51**	98.02	**98.51**	**98.51**	**98.51**	**98.51**	**98.51**	**98.51**	**98.51**	**98.51**	**98.51**	**98.51**	**98.51**	**98.51**	**98.51**	**98.51**
11	97.52	97.52	97.52	97.52	98.02	98.02	**98.51**	**98.51**	**98.51**	**98.51**	**98.51**	**98.51**	**98.51**	**98.51**	**98.51**	**98.51**	**98.51**	**98.51**	**98.51**	**98.51**
12	97.52	97.52	97.52	97.52	98.02	98.02	**98.51**	**98.51**	**98.51**	**98.51**	**98.51**	**98.51**	**98.51**	**98.51**	**98.51**	**98.51**	**98.51**	**98.51**	**98.51**	**98.51**
13	97.52	97.52	97.52	97.52	97.52	97.52	97.52	97.52	97.52	97.52	98.02	98.02	98.02	98.02	98.02	98.02	98.02	98.02	98.02	98.02
14	97.52	97.52	97.52	97.52	97.52	97.52	97.52	97.52	97.52	97.52	98.02	98.02	98.02	98.02	98.02	98.02	98.02	98.02	98.02	98.02
15	97.52	97.52	97.52	97.52	97.52	97.52	97.52	97.52	97.52	97.52	98.02	97.52	97.52	97.52	97.52	97.52	97.52	97.52	97.52	97.52
16	97.52	97.52	97.52	97.52	97.52	97.52	97.52	97.52	97.52	98.02	98.02	98.02	98.02	98.02	98.02	98.02	98.02	98.02	98.02	98.02
17	97.52	97.52	97.52	97.52	97.52	98.02	98.02	98.02	98.02	98.02	98.02	98.02	98.02	98.02	98.02	98.02	98.02	98.02	98.02	98.02
18	97.52	97.52	97.52	98.02	98.02	98.02	**98.51**	**98.51**	**98.51**	**98.51**	**98.51**	**98.51**	98.02	98.02	98.02	98.02	98.02	98.02	98.02	98.02
19	97.52	97.52	98.02	**98.51**	98.02	98.02	98.02	**98.51**	**98.51**	**98.51**	**98.51**	**98.51**	**98.51**	**98.51**	**98.51**	**98.51**	**98.51**	**98.51**	**98.51**	**98.51**
20	98.02	98.02	98.02	98.02	98.02	98.02	**98.51**	**98.51**	**98.51**	**98.51**	98.02	98.02	98.02	98.02	98.02	98.02	98.02	98.02	98.02	98.02
21	98.02	98.02	98.02	98.02	98.02	98.02	**98.51**	**98.51**	**98.51**	**98.51**	**98.51**	**98.51**	**98.51**	**98.51**	**98.51**	**98.51**	**98.51**	**98.51**	**98.51**	**98.51**
22	98.02	98.02	98.02	98.02	98.02	98.02	98.02	98.02	98.02	**98.51**	**98.51**	**98.51**	**98.51**	**98.51**	**98.51**	**98.51**	**98.51**	**98.51**	**98.51**	**98.51**
23	98.02	98.02	98.02	98.02	98.02	98.02	98.02	98.02	98.02	98.02	98.02	98.02	98.02	98.02	**98.51**	**98.51**	**98.51**	**98.51**	**98.51**	**98.51**
24	97.52	97.52	97.52	97.52	97.52	97.52	97.52	97.52	97.52	97.52	97.52	97.52	97.52	97.52	97.52	97.52	97.52	97.52	97.52	97.52
25	97.52	97.52	97.52	97.52	97.52	97.52	97.52	97.52	97.52	97.52	97.52	97.52	97.52	97.52	97.52	97.52	98.02	98.02	98.02	98.02

26	98.02	97.52	97.52	97.52	97.52	97.52	97.52	97.52	97.52	97.52	97.52	97.52	97.52	97.52	97.52	97.52	97.52	97.52	97.52	97.52
27	98.02	97.52	97.52	97.52	97.52	97.52	97.52	97.52	97.52	97.52	97.52	97.52	97.52	97.52	97.52	97.52	97.52	97.52	97.52	97.52
28	98.02	97.52	97.52	97.52	97.52	97.52	97.52	97.52	97.52	97.52	97.52	97.52	97.52	97.52	97.52	97.52	97.52	97.52	97.52	97.52
29	97.52	**97.03**	97.52	97.52	97.52	97.52	97.52	97.52	97.52	97.52	97.52	97.52	97.52	97.52	97.52	97.52	97.52	97.52	97.52	97.52
30	97.52	97.52	97.52	97.52	97.52	97.52	97.52	97.52	97.52	97.52	97.52	97.52	97.52	97.52	97.52	97.52	97.52	97.52	97.52	97.52
31	**97.03**	97.52	97.52	97.52	97.52	97.52	97.52	97.52	97.52	97.52	97.52	97.52	97.52	97.52	97.52	97.52	97.52	97.52	97.52	97.52
32	**97.03**	97.52	97.52	97.52	97.52	97.52	97.52	97.52	97.52	97.52	97.52	97.52	97.52	97.52	97.52	97.52	97.52	97.52	97.52	97.52
33	97.52	**97.03**	**97.03**	**97.03**	97.52	97.52	97.52	97.52	97.52	97.52	97.52	97.52	97.52	97.52	97.52	97.52	97.52	97.52	97.52	97.52
34	97.52	97.52	97.52	97.52	97.52	97.52	97.52	97.52	97.52	97.52	97.52	97.52	97.52	97.52	97.52	97.52	97.52	97.52	97.52	97.52
35	97.52	97.52	**97.03**	97.52	97.52	97.52	97.52	97.52	97.52	97.52	97.52	97.52	97.52	97.52	97.52	97.52	97.52	97.52	97.52	97.52
36	97.52	97.52	97.52	97.52	97.52	97.52	97.52	97.52	97.52	97.52	97.52	97.52	97.52	97.52	97.52	97.52	97.52	97.52	97.52	97.52
37	97.52	97.52	97.52	97.52	97.52	97.52	97.52	97.52	97.52	97.52	97.52	97.52	97.52	97.52	97.52	97.52	97.52	97.52	97.52	97.52
38	97.52	97.52	97.52	97.52	97.52	97.52	97.52	97.52	97.52	97.52	97.52	97.52	97.52	97.52	97.52	97.52	97.52	97.52	97.52	97.52
39	97.52	97.52	97.52	97.52	97.52	97.52	97.52	97.52	97.52	97.52	97.52	97.52	97.52	97.52	97.52	97.52	97.52	97.52	97.52	97.52
40	98.02	97.52	97.52	97.52	97.52	97.52	97.52	97.52	97.52	97.52	97.52	97.52	97.52	97.52	97.52	97.52	97.52	97.52	97.52	97.52
41	97.52	97.52	97.52	97.52	97.52	97.52	98.02	98.02	98.02	98.02	97.52	97.52	97.52	97.52	97.52	97.52	97.52	97.52	97.52	97.52
42	97.52	98.02	97.52	97.52	97.52	97.52	97.52	97.52	97.52	97.52	97.52	97.52	97.52	97.52	97.52	97.52	97.52	97.52	97.52	97.52
43	97.52	98.02	98.02	98.02	98.02	97.52	97.52	97.52	97.52	97.52	97.52	97.52	97.52	97.52	97.52	97.52	97.52	97.52	97.52	97.52
44	98.02	98.02	98.02	98.02	98.02	98.02	98.02	98.02	98.02	98.02	98.02	98.02	98.02	98.02	98.02	98.02	98.02	98.02	98.02	98.02
45	98.02	98.02	98.02	98.02	98.02	98.02	98.02	98.02	98.02	98.02	98.02	98.02	98.02	98.02	98.02	98.02	98.02	98.02	98.02	98.02
46	98.02	98.02	98.02	98.02	98.02	98.02	98.02	98.02	98.02	98.02	98.02	98.02	98.02	98.02	98.02	98.02	98.02	98.02	98.02	98.02
47	**98.51**	98.02	98.02	98.02	98.02	98.02	98.02	98.02	98.02	98.02	98.02	98.02	98.02	98.02	98.02	98.02	98.02	98.02	98.02	98.02
48	**98.51**	98.02	98.02	98.02	98.02	98.02	98.02	98.02	98.02	98.02	98.02	98.02	98.02	98.02	98.02	98.02	98.02	98.02	98.02	98.02
49	98.02	98.02	98.02	98.02	98.02	97.52	97.52	97.52	97.52	97.52	97.52	97.52	97.52	97.52	97.52	97.52	97.52	97.52	97.52	97.52
50	98.02	97.52	97.52	98.02	98.02	98.02	98.02	98.02	98.02	98.02	98.02	98.02	98.02	98.02	98.02	**98.51**	**98.51**	98.02	98.02	**98.51**

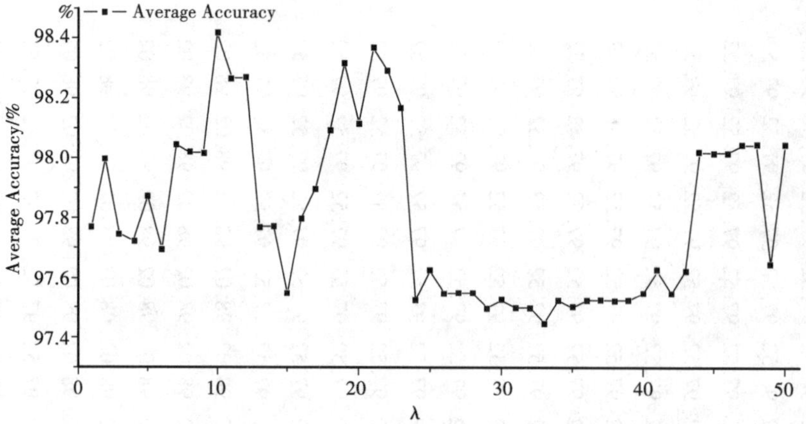

图 4.8　1-tuple 的不同 λ 参数下的平均预测准确率

从图 4.8 可知,当 λ = 10 时,取得最佳的平均预测准确率 98.42%,对比表 4.3 发现,在该 λ 下,当权值 w 取区间[0.5,1]中的 20 个值时,有 16 个权值对应的预测准确率为 98.51%,其余 4 个权值对应的预测准确率为 98.02%,说明 λ = 10 是一个最佳的 λ 参数。

对比表 4.3 与表 4.2 可以发现,1-tuple 特征提取策略的准确率为 97.52%,而基于 1-tuple 的伪氨基酸组成的特征提取策略的预测准确率为 98.51%,提高了将近 1 个百分点,说明基于 1-tuple 的伪氨基酸组成的预测性能比纯基于 1-tuple 频率的预测性能好。

同理搜索了 2-tuple 序列片段长度下的不同 λ 和 k 参数组合,发现在 2-tuple 下,全部 λ 和 k 参数组合的预测准确率均达到了 99.009 9%,而在 3-tuple 下,其预测准确率已下降为 98.514 9%。因此,有理由相信,在 2-tuple 下的 λ 和 k 参数的组合是最佳参数组合。

图 4.9 描述了在 tuple 为 1、2 和 3 长度下的基于 k-tuple 伪氨基酸组成的特征提取策略的预测准确率。使用 libSVM 支持向量机工具包作为正负样本的训练和预测工具,使用网格方式搜索支持向量机的最佳参数 c 和 g,并使用 10 倍交叉检验来计算预测模型的准确率。由图4.9 可知,当 k-tuple 的参数 k = 2 时,其平均预测准确率为 99.009 9%,显著高于 1-tuple 和 3-tuple 的各种参数组合的预测准确率。在 2-tuple 和 3-tuple 的条件下,发现通过支持向量机的网格化

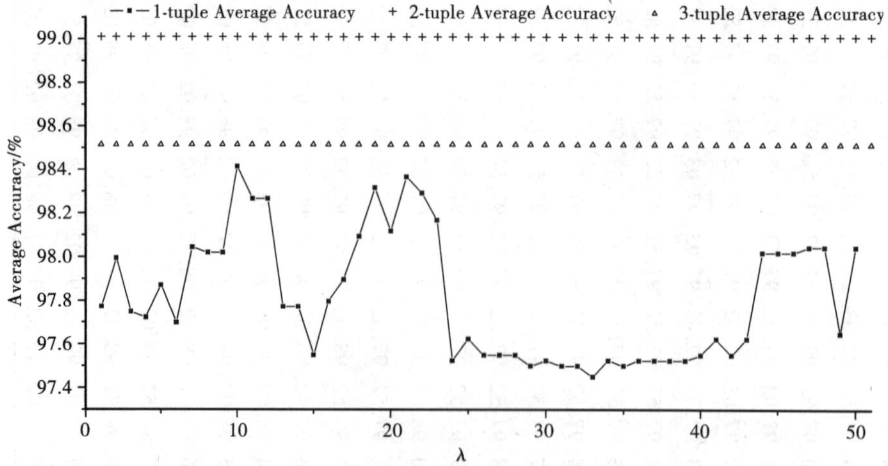

图 4.9　3 种 tuple 下不同 λ 值对应平均预测准确率比较

参数搜索策略,均能找到最佳参数组合,使其预测性能达到最佳;最为有趣的是,2-tuple 和 3-tuple 在不同的 λ 和权值 w 下,通过搜索支持向量机的最佳参数 c 和 g 的组合,能使其预测性能达到相同。因此,有理由相信,当 $k=2$、3 时,参数 λ 和 w 对预测性能的影响可以通过搜索支持向量机的最佳 c 和 g 参数来抵消。当 $k=2$ 时,使用支持向量机工具包对正负样本数据进行预测,其性能达到最佳 99.009 9% 的准确率,比 1-tuple 和 3-tuple 各种参数组合的预测准确性均佳。从图 4.9 可发现,当 $k=3$ 时,其预测平均准确率高于 1-tuple 的各个参数组合下的预测准确率,说明 $k=3$ 的基于 k-tuple 的伪氨基酸组成的性能显著好于 $k=1$ 下的各支持向量机的预测性能。在本书中,$k=2$,$\lambda=10$,$w=0.2$ 作为特征向量提取的最佳参数组合。

从拟南芥基因组中获取 101 条正样本序列(NBS-LRR 抗病蛋白)和 101 条负样本序列(从拟南芥全基因组中随机挑选非 NBS-LRR 序列),要求正负样本集中的序列一致性(Identify)均低于 40%,使用 k-tuple 伪氨基酸组成成分的特征提取策略,其参数组合为 $k=2$、$\lambda=10$ 和 $w=0.2$ 生成特征矩阵。每条样本序列生成的特征向量长度为 410 维($20^2+10=410$),正负样本集的特征向量矩阵各为 101×410(正负样本序列各 101 条),对正负样本矩阵,使用 LibSVM 的网格参数搜索程序 grid.py 进行参数搜索,获得如图 4.10 所示的最佳参数,$c=0.707\ 106\ 781\ 187$,$g=0.015\ 625$。在该参数下,使用 Jackknife 检验获得如表 4.3 所示的性能指标,其中 $TP=100$,$TN=100$,$FP=1$,$FN=1$,根据式(4.23)至式(4.27),可以得到的性能指标值见表 4.4。

表 4.4 LibSVM 支持向量机的预测性能指标

SVM Classifier	Sensitivity (*Sn*/%)	Specificity (*Sp*/%)	Accuracy (*Ac*/%)	*MCC*	*F*-measure
$\kappa=2$ $\lambda=10$ $\omega=0.2$	99.01	99.01	99.01	98.02	99.01

由表 4.4 可以得出,由该参数组合获得的支持向量机模型对正负样本集自身(Jackknife 检验)的预测性能较佳,能很好区分训练样本集中的 NBS-LRR 蛋白,为了进一步验证该模型的预测能力,我们应用该模型对短柄草蛋白组中的 NBS-LRR 蛋白进行了预测分析,其预测结果参考下一小节。

4.3.4 使用支持向量机对短柄草蛋白组序列进行预测

应用上一节生成的支持向量机模型对短柄草蛋白组中的全部蛋白序列进行 NBS-LRR 抗病蛋白的预测。首先,从 phyto zome 网站下载短柄草蛋白组(Brachypodium_2.1_Protein.fa)序列,共有蛋白序列 42 868 条,应用基于 k-tuple 的伪氨基酸组成成分特征提取策略生成特征向量矩阵,生成特征向量的参数为 $k=2$、$\lambda=10$、$w=0.2$,对特征向量进行正规化放缩,应用支持向量机模型对放缩过的短柄草蛋白组特征向量矩阵进行 NBS-LRR 抗病功能预测,共预测出阳性抗病功能序列 298 条,具体的蛋白访问号 gi 列表见附录 6。该预测结果与 Jing Li 等研究者所描述的在短柄草中存在 239 个 *NBS-LRR* 基因的结果接近。为了验证该预测结果的准确性,使用本书的第 2 章鉴定出 NBS-LRR 抗病蛋白 126 条序列来检验预测结果,在 126 条序列中有

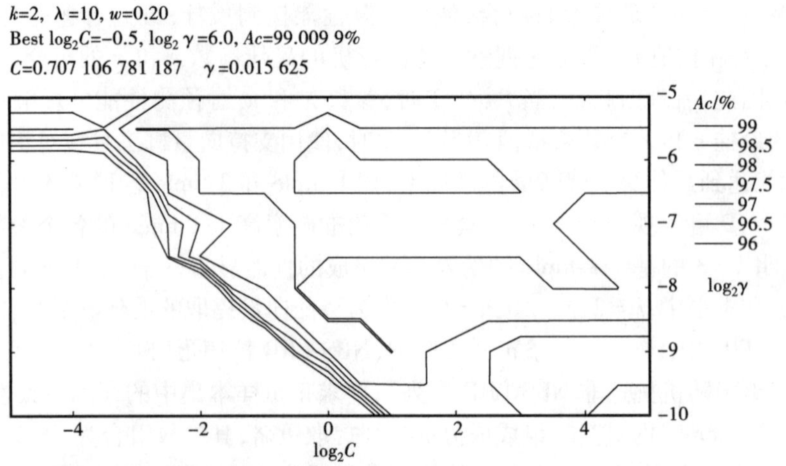

图 4.10 通过网格搜索法获得的支持向量机的最佳参数 c 和 γ

因序列版本差异等因素去掉6条重复序列,实际序列为120条,通过与支持向量机预测的298条序列进行比较,结论是支持向量机预测结果中共包括了120条序列中的112,准确率为112/120=93.33%,说明该方法能很好推广到短柄草的NBS-LRR蛋白序列的预测中。另外,该支持向量机预测出新的NBS-LRR蛋白的序列450条,它们可能与其他NBS-LRR家族成员一样具有NBS-LRR抗病蛋白的功能,这些序列为实验学家从短柄草中挑选NBS-LRR候选蛋白划定了范围,仅需从这450个候选蛋白中选择相关蛋白序列作为研究对象,为实验学家通过实验进一步验证其功能提供了线索。

4.3.5 与其他方法的比较

目前,利用计算机软件包进行NBS-LRR特异预测的只有Steuernagel等研究团队2015年5月在*Bioinformatics*权威期刊最新发表的NLR-Parser软件包。为了检验基于*k*-tuple伪氨基酸组成的特征提取与支持向量机对NBS-LRR抗病蛋白进行预测的性能,我们分别利用我们提出的方法与NLR-Parser软件包对短柄草中的全部蛋白组进行了*NBS_LRR*基因家族的预测。预测结果显示:利用基于*k*-tuple伪氨基酸组成的特征提取策略可从短柄草中鉴定出450个*NBS-LRR*基因,而利用NLR-Parser软件包从短柄草中鉴定出530个*NBS-LRR*基因。为了检验我们的预测方法与NLR-Parser软件包预测方法的优异,与本书第2章利用HMMER搜索和手工BLAST检索获得的126个典型*NBS-LRR*基因(去除选择性剪切后剩余119个)进行了比较,结果如图4.11所示。

图4.11中的*A*簇为利用本书提出的方法预测的*NBS-LRR*基因,*B*为本书第2章通过HMMER和手工矫正挑选的*NBS-LRR*基因,*C*为利用NLR-parser工具预测到的*NBS-LRR*基因。

利用我们的方法,119个典型*NBS-LRR*基因有112个被预测出,还有7个没有预测出,而利用NLR-Parser预测119个典型的*NBS-LRR*基因,其中115个被预测出,有4个没有预测出,但是他们预测的*NBS-LRR*候选基因较我们预测的多(530个),我们的方法预测出的候选基因为450个,因此我们的方法比他们的方法的预测性能优异。此外,NLR-Parser软件包预测过程烦琐:首先需要使用者进行MEME Suite工具包的安装与运行,运行后的结果需要处理成

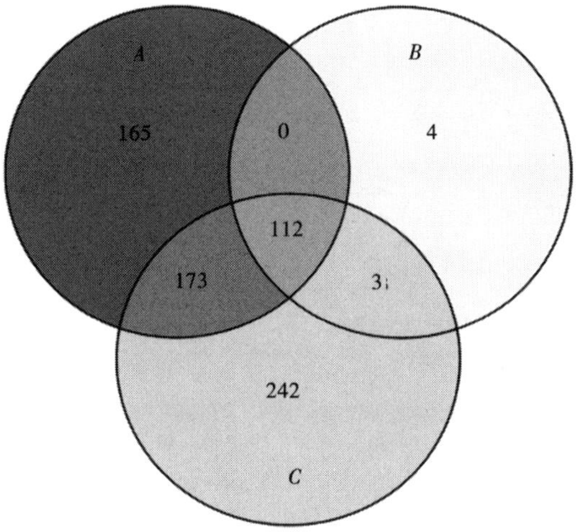

图 4.11　**本书预测方法与 NLR-parser 预测方法的比较**

NLR-Parser的输入格式再进行预测，对于非计算机背景的生物学科研究者，数据处理非常复杂；MEME 的各种命令还需在 linux 环境下进行，就实用性来说也没有我们的方案好。我们的算法后期将进一步开发成网站形式，使用者只需提交他们的蛋白质或者核苷酸序列，或者提交一组新测序物种的全基因组序列，网站就可以快速预测出这些序列中的 *NBS-LRR* 抗病序列。

5 总结与展望

5.1 主要研究结果

①本书从二穗短柄草基因组中共鉴定了 126 个典型的 *NBS-LRR* 抗病基因。多序列比对及进化分析结果表明，这些抗病基因共分为 CNL，NL，CN，XN 4 大类。保守基序分析结果表明 *NBS-LRR* 抗病基因的结构域含有 8 类保守的基序结构域，与拟南芥和水稻中的 *NBS-LRR* 抗病基因的保守结构域相似。

②启动子区与植物抗逆、抗病有关的基因上游调控元件分析结果表明，这个家族的所有成员均含有 WBOX，相比拟南芥和水稻中抗病基因所含的调控元件，短柄草中的成员含有更多数目的 WBOX，含 GCC 元件则偏少。其中 51.60% 的 *NBS-LRR* 基因同时含有 WBOX、CBF 和 GCC 这三种启动子元件。然而每个 *NBS-LRR* 成员的 EST 支持数目的多少与其启动子区域所含有的这些元件的排列顺序无关。

③基因复制事件分析结果表明串联复制与片段复制对二穗短柄草 *NBS-LRR* 抗病基因家族成员数目的扩张起着重要作用。染色体定位结果显示：这些抗病基因在染色体上的分布不是随机的，而是以单个或者成簇的形式存在。这种分布造成了部分染色体或者染色体的某个区域含有较稠密的 *NBS-LRR* 成员。

④表达分析结果表明：*NBS-LRR* 基因在环境胁迫（非生物胁迫）中表达量没有发生显著变化，而在赤霉菌侵染下，有 5 个基因的表达量明显上调，这些基因可能在赤霉菌诱导的信号通路中起着重要作用并为它们后期的功能研究提供了有价值的线索。

⑤本书研究设计并开发了基于 *k*-tuple 伪氨基酸组成成分与支持向量机的 *NBS-LRR* 预测算法。该算法可以快速对已有的蛋白质序列、核苷酸序列或者新测序的基因组进行 *NBS-LRR* 抗病基因快速预测，方便生物学家对 *NBS-LRR* 基因家族的鉴定及后续功能研究。

5.2 创新点

①本书利用生物信息学相关方法，从二穗短柄草基因组中鉴定出126个典型的 *NBS-LRR* 抗病基因，并分析了其在冷、热、旱和盐4种非生物胁迫及赤霉菌侵染条件下的表达谱。在分析赤霉菌感染二穗短柄草的表达数据时，发现有5个抗病基因的表达显著上调，推断它们可能参与了由赤霉菌引发的抗病反应，这些研究结果将为禾谷科及麦类作物抗病机理的研究奠定基础，为生物学家进一步深入研究 *NBS-LRR* 基因在二穗短柄草信号通路中的功能研究提供了有价值的线索。

②本书设计并开发了基于 *k*-tuple 伪氨基酸成分与支持向量机的 *NBS-LRR* 预测算法，该算法预测准确率高，便于生物学家对已有的蛋白质序列、核苷酸序列或者新测序的未知功能的基因组序列进行 *NBS-LRR* 批量鉴定，同时也为生物学家对该家族成员后期功能研究奠定了基础。

5.3 展　望

①我们将对二穗短柄草 *NBS-LRR* 抗病基因的调控网络进行分析，进一步理解植物抗病基因的信号传导通路和抗病基因间协作完成植物抗病反应的机理。

②*NBS-LRR* 抗病基因的进化由多方面因素决定，基因扩增与融合是其中的一种重要途径，通过研究抗病基因的复制方式能更进一步理解基因家族的扩增模式，比较多物种间抗病基因的扩增方式也将有助于理解抗病基因在不同物种中的进化差异。

③抗病基因因物种不同而具有显著的差异，但抗病基因家族却具有一些非常保守的结构域，将通过开发高效的机器学习方法，实现对不同物种中 *NBS-LRR* 抗病基因的预测与分析，从而研究植物中 *NBS-LRR* 抗病基因家族的进化特征。

附　录

附录 1　缩略词简表

缩写	全称	中文释义
bp	Base Pair	碱基对
NBS	Nucleotide Binding Site	核苷酸结合位点
LRR	Leucine Rich Repeat	富亮氨酸重复
NBS-LRR	Nucleotide Binding Site plus Leucine Rich Repeat	核苷酸结合位点和富亮氨酸重复的胞内受体蛋白
TIR	Toll/Interleukin-1 Receptor	Toll-白细胞介素-1 受体
TNL	TIR-NBS-LRR	蛋白 N 端具有 TIR 结构的 NBS-LRR 蛋白
CC	Coiled-Coil	卷曲螺旋
CNL	CC-NBS-LRR	蛋白 N 端具有 CC 结构的 NBS-LRR 蛋白
TM	Transmembrane Domain	跨膜结构域
PK	Protein Kinase	蛋白激酶
EST	Express Sequence Tag	表达序列标签
HMM	Hidden Markov Model	隐马尔可夫模型
BLAST	Basic Local Alignment Search Tool	序列相似性比较程序

附录 2　*NBS-LRR* 抗病基因列表

NBS-LRR 抗病基因编号	基因 ID 号	类型	染色体位置	氨基酸长度	同源基因
*NBS-LRR*1	Bradi4g10037.1m1	CNL	4g	1 027	AT3G14470.1，Os11g44960.1
*NBS-LRR*2	Bradi4g10037.1m2	CNL	4g	1 014	AT3G14470.1，Os11g44960.1
*NBS-LRR*3	Bradi2g39517.1	CNL	2g	1 220	AT1G59780.1，Os08g42670.1
*NBS-LRR*4	Bradi1g55080.1	CNL	1g	902	AT3G07040.1，Os07g08890.1
*NBS-LRR*5	Bradi1g00227.1m	CNL	1g	784	AT3G07040.1，Os10g04674.1
*NBS-LRR*6	Bradi5g01167.1	CNL	5g	915	AT3G07040.1，Os11g35580.1
*NBS-LRR*7	Bradi3g41960.1	CNL	3g	1 205	AT3G14470.1，Os08g43050.1
*NBS-LRR*8	Bradi5g17527.1	CNL	5g	925	AT3G07040.1，Os04g46300.1
*NBS-LRR*9	Bradi4g09247.1	CNL	4g	919	AT3G07040.1，Os10g21400.1
*NBS-LRR*10	Bradi1g29427.2	CNL	1g	851	AT1G50180.1，Os11g41540.1
*NBS-LRR*11	Bradi1g29427.1	CNL	1g	868	AT1G50180.1，Os11g41540.1
*NBS-LRR*12	Bradi4g06970.1	CNL	4g	919	AT3G07040.1，Os08g16120.1
*NBS-LRR*13	Bradi2g21360.1	CNL	2g	1 130	AT3G14470.1，Os05g41290.1
*NBS-LRR*14	Bradi2g52840.1	CNL	2g	1 111	AT3G14470.1，Os05g41290.1
*NBS-LRR*15	Bradi1g29441.1	CNL	1g	854	AT1G50180.1，Os11g41540.1
*NBS-LRR*16	Bradi5g03110.1	CNL	5g	911	AT3G07040.1，Os11g12330.1
*NBS-LRR*17	Bradi4g21890.1	CNL	4g	908	AT3G07040.1，Os11g11960.1
*NBS-LRR*18	Bradi1g01377.1	CNL	1g	915	AT3G07040.1，Os10g04110.1
*NBS-LRR*19	Bradi4g33467.1	CN	4g	880	AT1G58410.1，Os10g10360.1
*NBS-LRR*20	Bradi4g14697.1	CNL	4g	875	AT3G07040.1，Os08g32880.1
*NBS-LRR*21	Bradi4g04655.1	CNL	4g	948	AT3G07040.1，Os12g37740.1
*NBS-LRR*22	Bradi4g04662.1	CNL	4g	940	AT3G07040.1，Os12g37770.1
*NBS-LRR*23	Bradi2g37172.1	CNL	2g	896	AT3G07040.1，Os10g04110.1
*NBS-LRR*24	Bradi4g10060.1	CNL	4g	1 022	AT3G14470.1，Os11g45050.1
*NBS-LRR*25	Bradi4g10171.1	NL	4g	847	AT3G14470.1，Os11g45180.1
*NBS-LRR*26	Bradi4g10207.1	NL	4g	839	AT3G14470.1，Os11g45050.1
*NBS-LRR*27	Bradi5g02367.1	NL	5g	1 531	AT3G14470.1，Os08g20000.1
*NBS-LRR*28	Bradi4g10017.1	NL	4g	862	AT3G14470.1，Os11g45050.1
*NBS-LRR*29	Bradi4g10030.1	CNL	4g	1 012	AT3G14470.1，Os11g45050.1
*NBS-LRR*30	Bradi4g12877.1	CNL	4g	946	AT3G07040.1，Os12g37770.1
*NBS-LRR*31	Bradi1g01407.1	CNL	1g	941	AT3G07040.1，Os10g04110.1
*NBS-LRR*32	Bradi4g10180.1	CNL	4g	1 019	AT3G14470.1，Os11g45180.1
*NBS-LRR*33	Bradi4g05870.1	CNL	4g	1 245	AT3G14460.1，Os10g04120.1
*NBS-LRR*34	Bradi2g39847.1	CNL	2g	916	AT3G07040.1，Os01g36640.1
*NBS-LRR*35	Bradi2g39091.1	CN	2g	963	AT5G43470.1，Os11g43700.1
*NBS-LRR*36	Bradi3g22520.1	CNL	3g	923	AT3G07040.1，Os10g07978.1
*NBS-LRR*37	Bradi4g04657.1	CNL	4g	932	AT3G07040.1，Os12g37740.1
*NBS-LRR*38	Bradi4g20527.1	CN	4g	927	AT3G07040.1，Os11g16470.1
*NBS-LRR*39	Bradi3g03882.1	CNL	3g	914	AT3G07040.1，Os08g10440.1

续表

NBS-LRR 抗病基因编号	基因 ID 号	类型	染色体位置	氨基酸长度	同源基因
*NBS-LRR*40	Bradi4g21842.1	CNL	4g	841	AT3G07040.1, Os11g11960.1
*NBS-LRR*41	Bradi1g01387.1	CNL	1g	923	AT3G46730.1, Os10g04110.1
*NBS-LRR*42	Bradi4g01687.1	CNL	4g	949	AT3G46730.1, Os11g43700.1
*NBS-LRR*43	Bradi4g01687.2	CNL	4g	951	AT3G46730.1, Os11g43700.1
*NBS-LRR*44	Bradi4g10220.1	CNL	4g	877	AT3G14470.1, Os11g45050.1
*NBS-LRR*45	Bradi2g39207.1	CNL	2g	909	AT3G07040.1, Os10g04110.1
*NBS-LRR*46	Bradi1g01257.1	CNL	1g	951	AT3G07040.1, Os10g04110.1
*NBS-LRR*47	Bradi2g60434.1	CNL	2g	918	AT3G46530.1, Os11g43700.1
*NBS-LRR*48	Bradi5g22547.1	CNL	5g	1 571	AT3G14460.1, Os06g49390.1
*NBS-LRR*49	Bradi2g37166.1	CNL	2g	957	AT3G46730.1, Os10g04110.1
*NBS-LRR*50	Bradi5g22842.1	CN	5g	1 536	AT3G14470.1, Os06g49390.1
*NBS-LRR*51	Bradi4g38170.1	NL	4g	839	AT3G14470.1, Os06g15750.1
*NBS-LRR*52	Bradi2g03060.1	CNL	2g	1 020	AT3G14470.1, Os11g45180.1
*NBS-LRR*53	Bradi3g03874.1	CNL	3g	925	AT3G46530.1, Os08g10440.1
*NBS-LRR*54	Bradi2g35767.1	CNL	2g	1 484	AT3G14460.1, Os07g04900.1
*NBS-LRR*55	Bradi3g19967.1	CNL	3g	930	AT3G14470.1, Os08g19980.1
*NBS-LRR*56	Bradi2g09480.1	CNL	2g	1 300	AT3G14470.1, Os01g15580.1
*NBS-LRR*57	Bradi3g03587.1	CN	3g	923	AT3G46730.1, Os08g10440.1
*NBS-LRR*58	Bradi2g39247.1	CNL	2g	927	AT3G07040.1, Os11g43700.1
*NBS-LRR*59	Bradi1g48747.1	CNL	1g	975	AT3G07040.1, Os06g06380.1
*NBS-LRR*60	Bradi5g15560.1	CNL	5g	920	AT4G26090.1, Os04g43440.1
*NBS-LRR*61	Bradi1g29658.2	CN	1g	1 283	AT3G14470.1, Os02g16270.1
*NBS-LRR*62	Bradi1g29658.1	CN	1g	1 307	AT3G14470.1, Os02g16270.1
*NBS-LRR*63	Bradi5g22187.1	CNL	5g	1 750	AT3G14470.1, Os04g53160.1
*NBS-LRR*64	Bradi1g51687.1	CNL	1g	942	AT3G07040.1, Os10g04110.1
*NBS-LRR*65	Bradi2g39547.1	NL	2g	831	AT1G58390.1, Os08g42670.1
*NBS-LRR*66	Bradi2g36037.1	CNL	2g	1 562	AT3G14460.1, Os12g29710.1
*NBS-LRR*67	Bradi3g03878.1	CNL	3g	926	AT3G46530.1, Os08g10440.1
*NBS-LRR*68	Bradi2g39537.1	CNL	2g	934	AT3G46730.1, Os11g14380.1
*NBS-LRR*69	Bradi4g10190.1	CNL	4g	1 066	AT3G14470.1, Os11g44960.1
*NBS-LRR*70	Bradi1g22500.1	CNL	1g	959	AT3G07040.1, Os07g40810.1
*NBS-LRR*71	Bradi2g52150.1	CNL	2g	910	AT4G26090.1, Os01g57870.1
*NBS-LRR*72	Bradi4g03005.1	CNL	4g	938	AT3G07040.1, Os08g28540.1
*NBS-LRR*73	Bradi1g29560.1	CNL	1g	1 073	AT3G14470.1, Os02g25900.1
*NBS-LRR*74	Bradi5g02360.1	CNL	5g	980	AT3G14470.1, Os08g19980.1
*NBS-LRR*75	Bradi4g16492.1	CNL	4g	913	AT3G46730.1, Os11g34920.1
*NBS-LRR*76	Bradi3g60337.1	CNL	3g	1 356	AT3G14470.1, Os02g16270.1
*NBS-LRR*77	Bradi2g03260.1	CNL	2g	992	AT3G14470.1, Os01g05620.1
*NBS-LRR*78	Bradi1g01250.1	CNL	1g	988	AT3G07040.1, Os11g46210.1

续表

*NBS-LRR*抗病基因编号	基因ID号	类型	染色体位置	氨基酸长度	同源基因
*NBS-LRR*79	Bradi2g12497.1	CNL	2g	806	AT3G07040.1, Os01g23380.1
*NBS-LRR*80	Bradi2g60250.1	NL	2g	1 211	AT3G14470.1, Os01g71114.1
*NBS-LRR*81	Bradi2g36180.1	NL	2g	1 247	AT3G14470.1, Os11g10610.1
*NBS-LRR*82	Bradi3g41870.1	CNL	3g	1 222	AT3G14470.1, Os08g43000.1
*NBS-LRR*83	Bradi4g39317.1	CNL	4g	1 212	AT3G07040.1, Os08g14850.1
*NBS-LRR*84	Bradi4g21950.1	CNL	4g	1 215	AT5G35450.1, Os08g14850.1
*NBS-LRR*85	Bradi4g09597.1	CNL	4g	973	AT3G07040.1, Os11g46210.1
*NBS-LRR*86	Bradi3g28590.1	CNL	3g	1 902	AT3G14470.1, Os10g33440.2
*NBS-LRR*87	Bradi4g06460.1	CNL	4g	1 180	AT3G14470.1, Os12g32710.1
*NBS-LRR*88	Bradi1g50407.1	CNL	1g	1 034	AT3G46730.1, Os06g17880.1
*NBS-LRR*89	Bradi1g00237.1	CNL	1g	940	AT3G14470.1, Os05g16200.1
*NBS-LRR*90	Bradi2g38987.1	CNL	2g	897	AT3G46730.1, Os11g43700.1
*NBS-LRR*91	Bradi2g60260.1	CNL	2g	1 353	AT1G69545.1, Os01g71114.1
*NBS-LRR*92	Bradi2g60230.1	CNL	2g	1 400	AT1G69545.1, Os01g71114.1
*NBS-LRR*93	Bradi2g09434.1	XN	2g	1 337	AT3G46730.1, Os10g22484.1
*NBS-LRR*94	Bradi1g27757.1	CNL	1g	1 079	AT3G14470.1, Os07g29820.1
*NBS-LRR*95	Bradi4g15067.1	CNL	4g	968	AT3G46730.1, Os11g39160.1
*NBS-LRR*96	Bradi4g06470.1	NL	4g	1 272	AT3G14460.1, Os12g32660.1
*NBS-LRR*97	Bradi2g51807.1	CNL	2g	1 288	AT3G14460.1, Os01g57310.1
*NBS-LRR*98	Bradi1g67840.1	NL	1g	926	AT4G26090.1, Os03g14900.1
*NBS-LRR*99	Bradi4g17365.1	CNL	4g	971	AT3G07040.1, Os09g34160.1
*NBS-LRR*100	Bradi2g03007.2	CNL	2g	1 017	AT3G14470.1, Os11g45050.1
*NBS-LRR*101	Bradi2g03007.1	CNL	2g	1 034	AT3G14470.1, Os11g45050.1
*NBS-LRR*102	Bradi1g27770.1	CNL	1g	1 119	AT3G14470.1, Os07g29810.1
*NBS-LRR*103	Bradi3g15277.1	CNL	3g	887	AT3G46530.1, Os08g28540.1
*NBS-LRR*104	Bradi2g03020.1	CNL	2g	972	AT3G14470.1, Os11g45050.1
*NBS-LRR*105	Bradi2g37990.1	CNL	2g	803	AT3G07040.1, Os01g36640.1
*NBS-LRR*106	Bradi2g59310.1	CNL	2g	957	AT3G07040.1, Os01g70080.1
*NBS-LRR*107	Bradi4g01117.1	CNL	4g	1 077	AT3G07040.1, Os12g37770.1
*NBS-LRR*108	Bradi4g28177.1	CNL	4g	951	AT3G14460.1, Os09g16000.1
*NBS-LRR*109	Bradi1g15650.1	CNL	1g	1 260	AT3G14470.1, Os03g37720.1
*NBS-LRR*110	Bradi4g24887.1	CNL	4g	990	AT3G46530.1, Os11g11550.1
*NBS-LRR*111	Bradi3g60446.1	CNL	3g	885	AT3G46730.1, Os08g28540.1
*NBS-LRR*112	Bradi4g35317.1	CNL	4g	941	AT3G07040.1, Os09g34160.1
*NBS-LRR*113	Bradi4g36976.1	CNL	4g	1 077	AT3G46730.1, Os05g40160.1
*NBS-LRR*114	Bradi5g03140.1	CNL	5g	849	AT3G07040.1, Os11g11990.1
*NBS-LRR*115	Bradi4g03230.1	NL	4g	842	AT4G33300.1, Os12g39620.1
*NBS-LRR*116	Bradi2g09427.1	CN	2g	1 065	AT3G46530.1, Os11g27430.1
*NBS-LRR*117	Bradi1g29434.1	CNL	1g	747	AT1G50180.1, Os11g41540.1

续表

NBS-LRR 抗病基因编号	基因 ID 号	类型	染色体位置	氨基酸长度	同源基因
*NBS-LRR*118	Bradi1g01397.1m	CNL	1g	944	AT3G46530.1, Os08g28600.1
*NBS-LRR*119	Bradi1g50420.1	CNL	1g	860	AT3G46730.1, Os06g17880.1
*NBS-LRR*120	Bradi1g00960.3	CNL	1g	1 062	AT3G14470.1, Os12g03750.1
*NBS-LRR*121	Bradi1g00960.1	CNL	1g	1 170	AT3G14470.1, Os12g03750.1
*NBS-LRR*122	Bradi3g42037.1	CN	3g	752	AT3G46530.1, Os01g21240.1
*NBS-LRR*123	Bradi4g09957.1m	CN	4g	1 020	AT3G14470.1, Os06g16790.1
*NBS-LRR*124	Bradi2g03200.1	CNL	2g	863	AT3G46730.1, Os01g05620.1
*NBS-LRR*125	Bradi4g25780.1	NL	4g	784	AT3G46730.1, Os11g17014.1
*NBS-LRR*126	Bradi3g61040.1	CN	3g	1 058	AT3G14460.1, Os06g16790.1

附录3 二穗短柄草中我们鉴定出的126个典型的 *NBS-LRR* 抗病基因的蛋白序列

>Bradi4g10037.1m1 chr04_pseudomolecule brac version0 9627133-9621833 Protein

MAIILDSLVRSCVKKLQDIITEEAILILGVEKDLRELQQTMNQIQLFLNDAEQRRTEESAVKSWLGKLKDAMYDADNIIDLAR
FEGGKLLAESPSSSKMSTTCNGISFFSCIPNIQRRHKIAVKIRSFNVELEKVSKLGERFLKLQIMQPKQEVRATKQMKTCSLVE
PNLVGKETLHACSRLVELVLAHKNSKAYKLGVVGTGGVGKTTLAQKIYNDRKIKGAFSNQAWICVSQEYSEVALLKEVLRN
LGVNQEQGETVGELSSKLAAATQGKSFFLVLDDVWHPEVWTNLLRTPLHAAAAGVILVTTRHDTVAQSIGAEDMHRVKLM
PADVGWELLLKSMNINEEKDVQNLKGIGMNIIHKCGGLPLAIKLIGSVLATKEKTENEWRRLLNRSAWSKRNLPTELRGAFY
LSYDDLQQHLKQCFLYCALYPEDWNMFRDDLIRRWIAEGFVEKQEEELLEDTAKDYYYELLYRNLLQPDPLPFDRSKCKM
HDLLRQLAQHLSGEESFCGDPHSLGPKTLCKLRHISVITDKALILPTVRNEHIKARTVSIHCKSLRVENTIFRRLPCIRVLDLSC
SSIQTIPKCIGSLIHLRLLDLDDSDVSCLPESIGSLMNLQTLNLQRCKSLHSLPLAITLLCNLRRLGLAGTPINQVPKGIGRLELLN
DLEGFLVGGGSENGNIQDGWKFEELGHLSQLRRLDMIKLERASPWSTDSLLVDKRHLKLLYLSCTLQRDEPYSEEDVGNVEK
IFEQIIPPCNLEDLVIRAFFGQRNPTWLSISQLPSLKHLNLENFVSCVHLPAIGQLPNLKFLKIKGANAVTKIGPEFIGHSKHTGA
VAFPKLEMLFFEDMPNWEEWSFFEEENEHMTRSLCIWDEWSLPEVTEGKEDGEVVMQKGKSIQSPVSHLLPRLNKLVLVNC
SKLKALPQQLGQEARCLKVLQLRGASCLKVVEDLAFLSELLLIQRCQVLERVSNLPHVRKLHLEDCPNLWCLGEVRSLEEIK
LYKGMQDVFEIWMPGLMLHRQVLHGDQLDIYACV

>Bradi4g10037.1m2 chr04_pseudomolecule brac version0 9621821-9616478 Protein

MAAILDSLVGSCAKKLQEIITEEAVLILGVKEDLRELQRTMTQIQYFLIDAEQRRTEESAVNNWLGELRDAMYYADDIIDLAR
SEGCKLLAKSPSSSRKSTSCIGRTFFTCIPDVQKRHKIAVQIRDFNAKLQKISELGERFLKLQNMQPKAEVKRVKQMRTSYLLE
PNLVGKETLHACKRLVELVIAHKEKKAYKVGIVGTGGVGKTTLAQQIYNDQKIKGNFSNQAWICVSQDYSDTALLKEILRNF
GVHHENNETVGELSSKLATAISDRSFFIVLDDVWVPEVWTNLLRIPLHDAAAGVILVTTRHDTVAHSIGVEDMQRVDLMPED
VGLELLWKSMNIKEEKDVENLRNIGMDIVRKCGGLPLAIKVTASVLATKEKTENEWRKILDRGAWSMGNLPAELRGALYLS
YDDLPRHLKQCFLYLALYPEDWYMSRDDLIRLWVAEGFVEECENQRLEDTAEDYYYELIYRNLLQPDPQRFDHHRCKMHD
LLRQLAHHFSKEDTFCGDPQSMEANSLSKLRRVSIATEKDSILLPFMDKEKIKARTLLIRSAKTLCVQNTIFKILPCIRVLDLSDS
SIQNIPDCIGSLIHLRLLDFDRTDISCLPKSIGSLMNLLVLNLQGCEALHSLPLAITQLCNLRRLGLRGTPINQVPKGIGRLECLND
LEGFPVGGGNDNAKTQDGWKSEELGHLLQLRRLDMIKLERASPSTTDSLLVDKKYLKLLWLRCTKHPVEPYSEEDVGNIEKI
FEQLIPPGNLEDLCIVDFFGRRFPTWLGTTHLVSVKYLQLIDCNSCVHLPPLWQLPNLKYLRIQGAAAVTKIGPEFVGCREGN
PRSTVAVAFPKLESLVIWNMPNWVEWSFVEEGDAAAASMEGEEDGSAEIRKGEAPSPRLQVLPRLKKLELVGCPKLRALPR
QLGQEATCLEQLRLRGASSLKVVEDLPFLSEGLAICGCDGLERVSNLPQLREFYVQDCSHLRCVDELGNLQQLWLDDDMQG
VSELWVPGLLQLRGEDLDVYKW

>Bradi2g39517.1 chr02_pseudomolecule brac version0 39697722-39704967 Protein

MEATALSVGKSVLDGAIGYAKSAFAEEVALQLGVRRDQVFITNELEMMKAFLESAHGEGADDKVVKVWVKQVRDMAYDV
EDCLQEFAVRLNKQSWWRIRRKMLDRRRVAKQMKELRANVEDVSQRNTRYSLIKGSGSKAATYTAAEQSSITSAALFGIDE
ARRAAKQEKSQVDLVQMINEEENNLRVIAVWGTSGGLGQTSIVRKAYENPDIESKFSCRAWVRLMHPFDPKDFVQSMVEQF
NAAGGVNVLLRKKKTVQELTNKFEQYVNEKRYLIVINDLSTIEEWDRVKKCFPNNNMGSRIIVSTTQVEVASLCAGQGSVAS
ELKQFSAGQNIYAFHDKGSQDATDLINEGSSSNTASTSTANKSTVPTCEISEENTVKKSLTRIRTMVAALEESHLVGREKEKSE
IIKLVTGQATGQFEVITVWGMGGLGKTTLVKDIYQSQELSDIFDNRACVTVMRPFNLEELLRSLFMQLDRESSEKKDVVGLMS
STKNTLLLMSLAELIKELAKLFQTKRCLIVLDDVLSTAEWDRIEPIFHEMRKTIRIIVTTREESIAKHCCSQKQENIYKLKDLEY
KDAHDLFTKKVFKGTVDLDKQYPELVQPAKLILKKCDQLPLAIVTIACFLATQPKAPLEWRKLSEHLSAELEMNPQLGTIRTV
LMRSYDGLPYHLKSCFLYMPIFPEDHRVGRGRLARRWSAEGYCREVRGKSAEEMADSYFMELIARSMILPPQESIRCTKGID
SCQVHDLMREIGISKSMEENLVFTLEQGCSTNSQVTMRHLAISSNWEGDQNEFESMVDVSRVRSLTVFGKWKSFFISDRMRL

LRVLDLEDATGLLDHHLKHIGKFLHLRYLSLRGCGGIFHLPDLLGNLRQLETLDIRGTNVVMLPKTIIKLLKLKSLRAGEVLLD
EDVSYEEIIDDFPKVMRTRLCILPIFSLECYLFWCAPRRMDADMTRHDVCAFFCCVILPVVAMHLDRYGVLVPRGMKKLKSL
HTLGVVNIGRRGKAVLKDIKGLIQLRKLGVTGVNKENGQELCSAILGLSRLESLSIRSEGRPGLCGCLDGTFSFPENLQSLKLY
GNLVKLPEWVQGLKNLVKLKLRSSSISEPDAAIQVLGILPNLAFLHLLGKSFVGEEVRLNFPREMFPSMIVLELELEVVLRAV
KFEQGATPRLELLKFCNVRINSDSLSGLASLSGLKEIVTSTYLEDVRAAVAENLNRPLVRSWSSE

>Bradi1g55080.1 chr01_pseudomolecule brac version0 53465479-53469443 Protein
MAEALIVVVLQKITLALGAEGIKTLASNFKKQAPDLLEVTSRIRLLQSDFSMMQAFLSQADVRRSNDKVLEAWIEQVRQAAH
EAEDVVDEYTYHVGQMEGTNSFLKKALNQAAEIKRWRKLAAQAKLVEDRLQKITETKNRFDVSFASGRIDNTSSYSGN
HQH LSEYSCLNGDVDFVGNVTELKQLTDWLSDDKKGHSIISICGMGGLGKTTLAGSIYKKEEIKRMFACCAWISVSQS
YRVKDLLKRILLQLMPKNVNIPEGFDTMDCLNLVQLLQRYLHDKRYLIVLDDLWSRDAWKFLANAFVKNNSGSRIVI
TTRIETVASLADVDCEMKLRLLPKEEAWTLFCRKAFSRLEDRSCPLNLKACAERIVEKCQGLPLALVAIGSLLSYKEIE
EHEWDLFYSQLRWQLDNNPELSWVASILNLSYNDLPGYLKNCFLYCCLFPEDYEIGRKRLIRLLIAEGLVEDRGPEST
LTDVASCYLKELANRSLIQVVARNEYGRPKKFQMHDLVREISLNISKKEKFATTWDCPNSRGISDGCRRISIQKDGTLT
QAAQSSGQLRSIFVFVVEVSPSWFRECYPCFRLLRVLCLRHCNIKKVPDAMSDLFNLHYLDLGHANLQEIPRFIGKLSN
LQTLYLSGSVLELPSSITMLTKLQHLLIDVGRFGKSASKKISHLEYLQTLRSIEANNFLVKNLACLTRMRSLGVMKVLGS
HNADLWASISKMAALNSLAVLAADRESSILDLVGLKPLPQLEKLMISGRLHEGAIPPIFCHFPKLRSLRLCYSGLNEDPL
ALFADMFRNLGHLNLYRCYNGKKLTFQASWFVELKHLYLSSMNELKEVEVEDGSMKNLHRLELWGLKSLTSVPEGF
VYLRSVQQLCIGSMMPEEFHKRLVGADQWIVQHIPYIGEP

>Bradi1g00227.1m chr01_pseudomolecule brac version0 59775-61313 Protein
MAEIVILLAIKKVGIALANGAADQASSLFAKYTRQLVELQGSIGRVARELHVLHDVLCQMDIRNRNNQVYEGWLEGV
RKVAHVMEDNVDEYLYLVGREHDIGCCFYLKTGFKKPRSLLSLNQIASNVKAIEKDLAHLSEMKNRWVPMIHDGDS
SSTNYIVKRSQDLANISGFLDEEDLVGVDKNREKLENWLSGHDFGCCVVALLGMGGLGKTALAANVYKKEREKFQC
HAWVSISQTYSIEAVLRTIIEELFKDKVNVPSNIAAMDITCLQETLKRFLEQKKYLIVLDDVWTPETFHDLSKALIHNDK
GSRIIMTTRERAVAALSSEGHILTLEALSEDDAWELFYKKAFTKDRINHECPVELTALSEEIVSKCKGLPLAIVSVGSLL
HVREKTVEEWRRINDQLSWELIHNSRLDHVRNVLNLSFIYLPTHLKSCFLYCSLFPEDYIFHRKKLVRLWIAEEFIEER
GVSTLEEVAEGYLKELVDRNMLQLVEKNSFGSRTKKFKMHDILRELAVDLCQKDCFGVIYEEDNCVGFLEMDGRRLV
VQKLKKDILELFSIVHRLRTFITLDNSMPSFTLLPQLSNKSRYMTVLELSGLPIEKIPDAIGDLFNLCHLGLLDSKVKLLPK
SVEKLLNLLTLDVCSSEIEELPGGIVKLKNLRHLFAEKGNGLTWRNFQCRSGVCIPNGLGSLTNLQTLKAPEARHESVG
QLGELRQLTSLRIWNIKGFYCERLSESLVQMRFLSYLYVSASDEHEVLQLTALPPNMQKLSLRGRSAEGALLEISPRS

>Bradi5g01167.1 chr05_pseudomolecule brac version0 1061420-1058294 Protein
MAEIVLLLVIEKIGVALANGAANQACAEFCKYATRLTELQASMGRVMRELRVMHDVLCQMDIRKRNHQAFESWLDG
VRKVAHDMEDMVDEYLYRVGREHDIGCCFYLKKGFRKPRSLLSLNQIASGVKEIEKDLAHLSETKNRWISMINNGDT
SSSIYIVQRSQELANISRTLDEEDLVGVDENREKLEQWLGGDNGERSVITLLGMGGLGKTVLAANVYKKEREKFHCH
AWVSISQTYSIEDVLRNIIKELFKDKAGVSSDTAAMDITCLQETLKRFLEKKKYLIILDDVWTPEAFYDFSRTLVCNVKG
SRLIITTRQRDVAALASQGHMLTLEALPEDEAWDLFCKKSFPREMNHECPEELKLLSKEIVSKCKGLPLAIVSVGSLLY
VREKTVEEWKRIHDQLSWEIINNSRFDHVRNVLHLSFIYLPTYLKSCFLYCSLFPEDYLFHRKKLVRLWLAEGFIVEK
GSSTLEEVAEGYLKELVNRNMLQLVRMNSFGRIKRFKMHDIIHELAVDLCQKDCSGVKYEENKCVGSLQKDGRRLV
VHNLKKDIQQSFCSIHGVRTLIALDKSMPSSILLPQLSEKSRYMTVLELSGLPIEKIPDSIGDLFNLRHLGLRNSKVKLLP
KSIEKLSNLLTLDLCITDIQELPGGIVKLKKLRHLFAEKNTLPPSDFGFCSGVRIPIGLGNLTNLQTLQALEAQDESIRQLG
ELRQLRSLRIWNVKGIYCGHLSESLAQMPFLTYLYVGASDEKNEVLQLNVVLPNLQKLRLTGRLPEGALLGLQAAMQ

KLYSLHLCWSQLREDPLPCLSRLANLIALSIGTGAYSGEEFAFLAGWFPKLKNLRLRSLPNLKRLEIKQGALVTLESFTL
GNLNSMTEVPPSLAVLAPLQYLAFNEITQEFLTLLRQCPGLVGRQWRHTLRD

>Bradi3g41960.1 chr03_pseudomolecule brac version0 43738935-43735318 Protein
MADLLLLPVVRTAAGKAADAVVRRMTGMWGIDDDRLKLERQLLAVQCKLADAEIKSETNQYIRRWMKDFRTVAYE
ANDVLDGFQYEALRREARIGESKTRKVLNQFTSRSPLLFRLTMSRDLNNVLEKINNLVEEMNKFGLVEHAEPPQLICR
QTHSGLDDSADIFGRDDDKGVVLKLLLGQHNQRKVQVLPIFGMGGLGKTTLAKMVYNNHRVQQHFQLTMWHCVSE
NFEAVAVVKSIIELATKGRCELPDTVELLRVRLQEVIGQKRYMLVLDDVWNEEVRKWEDELKPLLCSVGGPGSVILV
TCRSRQVASIMGTVGLHELPCLREDDSWELFSKKAFSRGVEEQAELVTIGKRIAKKCRGLPLALKIMGGLMSSKQQVQ
EWEAIAESNIGDNIGGKYEILPILKLSYRHLSAEMKQCFAFCAVFAKDYEMEKDILIQLWMANGFIQEEGTMDLAQKG
EYIFYDLVWRSFLQDVKVNLRRFIATSYESIGCKMHDLMHDLAKDVAHGCVTIEELIQQKASIQHVRHMWIDAQYEL
KPNSRVFKGMTSLHTLLAPSKSHKDLMEVKGMPLRALHCYSSSIIHSPVRHAKHLRYLDLSWSDIFTLPDSISVLYNLQ
TLRLDGCSKLQHLPEGISTMRKLIHLYLFGCDSLERMPPNISLLNNLHTLTTFVVDTEAGYGIEELKDLCQLGNRLELY
NLRKIRSGQNAKKASLHQKHNLSELLLCWGRRKSYEPGEEFCNEEVLVSLTPHSKLKVLEVYGYGGLEISHLMGDPQ
MFRCLRKFYISNCPRCKTLPIVWISMSLEYLSVANMGNLTTLWKSIKAEAEGYSTLLQFFPKLKEIVLDELPILERWAEN
CAGEPNSLVMFPLLEKLTIIKCPKLASVPGSPVLKDLFIKECCSLPISSLAHLRTLIYLAYDGTGPVSTSMSLGSWPSLVNL
EVTSLATMMMVPLEDRQNQSQIPLEALRSLTLNGPNCFAKTPVLSKLHHVLWECFAFVEELKIFGCGELVRWPVEEL
QSLAHLRYLAISLCDNLKGKGSSSEETLPLPQLERLHIEGCISLLEIPKLLPSLEQLAISSCMNLEALPSNLGDLAKLRELS
LHSCEGLKVLPDGMDGLTSLEKLAIGYCPRIEKLPEGLLQQLPALKCLCILGCPNLGQRCREGGEYSHLVSSIPDKVIRL
EEYRVTSTQKEPNTKKFLRRLLPSCGADYNN

>Bradi5g17527.1 chr05_pseudomolecule brac version0 20780714-20777937 Protein
MAEMIAISLSAKVAAALSRKAAIDLSSLVAIRSGIAAAARDLELLRAFLRFADSRRVTDALASAWVDQVRDVGFELED
VADEYVFLSGSGFIRACANIGAWFALARRLRKARERLRDLSGAKERYGIRPAQASASSSAPDGGTVPAIGRKLAEAAH
FVEDEEIVGFVAHRRSLMEWLTEDTHSRRTLVSVCGMGGVGKTTLVTNVYNEIAASRHFDCAAWVAVSKKFTPEDL
LRKIAKELHRGVSAGMPWDINEMDYLSLVEALRGHLARKRYLLLLDDVWDAHAWYEIRSAFVDDGTGSRIIITTRSQ
DVASLAASNRIIMLEPLPEKEAWSLFCNTTFREDANRECPYHLQNWAFKILDRCCGLPLAIVSVGNLLALKQKTEFAW
KNVHDSLEWNESSDRGIEQVSSILNLSIDDLPYHLKRCFLHCSIYPEDFSIKRKILTRLWIAEGYIEEKGQRTMEEIADD
YLSQLVHRSLLRVTLKNEFGRAKRCCIHDLIRELIVQRSTKEGFFVFSGCTATMVSNKKIRHLILDRCRSDHLPASKMT
LLRTFTAFMADVDVALLSGFRLLTVLNLWFVPIAELPTSVTNLRNLRYLGIRSTFIEELPQDLGQLHNLQTLDTKWSMV
QRLPPSIRNLKSLRHLIVFRRRSADFRYAGPGTAIEFPDGLQYLTCLQTLKHIEADEKMVKSLGSLKHMKSLELCGVHE
SNLVHLPSSISTMSGLLSLGIVSRDANVTLDLEPFYPPPLKLQKLSLTGMLARGKLPSWFGNLDNLMQLRLCSSALKGDS
IELLSLLPRLLHLNLNNAYNDKSLTFAEGCFPVLKKLSLHGLPNLSHIEFQKGSLVHLNVLILGCCAELTEIPQGMENLI
QLDNLELFEMPSEIVQKMQDGEVLGENHEDARRTTTVKNTRWHNGQLLEKTIYTNLFDVQK

>Bradi4g09247.1 chr04_pseudomolecule brac version0 8556410-8559742 Protein
MAEAVILLAVKKIGIALGNEALSQASSLFKKFITQLTELQGSMGRISRELRLIHGFLCRMDVRNRNNESYEIWVQQLRM
LVHGIEDIVDEYLYLVGHKHDTGWGTYLKKGFRRPSALLSLNSIASLVKEAEMNLVHLFQAKDRWVSLVGGENSSDS
SYVVERSQHLASISRSLGEEDLVGVDTNREKLEHWLSGDDSERSMIVLLGMGGLGKTALAANVYKKEREKFECHAW
VSISQTYSIKNVLKCLITEFYKEKKDTPGNMDGMDIKGLQDELKTFLEDRKYLIVLDDVWAPEAVNDLFGALVQNQKG
SRVIVTTRIEGVAHLAFEDRRVTLEALSEEESWELFCKMVFSTDTNHKCPTEVEASACKIVGKCKGIPLAIVTVGRLLY
VRDKTKEEFNRICDQLDWELVNNPSMEHVRNILYLSFIYLPTYLKSCFLYCSLFPEDYLFQRKKLVRLWVAEGFIEER
GESTLEEVAEGYLAELVRRNMLQLVERNSFGRMKKFRMHDLLRELAVDLCHRHCFGVAYAEDKPGGSHPEDGRRL

VVHKLNKDFHRSCSSIHCLRSIIILDNTMPSFTLLPLLSEKCRYMSVLELSGLPIEKIPDAIGDLFNLRYLGLRDSKVKLL
PKSVEKLSNLLTLDLYSSDIQEFPGGIVKLKKLRHLFVAKVNDPQWRKIRSFSGVRISNGLGNLTSLQTLHALEVDDES
VRQLGELGQLRSLGLCNVKEVYCGRLCESLMQMQFLHRLDVNASDEDEVLQFNILPPNLQTLCLTGRLAEGLLGESP
DLFQAVAEQNLYLLHLYWSQLREDPLPSLSRLSNLTELYFCRAYNGEQLAFLTGWFPKLKTLRLIDLPNLQRLEMQQ
GAMVTLEELILTNLSSMTEVPAGIEFLMPLKYLVFHEITRDFLTSLRQCSRLPAMQWWYTLRD

>Bradi1g29427.2 chr01_pseudomolecule brac version0 25004334-25007623 Protein
MAESAVSTVLGGMGNLAVEETRFLCGVTLQVSFLKDELMRLQAYLKDADTKWRSGNARVAVLVSQIRDAAYEAQN
VIETADYIEKRNRLKKGFMGAISRYACLPSDLVTLHKVGAEIQRVKEKLDRIFASAENLKIDLDNTGVVEDAFPQDFG
VTYQYSQDDVVMVGFEDEHKELVDKLIDNDESMLSAVSIVAMGGAGKTTLARKIYTSSRVKEHFDTIAWVTVSQTFK
GIELLKDIMKQITGKKNESVNHTLEHEVGKEIHDFLLENKYLVVLDDVWETDTWEQLNRKVKAFPDAANGSRVLLTT
RKEDVANHVQMPTHVHPLKKLDEEKSWKLFSSKALPPYRRSGIRDVDEFEKLGRKLAKKCDGLPLALAVLGGYLSK
NLNRQAWSSILLDWPSTKNGQMMRNILARSYKDLPNHYLRSCFLYLAAFPEDYEIDVADLINLWIAESFIPDTPNHKLE
ETALKYVTELVQRSLVQIVDETRELGRIERIRIHDILRDWCIEEARKDGFLDVIDKTTGQAGASSLDKLVSYRSCFQNLS
DDISPGTPNVRTLVCFKLSSVSLPKLRFLRVLCIKDSRLEGFSRVIVGCIHLRYLGLLNCEGVMLPSSIGQLLYLQTIDLTL
TRLNSVVPNSLWDIPSLRHAFLGGNLFSPPPPARSLRRQQQNKLQTFHLYRTPVGTNWYHDMVIFVGQMKQLTGLCIY
LGPMPAGMFDVLDKLPDNFPQSLQRLSLYANIIEQDPMPILEKLPCLVLLVLEGYQGQTMTCSAKGFPRLQRLQLGKFS
TEEWRIEEGALPKLSHLQLLMLSKMVKLPEGLLDLPSLSKLELEYMAQISEDDSTIKELQRKGCEVAFWF

>Bradi1g29427.1 chr01_pseudomolecule brac version0 25004334-25007956 Protein
MAESAVSTVLGGMGNLAVEETRFLCGVTLQVSFLKDELMRLQAYLKDADTKWRSGNARVAVLVSQIRDAAYEAQNV
IETADYIEKRNRLKKGFMGAISRYACLPSDLVTLHKVGAEIQRVKEKLDRIFASAENLKIDLDNTGVVEDAFPQDFGVT
YQYSQDDVVMVGFEDEHKELVDKLIDNDESMLSAVSIVAMGGAGKTTLARKIYTSSRVKEHFDTIAWVTVSQTFKGIE
LLKDIMKQITGKKNESVNHTLEHEVGKEIHDFLLENKYLVVLDDVWETDTWEQLNRKVKAFPDAANGSRVLLTTRKE
DVANHVQMPTHVHPLKKLDEEKSWKLFSSKALPPYRRSGIRDVDEFEKLGRKLAKKCDGLPLALAVLGGYLSKNLNR
QAWSSILLDWPSTKNGQMMRNILARSYKDLPNHYLRSCFLYLAAFPEDYEIDVADLINLWIAESFIPDTPNHKLEETAL
KYVTELVQRSLVQIVDETRELGRIERIRIHDILRDWCIEEARKDGFLDVIDKTTGQAGASSLDKLVSYRSCFQNLSDDIS
PGTPNVRTLVCFKLSSVSLPKLRFLRVLCIKDSRLEGFSRVIVGCIHLRYLGLLNCEGVMLPSSIGQLLYLQTIDLTLTRL
NSVVPNSLWDIPSLRHAFLGGNLFSPPPPARSLRRQQQNKLQTFHLYRTPVGTNWYHDMVIFVGQMKQLTGLCIYLGP
MPAGMVNIFANMPHLVYIFLGQFDVLDKLPDNFPQSLQRLSLYANIIEQDPMPILEKLPCLVLLVLEGYQGQTMTCSAK
GFPRLQRLQLGKFSTEEWRIEEGALPKLSHLQLLMLSKMVKLPEGLLDLPSLSKLELEYMAQISEDDSTIKELQRKGCE
VAFWF

>Bradi4g06970.1 chr04_pseudomolecule brac version0 5817772-5821317 Protein
MAETAILLAIKKISIAVAGEVVNLAKPIFAKKSGLVAALPTNMELVKEELEIIHAFLKKNSTRECSDTVLETWVRQVRR
LAYDIEDVVDQFIFIVGEQHGKSFFSNLKKVVRKPQSLFSLDRMATEVQKLKQRLTELSSRRDRWIQSKVSGLDVEIPN
YGSKEEAYQFRHSQSDNEDDFVGVDKYKEILDKLLNSEDYSLRIIAVCGMGGLGKSSLVHNVYKRERSHFDCRAWISV
SQSCKIDDILRNMLKQMYGSDNKIQFEVAKMNIEELREDLKKVLEQKRFLVVLDDVWRGAVALEIRDLLLNSGKRSR
VIITTRIDEVASIAEDACKIKLEPLNNHDAWILFCRKVFWKIQNHVCPPDLQKWGEKIVKKCAGLPLALVALGGLLSLR
DQSEAEWKSFHSKLTWELHNNPDINHVEWILNLSYRHLPSYLQNCFLYCAMFPEGRLLKRKKLIRLWIAEGFVEQRG
TSSLEEVAESYLIELVHRNMIQVIARNSFGRIRRFRMHDLIRELAIKLSEKECFSSTYDDTSGVIQIVSDSRRMSVFRCKT
DIRLTLDSPKLRTFLAFDRTMLHCSSSHYIPAKSKYLAVLDLSGLPIETICHSIGELFNLKYLCLNDTNVKSLPKTVSGLQ
NLETLSLERTQLTSLPSGFAVLKKLRHLLLWKLQDTAQSSFTHSLGVRTTEGLWNLNELQTLDEIRANEQFISKMGNLS

QLRSLYISDIKSKYCSQLCLSLSKMQHLVRLHVKAINQEEVLRLESLALPPQLQTLELTGQLAGGILQSPFFSGHANTLV
RLSLCWCHLAEDPLPYLTKFSNLTSLRMRRVYTGKKLGFSAGWFPKLKGMALVDMSHVCQIYIEEGALINLEYLNLD
GLNELVDVPDGIEFLPSIKEVHLSRLHPDFMGNLQESARMGRLQHIPVMYRR

>Bradi2g21360.1 chr02_pseudomolecule brac version0 18729077-18725685 Protein
MPIGEALLSAFMQALLEKVIGAAFGELKLPQDVAEELEKLSSSLSIIQAHVEDAEERQLKDKAARSWLAKLKDVAYEM
DDLLDDYAAEALRSRLEGPSNYNHLKKVRSCACCFWFNSCLLNHKILQDIRKVEEKLDRLVKERQIIGPNMTSGMDR
KGIKERPGTSSIIDDSSVFGREEDKEIIVKMLLDQENSNHAKLSILPIVGMGGLGKTTLTQLVYNDARIKEHFQLRVWLC
VSENFDEMKLTKETIESVASGFESVTSGFSSVTTNMNLLQEDLSNKLKGKRFLLVLDDVWNEDPEKWDTYRRALLTG
AKGSRIIVTTRNKNVGKLMGGMTPYYLNQLSDSDCWYLFRSYAFIDGNSSAHPNLEIIGMEIVKKLKGLPLAAKAIGSL
LCSQDTEEDWRNVSRSEIWELPTDKNNILPALRLSYNHLPAILKRCFAFCSVFHKDYVFEKGMLVQIWMALGFIQPQR
KKRMEDIGSSYFDELLSRSFFQHHKGGYVMHDAMHDLAQSVSINECLRLDDPPNTSSPAGGARHLSFSCDNRSQTSLE
PFLGFKRARTLLLLRGYKSITGSIPSDLFLQLRYLHVLDLNRRDITELPDSIGSLKMLRYLNLSGTGIARLPSSIGRLFSLQ
ILKLQNCHELDYLPASITNLINLRCLEARTELITGIARIGKLICLQQLEEFVVRTDKGYKISELKAMKGIRGHICIRNIESV
ASADEASEALLSDKAFINTLDLVWSSSRNLTSEEANQDKEILEVLQPHHELNELTIKAFAGSSLLNWLNSLPHLHTIHLS
DCIKCSILPALGELPQLKYLDIGGFPSIIEISEEFSGTSKVKGFPSLKELVFEDMSNLKRWTSIQGGKFLPSLAELAMIDCP
QVTELPPLPSTLVKLKISEAGFSILPEIHIPNSQFSSSLACLQIHQCPNLTSLQDGLLSQQLMSLEQLTITQCSDLIHLPVEG
FRSLTKLKSLHIYDCPRLAPSGQHSLLPSMLEDLRISSCSDLINSLLQELNDLSLLRNLATSDCASLHSFPVKLPATLQKL
EILHCSNLGYLPDGLEEIPRLTSMTILKCPLIPCLPARLPKSLKELYIKECPFLTESCQENSGKDWCKIAHVPIIEIDDDTT
LPNRSIRRRLS

>Bradi2g52840.1 chr02_pseudomolecule brac version0 52109941-52105609 Protein
MAAEAILGAFMQTLFQKLSEAVLDHFQSCRGIHGKLESLSHTLSQLQAFLDDAEAKQLADSSVRGWLANLKDAAYDV
DDLLDSYAAKVLYLKQKKMKLSTKASISSPSSFLHRNLYQYRIKHTISCILERLDKITKERNTLGLQILGESRCETSERPQ
SSSLVDSSAVFGRAGDREEIVRLMLSDNGHSSCNVCVIPVVGMGGLGKTTLMQMVYNDDRVKEHFELRIWVCVSESF
DGRKLTQETLEAASYDQSFPSTNMNMLQETLSGVLRGKRYLLVLDDVWNEEHDKWLSYKAALISGGLGSKIVVTSRN
ENVGRIMGGIEPYKLQQLSDDDSWSVFKSHAFRDGDCSTYPQLEVIGRKIVKKLKGLPLASKALGSLLFCKADEAEWN
DILRNDIWELPAETNSILPALRLSYNRLPPHLKQCFAFCSVYPKDYIYRREKLVQIWLALGFIRQSRKKILEDTGNAYFN
ELVSRSFFQPYKENYVMHHAMHDLAISISMEYCEQFEDERRRDKAIKIRHLSFPSTDAKCMHFDQLYDFGKLRTLILM
QGYNSKMSLFPDGVFMKLQFLRVLDMHGRCLKELPESIGTLKQLRFLDLSSTEIRTLPASIARLYNLQILKLNNCSSLRE
VPQGITKLTSMRHLEGSTRLLSRIPGIGSFICLQELEEFVVGKQLGHNISELRNMDQLQGKLSIRGLNNVADEQDAICAK
LEAKEHLRALHLIWDEDCKLNPSDQQEKVLEGLQPYLDLKELTVKGFQGKRFPSWLCSSFLPNLHTVHICNCRSAVLP
PLGQLPFLKYLNIAGATEVTQIGREFTGPGQIKCFTALEELLLEDMPNLREWIFDVADQLFPQLTELGLVNCPKLKKLP
SVPSTLTTLRIDECGLESLPDLQNGACPSSLTSLYINDCPNLSSLREGLLAHNPRALKSLTVAHCEWLVSLPEECFRPLKS
LQILHIYECPNLVPWTALEGGLLPTSVEEIRLISCSPLARVLLNGLRYLPRLRHFQIADYPDIDNFPPEGLPQTLQFLDIS
CCDDLQCLPPSLYEVSSLETLHIWNCPGIESLPEEGLPRWVKELYIKQCPLIKQRCQEGGQDRAKIAHIRDIEIDGEVIV
LEQI

>Bradi1g29441.1 chr01_pseudomolecule brac version0 25020793-25024286 Protein
MAESAVSTVLGSVGTLEVSFLKDELMRLQAYLKDADTKWRSRNARVAVLVSQIRDAAYEAQNVIEAADYMKKRNRL
KKGFMGAISRYAPLPSDLVALRKVGVEIQRIKRKLDEIFVGAEKMKIDLDNTGLVEHEFPQDFGVMQQHSQDDVVMV
GFEDEHKELVDKLVDTNKSMLSAVSIVAMGGAGKTTLARKIYTSSRVKEHFDTIAWVTVSQTFKGIELLKDIMKQITG
KKYESLNQMLEHEVGKEIHDFLLENKYLVVLDDVWETDTWEQLNRKGKAFPDAANGSRVLLTTRKEDVANHVQMP

THVHPLKKLDEEKSWKLFSSKALPSYKRSVILDVDEFEKLGRNLAKKCDGLPLALAVLGGYLSKTLNRQAWSSILFDW
PSTKDGHMMRNILARSYKDLPNHYLRSCFLYLAAFPEDYEIDVADLINLWIAESFIPYTPNYKLEETACKYLTELVQRS
LVQIASETRELGQVSIWIHDILRDWCIEQAREDGFLDVIDKTTGQFGASSSDKLISYRSCFQNLSDEISPGAPNVRTLLCF
KLSSVSLPKLRFLRVLRIEDSRLEGFSRVIGRCIHLRYLGLLNGEGVTLPSSIGQLLYLQTIDLSGTELDSVVPNSLWDIPS
LRHAFLGRNLFSPPPPAWSLRRQQQNKLQTFHLYRTLVGTNWYHDMVIFVGQMKQLTGLCIYLGPMPAGMVNIFAN
MPHLVYIFLGQFDVLDKLPDKFPQSLQSVRLDANVIEQDPMPILEKLPCLVLLVLEGYQGQTMTCSAKGFPRLQRLQL
GKFSTEEWTMEVGTMPKLSRLQLLWFSKMIKLPQGLMHLLSLYNLELHGMPQISEDDSTLKKLQRKGCEVKLIS

>Bradi5g03110.1 chr05_pseudomolecule brac version0 3426116-3429062 Protein
MAEAILLAVSKIGTLLLNEAIIAVVEKLSRKAHNLKELPAKVRRIEKELSMMNHVIKDLDTAHVSSNVIKNWIACVRKL
AHNVEDVIDKYSYEALKLKEEGFLSKYIGRGGHINTFNKIADEVVQIEEEIKQVKDLQNYWSNTSQPIKREHADIGRQ
RSGGCFPELVKDDDLVGIEENRSKLTEWLGTDEGESTVITVSGMGGLGKTTLVKNVYDREKANFPDAHAWIVVSQTY
GVGDLLETLLRKIDHTKQPVNTGAKDDDYELTEAIKKILQGRKCLIVLDDVWDRKAYTQICSAFHGVQGSRVIITTRK
EDVATLALPTRRLLVQPLGSTESFNLFCKKAFHNYPDRKCPPELQNVATAVVRRCHGLPLAIVSAGSLLSTKQPTDHA
WCLTYNHLQSELRENNDVQAILNLSYHDLPGDLRNCFLYCSMFPEDYAISRESLVRLWVAEGFALKRDNSTPEEVAE
RNLIELIGRNMLEVVDRDELNRVSTCRMHDIVRDLALAIAKEERFGTANDQGKMIRMDKEVRRFSTCGWKDSRREA
VGVEFPRLRTILSLGAASSSTNMVSSILSGSSYLTVLELQDSAISTLPASIGNLFNLRYIGLRRTHVKSLPDSIEKLSNLQTL
DIKQTKIEKLPPGIVKVDKLRHLLADRYTDEKQTEFRYFVGVEAPKGISNLGELQTLETVQASKDLSVHLKKMNKLQN
VWIDNISAADCEDLFSALSDMPLLSSLLLNACDEKETLSFEALKPISMKLHRLIVRGGWTDGTLKCPIFQGHGKYLKYL
ALSWCDLGREDPLQLLASHVPDLTYLSLNRVSSAVALVLYAGCFPQLKTLVLKRMPDVKQLVIEKDAIPCIDGIYIMSL
VGLHMVPQGIVSLKSLKKLWLLDLHKDFKTEWTLCQMRNKMKHVPELRD

>Bradi4g21890.1 chr04_pseudomolecule brac version0 25757747-25765501 Protein
MAEAILMAVTKIGSVLTEEATKAVIAKLSEKVTNLKELPVKIEQIRKQLTMMGNVISKIGTVYLTDEVVKSWIGEVRNV
AYHVEDVMDKYSYHVLQIKEEGFLKKYFIKGTHYAKVFSEIADEVVEVEKEIQEVVRMKDQWLQPCQLVANPLTEM
ERQRSQDSFPEFVKDEDLVGIKDNRILLTGWLYSEEPEGTVITVSGMGGLGKSTLVTNVYEREKINFPAHAWIVVSQIY
TVEDLLRKLLWKIGYTEQPLSAGIDKMDVHDLKKEIQPRLQNKKYLIVLDDVWEPEVYFQIHDVFHNLQGSRIIITTRK
DHVAGISSSTRHLELQPLSNRDAFDLFCRRAFYNKKGHMCPKELDAIATSIVDRCHGLPLAIVTIGSMLSSRQQLDFWK
QTYNQLQSELSNNIHVRAILNLSYHDLSADLRNCFLYCCLFPEDYFMSRDILVRLWVAEGFVLSKDKNTPEMVAEGNL
MELIHRNMLEVVDYDELGRVNSCKMHDIVRELAISVAKEERFAAATDYGTMIQMDRNVRRLSSYGWKDDTALKIKL
PRLRTALALGVISSSPETLSSILSGSSYLTVLELQDSAVTEVPALIGSLFNLRYIGLRRTNVKSLPDSIENLSNLQTLDIKQT
KIEKLPRGLGKITKLRHLLADNYTDEKRTEFRYFVGVQAPKELSNMEELQTLETVESSNDLAEQLKRLMQLRSLWIDN
ISAADCANLFATLSNMPLLSSLLLAAKDENEALCFKDLKPRSADLHKLVIRGQWAKGTLNCPIFLGHGTHLKYLALSW
CNLGEDPLEMLAPHLPNLTYLKLNNMHSARTLVLSAGSFPNLKTLYLRHMHDVSQLHFIDGALPCIEAMYIVSLPKLD
KVPQGIESLQSLKKLWLLGLPKGFKTQWVSSGMHQKILHVPEIRV

>Bradi1g01377.1 chr01_pseudomolecule brac version0 920907-926091 Protein
MEAVVSAGHGVLGPLLGKLADLLAGKYGRIRGVRGEIQALQSELTSMHAALKSYTMLEDPDVQVKAWISLLRELAYD
IEDCIDKFIRCLGRKGRRNGGFKEVLRNAARSLKSLGSRSGIADQIDELKTRIKHVKELKDSYKLSDTACSTTDHTKVD
PRLCALFAEEAHLVGIEGPRDDLAKWMLEEGKMHRRVLSIVGFGGLGKTTLAKAVYRKIQGKFDCQAIVSISQKPAIM
KIIKDVIDQCQGGSKEDTYDWDERKSIEKLKELLQHKRYLVIIDDIWSASAWDAIKSAFPENNCSSRIIVTTRDVDVAKS
CCSGRDNCLYRMEALSDHHSRRLFFNRIFGSGNCCSDMLEEVSNEILKKCGGLPLAIINISSLLANRRAVKEEWQKVKR
SIGSALENNRSLEGMRSILSLSYNNLPLNLKTCLLYLSAFPEDYVIDRERLVRRWIAEGFISEERGQSQYEVAESYFYELI

NKSMVQPVDFEYDGKVRGCRVHDMMLEIIISKSAEDNFMTVLGSGQTSFANRHRFIRRLSIQHIDQELASALANEDLS
HVRSVTVTSSGCMKHLPSLAEFEALRVLDFEGCEDLEYDMNGMDKLFQLKYLSLGRTHKSKLPQGIVMLGDLETLDL
RGTGVQDLPSGIVRLIKLQHLLVQSGTKIPNGIGDMRNLRVLSGFTITQSRVDAVEDLGSLTSLHELNVNLDGGKHDEY
KRHEEMLLSSSCKFGRCKLLTLRIYSHGSLEFLGSWSPPPSSLQLFHSFYYFPYVPRWITPALCSLSHINIFLLELTDEGL
HTLGELPSLLYLEVWLKTGQKDRITVHGFPTLKVFNIFLNVALQVTFVKGAMPKLEDLTVPFHVSVAKSYGFYLGIEH
LTCLKQARVWLYNNGATPSESKAAATAIRNEAGVHPNHPTVYIDGVTR

> Bradi4g33467. 1 chr04_pseudomolecule brac version0 39145280-39141788 Protein
MAEHVVAAVLQRAGAAVIQEAASLRQVPAKVETLKSELRRMQCFLRDTDARMERGEMANHLVSEVRDVAYSIEIIID
MANILARENNIKRSFMGAMSKGAHYPFHCMHLYNIVKRIDRVTARVHAIFQEFTKYSIAGISLNEMRYSMEENASLRA
KRLILPDFEDELDVIGFHTEINQIKDDLLDSENKDLTVISLVGPGGAGKSTVARKVYNLVAKKHFHSCVWICISQQFTV
YGALKDIVKGTMGTQNSEELGKMSEAEIIKKIHNFLKDKTYLVVLDDVWRMEDWDMIQAAFPDVKNGSRMVVTTRN
SAVSNHPNTRKIIQDLKLLNDEESIELFNRKAFPPYVVHDRNDMDSFREIGKALALKCNGLPLAIVVLGGFLSKNLRITE
WRRMVASINWDAMKNEGDIKAILDLSYYDLSSNMKACFLYITSFPEDYAVPVGLLTKLWIAEGFIPNVRECSLAETAL
RYVEELAQRCMVLTEKRSSRCIKTVKVHDVLRDWGIGRARREGFFKDCSSSNDVETSYSNEMRAYRVVLYDSVCVK
VGIAIPNLHSLLILNAARLEWNAAFFFHGLYYLRVLYVDGMRGKWQLPTDIGKMVHLRYLGLKGGTYVLPASISNLTN
LHTFDARDATVEALPIALLSIWTLKHVHIYKVESWSMLKTTIQSNLKSLFILLASNMPKQWEAAIERMESNPSWCFGRH
YQSVKQLEIVGSFEDKFGVPNDLHLPDLLLLPHNLRRLKFSCPNLLNDEDPMPTLGSWLPFLNVLEIGVRSYTGATITC
PSGGFPNLYNLVLHDLDVEQWVLEDGAMPKLRILTLCKCTKLKALPEGLQHLKELRKLKVIAMPKLCQVLCYLLHRA
GREVIIRSSEEDFQHVEIPKDDR

> Bradi4g14697. 1 chr04_pseudomolecule brac version0 15257958-15260585 Protein
MAEPVLASLIHGIGSLLSSRVTAHGRSLWAVGRDVGWLRDELHSMQLFLHEMEVCSTDGSSVATEAWIDQMRDIMLD
SEDAVDIFDAGQVRGVLDKLRSRHDVGARIRRIRAQLSDISRRRLEYAVERPRESTDKWIHGLLASSPLVHDRDIVGL
DRDLDVLLQHILDGGLELTVESLVGMGGVGKTTLAKRMYNNPDVKKHFNCCSWIYVSKTMELRGVLCEMVKGLTGI
PSAEASSLGERQLQELLLSGLDGKSFLLVFDDVWDRGLWDIIKLVLPRNCSGSRVLLTTRNAVVAGSVVGAKSNVHRL
QPLSFEDSWKLFCKKAFLQDGICPDGLKETAKDIVKKCVGLPLAIVAAGSMMSGKEQTDTEWKSVLASIQKDLSNGQM
GIQQTLLLSYRDLPDPLKPCFMLLSVIPYDSQISRKKLVRLWIAEGFVKEKYDETLEMTAEKYLMELINRSMIEVATASS
SGRVKACRVHDLLHDLAISMSENERYSIICTDKVPSVSARRISLQTSNVSFSNEHKKRLRSVFMFSNSAPTAIKGKVIAR
NFGLVRILDLEDGNVLKLPKEIGGLLHLRYLGLRGTKLKKLPKTLHKLYHLQTLDIRRTRIKKITFQIKYLENLRHLEM
KQNDQSIHVPIGLAQLDKLQMLTGLQASTAVVCEIASLTQLKKLSIKDLNSEDAKELCSSVNNMKELSYLSIFPSDGTRP
LDLAMLKPSSCLQKLHLAGSLQALPDWFPQLINLTKLRLSFSQLQDDPLSVLVRLPNLLFLQLNNAYKGKVMRCCCSG
FLKLRIFIITELEELEEWAVDEGAMPCVQEVWIMSCAKLTAIPVGFQSLATLQRLRLVGMPSSFLGRLGDRGDDFFRVK
HIPSIQIIQQFG

> Bradi4g04655. 1 chr04_pseudomolecule brac version0 3826824-3823596 Protein
MEAVACVSCGALGSLLRKLGALLSDEFKLLTTVKGGIMFLQAELESMHAFLKKMSEVEDPDEQSRCSLKELRELSYDI
EDVIDSFMLSLGGESSSNPRGFVRFVGSCMDLLANAMTHHRFAKKIKVLKRRAIEASSRRARYMVDDVVSRSSRPNID
TRLPALYTEMTRLVGIDGPRDKLIKLLTKRDGALAQQLKVVSIVGFGGLGKTTLANQVYQNLEGQFEYQVFVSVSQKP
DMKKIFRNILSQIFRQESVSNEAWDEQQLVKTIRQFLKDKRYLIVIDDIWRKSAWRVIKCAFPENSCSSGILITTRIIAVA
KYCSSQHHDHVYQIKPLSATHSKSLFFKRAFGSEDGCPLQLRDVSDGILKKCGGLPLAIITLASLLANKASTREEWLRIH
NSIGSTLEKDSDMEEMKNILFLSYNDLPYHLKTCLLYLSVFPEDYEIKRDQLVRRWIAEGFIIAEGGLDLEEAGECYFN
DLINRNMIQPVGIQYDGRADACRVHDMILDLIISKSLEDNFVTLFCDPNQKLLQHDKVRRLSLNYHAREHTVVSPNMI

VSHVRSLTIFGLAENMPPLSKFQSLRVLDLENREVLEHNYLKHISRLSQLRYLRLNVRKITSLPEQLGGLQHLQTLDLR
WTRVKELPASIVQLQKLACLLVNSAELPEGIQSMQALRELSEIEINQNTSLSSLQELGSLTKLRILELNLNWHISDTDCV
MNAYEYNLVMSLCKLGMLNLRSIHIQSYHSCSLDFLLDSWVPPRLLQRFEMSIHYYFPIIPKWLGSLDYLSYLDINVNP
VDVEALKILGDMPSLSFLWISSRTARPKERLVISRNGFRCLREFYFTCWESGEGLMFEAGAVPELEKLRVPFNAHDVC
SLHGVLDFGIQNLYSLKHLHVEIVCYGAKIREVETLEDAVRNAAVSLSDELALEVSRWNEEEIMKDGEHKLTEEEVGS
NN

>Bradi4g04662.1 chr04_pseudomolecule brac version0 3842418-3845825 Protein
MVSVLAGVMTSVISKLTTLLGMEYMKLKGVHREVEFMKDELSSMNALLQRLAEVDRDLDVQTKEWRNQVREMSYD
IEDCIDDFMKSLSKTDAAEAAGLFQSVVQQLRTLRARHQITNQIQGLKARVEDASKRRMRYRLDERIFEPSVSRAIDYR
LPSLYAEPDGLVGINKPRDELIKCLIEGVGASAQQLKVISIVGPGGLGKTTLANEVYRKVEGQFQCRAFVSLSQQPDVK
KILRTMLCQLSNQEYANTDIWDEEKLINAIREFLKNKRYFVIIDDIWSAQAWKIIKCAFFLNNFGSKIMTTTRSTTIAKSC
CSPHHDNVYEITPLSADNSKSLFLKRIFGSEDICPPQLEETSSEILKKCGGSPLAIITIASLLTNKASTNEEWEKVYKSIGST
LQKDPSIEEMRGILSLSYDDLPHHLKTCLLYLSIFPEDYEIQRDQLIRRWIAEGFINADGGQNLEEIGDCYFNDLINRSMI
QPVKIQYDGRVHSCRVHDMILDLLTSKSIEENFATFFADQNQKLVLQHKIRRLSINCYSQEHIMVLSTAIISHCRSLSIFG
YAEQLPSLSRFKVLRVLDIENSEEMESSYIEHIRKLRQLKYLRLDVRSISAFPEQLGELQHLQTLDIRWTKIRKLPKSVA
QLQNLTCLRVNDLELPEGIGNLHALQELREIKVKWDSLASSLLELGSLTKLRILGLRWCIDNTHSNKETFVENLVLSLR
KLGRLNLRSLCIQSNYGYSIPLKEMYGYSIDFLLDSWSPSPHLLQEFRMGMYYYFPRVPVWIASLDNLTYLDININPVEE
EALQILGKLPALIFLWVSSESASPSDMFICLKEFHFTCWSNGEGIMFESGAMPRLEKLEVPLDAGRNLDFGIQHLSSLTH
VTVRIICTAATVWEVEALEEAIRDTADLLPNRPTVEVRMWGDENMKEDEEQAMAEEEIHTSV

>Bradi2g37172.1 chr02_pseudomolecule brac version0 37553410-37549366 Protein
MEVVSASEGSLGPFLGKLTTLLADECGRLKGVRCEIRSLRAELTGMHGALKKYSKLEDPDDQVKAWISLVRELAYDT
EDCFDKFIHHLGNGSKGSGFNSSGQTSVDPRLSALFAEEAHLVGVDGPRDDLAKWILEEENKHHRRVLSIVGFGGLG
KTTLANEIYRKIQGHFHCHAFVSVSQKPDTTKIIKDVISQLSSKDEFTKDLEIWDEKKSIAKLRELLQEKRYLVIIDDIWS
TLAWNAIKCAFPENHLSSRIIATTRIFEVASSCCPCPDDQIYEMKPLSNSHSEKLFFKRIFGSEDCCPDMLKEVSNDILKK
CGGLPLAIISISGLLANKTRVKEDWEKVKRSIGYDLNKSQSLEGMKSILSLSYNDLPPNLKTCLLYLSNFPEDYVVERER
LVWRWIAEGFISEERGQCCQDVAENYFYELINKSMVQPVDIGYDGKARSCRVHDMMLELIISKSIEENFITVVSGNQTV
WEQSQCFIRRLSIQHINQQLASELAKKDLSHVRSLTVTSSSCIKYLPSLVDFEALCVLDFEGCDGLEEYDMNSMDKLFQ
LRYLSFRDTDISKVPSRIVMLRCLETLDLRDTFINELPAGIVELIKLQRLLIENFDGPEKTELPIGIGNMTNVREFSGFNIT
MSSVCALEELGSLINLNVLHVRYTCNSEESHKYKRHAEMLLSSLCKLGSYKLQSLCINGGNLTLFELLNSWSPLPSCLQ
RFEMIADYSLSKLPKWISPALTSLAYLDINLTEVTKRDLHILGKLPALLSLTLSTDKVQEDRILVQGRGFQCLKEFSYRT
FGGGAGTFLFEEAVLPKLERLELWFCVSRAKVYQFYLGIEHLRCLKDAIVVLDKGATSSECKAAALAIRNEASRHPNH
LRVTLYVETLEGGLKVEHWDEES

>Bradi4g10060.1 chr04_pseudomolecule brac version0 9649391-9645777 Protein
MAAVLDPLVGLCITKLQEIIADKAVLILGVKDELRKLQGTMKQIRCFLDDAEQRRIKESAVNNWLSDLRDAMYDADDI
VDSARFEGSKLLKDHPSSPARNSTACCGISFLSCFPVIQKRHEIAVKIRDLNDRVEKLSKHGNSFLHLGAGPTGQGSTSK
VRETSKLVQPNLVGKEIMHSSKKLVDLILAGKERKDYKLAIVGTGGVGKTTLAQKIYNDKKIKPNFQKKAWVCVSQEC
NEVNLLKEILRNIGVYQDQGETIPELQNRIAETIEGKSFFLVLDDVWESSVIDLLEATIDFAASSIILVTTRDDRIAMDIHA
AHTHRVNLMSEEVGWELFWKSMSINEEKEVQHLRNTGIEIIKKCGYLPLAIKVIARVLTSKDQTENEWKKILSKISAWS
ESKLHDDIGGALYLSYNELPHHLKQCFLYCALYPEDSTIERDDLVRLWVAEGFIVEQQGQLLEETGEEYYYELIHRNL
LQPDGSTFDHTSCKMHDLLRQLACYLSRDECFIGDPESLEGQSMTKLRRISAVTKKDMLVFPTMEKEHLKVRTLLRKF

YGVSQGVDHSLFKKLLRLRVLDLTGSSIQTIPVCIANLIHLRLLDLDGTEISCLPEVIGSLINLQILNLQRCDALHSLPSTV
TQLCNLRRLGLGDTPINQVPEGIGRLKFLNDLEGFPIGGGTDCGKAQDGWKLEELGHLLQLRRLDMIKLERATTCRTE
PLLTDKKYLKLLRLYCTKHRVESYSEDDVGNIEKIFEQLIPPHSLEELVIANFFGRRFPTWFGTTHLVSIKYMILADCNS
CVHLPPLWQLTNLKYLKIHGAGAVTKIGPEFVGCREGNPRSTVAVAFPKLEMLVIWDMPNWEEWSFVEEGDAAAAS
MEGEEDGCAEIRKGEAPSPRLQVLPRLKRLELAGCPKLRALPRQLGQEATCLEGLILRGASSLKVVEDLPFLSESLTIC
GCDGLERVSNLPVLRELYAQDCPHLRCVEGLGSLQQLWLDDGMQDISSKWVPGLQEQHLKLHGDDLDIYTWPRV

>Bradi4g10171. 1 chr04_pseudomolecule brac version0 9771971-9776753 Protein
MHSSKKLVDLVLAGKEQKDYRLAIVGTGGVGKTTLAQKIYNDQKIKPVFEKQAWVCVSQECNEVNLLKEILRNIGVY
QDQGETIAELQRKIAKTIEGKSFFLVLDDVWKSSVIDLIEAPIYVAASSVILVTTRDDRIAMDIHAAHTHRVNLMSEEVG
WELLWKSMSIIEEKEVQNLRNMGIEIIKKCGYLPLAIKVIARVLTSKDQTENEWKKILSKISAWSESKLHDDIGGALYLS
YNELPHHLKQCFLYCALYPEDSTIERDDLVRLWVAEGFIEEQEGQLLEETGEEYYYELIYRNLLQPDGSTFDHTSCKM
HDLLRQLACYLSRDECFSGDPESLEAQSMTKLRRISAVTKKDMLVFPTMDKENLKLRTLLGKFYGVSQGVDHSLFKKL
LLLRVLDLTGSSIQTIPDCIANLIHLRLLNLDGTEISCLPESIGSLINLQILNLQRCDALHSLPSTITRLCNLRRLGLEDTPIN
QVPEGIGRLTFLNDLEGFPIGAGSASGKTQDGWKLEELGHLLQLRRLDMIKLERATTCTDSLLIDKKYLTILNLCCTKH
PVESYSEDDVGNIEKIFEQLIPPHNLEDLSIADLFGRRFPTWLGTTHLVSVKYLKLIDWNSCVHLPPLWQLPNLKYLRID
GAAAVTKIGPEFVGCCREGNPRSTVAVAFPKLETLIIRDMPNWEEWSFVEEGDAAAASMEGEEDGSAEIRKGEAPSPR
LQVLPCLKTLELLDCPKLRALPRQLGQEATCLELLALRGASSLKVVEDLPFLSEALWIVDCKGLERVSNLNKLKELRLS
RCPELTCVEGLGSLQQLWLDDGMQDISSKWVPGLQEQHLKLHGDDLDIYTWPRG

>Bradi4g10207. 1 chr04_pseudomolecule brac version0 9832550-9835669 Protein
MHSSKKLVDMVLAGKERKDYKIAIVGTGGVGKTTLAQKIYNDQKVKAEFKKQAWVCVSQECNEVNLLKEILRNIGV
YQDQGETIAELQNKIAETIEGKSFFLVLDDVWKSSVIDLLEAPIDFAASSIILVTTRDDRIAMDIHAAHTHRVNLMSEEV
GWELLWKSMSIIEEKEVQNLRNTGIEIIKKCGYLPLAIKVIARVLTSKDQTENEWKKILSKISAWSESKLHDDIGGALYL
SYNELPHHLKQCFLYCALYPEDSTIKRDDLVRLWVAEGFIEEQEGQLLEETGEEYYYELIHRNLLQPDGSTFDHTSCK
MHDLLRQLACYLSRDECFSGDPESLEAQSMTKLRRISAVTKKDMLVFPTMDKEHLKVRTLLGMFYGVSQGVDHSLFK
KLLLLRVLDLTGSSIQTIPDCIANLIHLRLLDLNGTEISCLPEVMGSLINLQILNLQRCDALHNLPSSITQLCNLRRLGLED
TPINQVPEGIGRLTFLNDLEGFPIGGGSDIGKTQDGWKLEELGHLLQLRRLHMIKLERASPPTTDSLLVDKKYLKLLSLN
CTKHPVESYSEGDVGNIEKIFEQLIPPHNLEDLIIADFFGRRFPTWLGTTHLVSVKHLILIDCNSCVHLPPLWQLPNLKY
LRIDGAAAVTKIGPEFVGCRGDNPRSTVAAAFPKLETLVIEDMPNWEEWSFVEEGDAAAASMEGEEDGSAEIRKGEA
PSPRVQVLPRLKRLRLDGCPKLRALPRQLGQEATCLEELGLRGASSLKVVEDLPFLSEALICGCDGLERVSNLPVLREL
YAQDCPHLRCVDGLGNLQQLWLDDDMQEVSKLWVPGLQQIRGEDLDVYTW

>Bradi5g02367. 1 chr05_pseudomolecule brac version0 2491189-2497427 Protein
MENEVVPATSAGGREGDLQIWASGSGIGEEVGLLNSALRQMKSVLADVERKEIQNVQLVRSLKEAHHAASQAEDLRG
ELEYYRIQEKVEREEHDCMMPWRPKICLSCSTNVRVPSVPHCASNVLEYANLMSQRNSVILCFPGEEINLSNCVISQAE
EDTTESSTFCTEDSSPASPIVVPAGNISPGHLLAISSEINDHIESCHNMIKDLPEALEIEEWNDLIRIEMKKQSTGTDPRET
SSCPTEPKVYGRDQEQDLIINKLTSEKSAGENLSVLAIVGYGGVGKTTLANAVFNDSRVSKHFEERLWVYVSVYFDQA
KIMHKLLESLIGDKHEKLTSLKELQDNLKYALKSKRVLLVLDDMWEDTQEERWRDLLTPLLSNDVQGNRVLVTTRKP
SVAKFTRATDHINLDGLKPDDFWKLFKEWVFGNENFTGERILQEVGKKIVVQLKGNPLAAKSVGTVLRNKLDVDFW
TTVLTHNEWKHGEDDYDIMPALMISYKYLPDDLKPCFSYCAVFPKYHRYDKECLVNMWIALGLICSTDMHKRLEDIG
SEFFNDLVEWGFLQKEFEFGSLLIMHDLIHDLAQKVSSHENFTIVDNESGEAPQLIRHVSIVTEWQYMTQTDGSVGPNE
DFLQGFSSFFGELQQKKLSTVMLFGPHDLDFAHTFCQELTEVKSIRVLKLEMAVFDLDSLIGNISEFVNLRYLELGCIYK

GPRLELPEFICKLYHLQVLDIKKNWGSSTVIPRGMNKLVNLRHFIAIEELVAKVPGIGKMVSLQELKAFGVRRVGEFSI
SQLKRLNHLRGSISIYNLGHVGSQQEAIEASICDKVHLTTLQLSWYPVSGQRAGFSSELPILEDLRPHAGLVNLRIEACR
NSVPSWLSTNVHLTSLRSLHLNNCSRWRTIPKPHQLPLLRELHLINMVCLLKIEIGCLEILELRNLQRLTQCRFVDKEQL
AVNLRVLEVEYCDRLGEFPEELFISNDLQSECQFTRLRRLQAYKNEKSFDHTNICHLLLIDSLTDIHLSLHSNLGEFRLQ
QVGLPNRLCMKMNGSRDALRIEGRLFPFGKLRSLVELEISNYPLLTSLPWEGFQQLASLKKLKMIRCSKLFLGSVELSL
PPSVEELEFSFCNITGTQVSQFLVNLKSLKNLKLINCEEVTSLPVELFTDEQNQLAEGSWLIPPNCVTTLESLHISFGIEGP
TMHFSSKKGLGRFVSLKKVVIENCPILLSTMVSGGTSDIHRSSLIKLHVQGIKDSFLQLSEISSLVELLISNCPALTCVNLD
FCTSLQELQIVGCELLSSLEGLQLCKALSKLSIQGCTVLCSLNVSLNTLTELSIERNPNLEDLNLHSCTALQKLCIENCTKM
ASCEGLKSLVGLEDLKVVNSPGFTMSWLSAAAEGCSQHNYFPQTLQVLDTDDIGFLCMPICSQLSSLKTLIVHGNLESPL
GHLKVLTDDHEKALVRLNSLRHLEFDKFEHLKSLPAEFQSLTSLKRLTLDKCGRISSLPVGGLPASLKDMDVNHCSHQ
LNASCRKMRRFRKIHVRIDGTDVE

>Bradi4g10017.1 chr04_pseudomolecule brac version0 9591745-9588079 Protein
MGERFLKLQNMQPKAEVQVAKQSMQRSSLEEPNLVGKDTLEACRNMVDLVLAHKENKTYKLAIVGTGGVGKTTLAQ
KIYNDQKIQGNFNKQAWICVSKDYPEVAILKEVLRKIGVPYDQDENAGELSRKLQVAIDKKSFFLVLDDVWQAESWID
VPRTPLHAATTVVVLVTTRHDTVALAIGAEHMHRVDLMSIDVGWELLWKSMNINEVKGVQSLRHIGMEIVRKCGGLP
LAIKVIAPILATKEKTEKGWRTVINKSSWSMRKLPPDLSGALYLSYDELPRHLKQCLLYCSLYPEDSEMWRGDLTRLW
VAEGFIEEQDEQILEDTAEEYYYELLHRNLLQPAQQYFDHEVCKMHDLFRQLAQHISAEECFCGDPQSLEAKFFPKLR
RISIVTDKDSVHLPNVGKEQIRARTLNIHCAKPPRVESTIFKMLPCIRVLNLSGSSIEAIPACIGNLVHLRLLDLNGTDISSL
PESIGYLINLQILNLQMCKALHNLPLAITQLCNLRYLGLHGTPINQVPKGIGTLEFLNDLEGFSIGGETGSAKTQDGWKLE
ELRHLSWLRNLDLITLERAVPCSTNLLLQDKKYLKVLKLRCTEHSDIPYSEEDVGKIEKIFEQLIPSQNLEYIGIFGFFGQ
RYPTWLNSTHLSSVKLLKLIDCISCVHLPPLGQLPNLKYLRINGAAAITKIGPEFVGCRGANPRSPVAIAFPKLEWLLHR
LWRGEWGSVEIRKGKAPSPGMLLLPRLKKLELVDFPKLRALPRQFGNQATSLKELQIRGASCLKVMKDMPFLSALKIE
GCEVLERVSNLPLVRVMCAHGCPNLQNVEGLGSLQQLWLHKNMEDISKLWVPELQQQCQQIDGEDLDVFDWV

>Bradi4g10030.1 chr04_pseudomolecule brac version0 9600320-9595925 Protein
MASVLDPLVGSCITKLQDIIAEKAVLILDVKEELEKMQGTMRQIRCFLDDAEQRRIKESAVNNWLSELRDAMYDAVDI
VDSARFEGSKLLKDRKSSSSKNSTAGCGISLLSCFPVIQRRHEIAVKIRDLNDRVEQLSKHGNSFLHPGVGPTGQGSTSK
GRENSNLVQPKLVGKEIMHSSKKLVDLVLAGKEQKDYRLAIVGTGGVGKTTLAQKIYNEQKIKPVFEKQAWVCVSQE
CNEVNLLKEILRNIGVYQDQGETIAELQRKIAKTIEGKSFFLVLDDVWKSSVIDLIEAPIYAAASSVILVTTRDDRIAMDI
HAAHTHRVNLLSEEVGWELLWKSMNIDEEKEVQNLRNTGIQIIKKCGYLPLAIKVIARVLTSKDQTENEWKKILSKISA
WSELHDDIEGALYLSYNELPHHLKQCFLYCALYPEDSTIKRDDLVMLWVAEGFIEEQEGQLLEETGEEYYYELIHRNL
LQPDGSTFDHTNCKMHDLLRQLACYLSRDECFTGDPESLEGQSMTKLRRISAVTKKDMLVFPTMDKEHLKVRTLLRK
FYGVSQGVDHSLFKKLLLLRVLDLTGSSIQTIPDCIANLIHLRLLDLNGTEISCLPEVMGSLINLQILNLQRCDALHNLPSS
ITQLCNLRRLGLEDTPINQVPEGIGRLTFLNDLEGFPIGGGSDIGKTQDGWKLEELGHLLQLRRLHMIKLERASPPTTDS
LLVDKKYLKLLSLNCTKHPVESYSEGDVGNIEKIFEQLIPPHNLEDLIIADFFGRRFPTWLGTTHLVSVKHLILIDCNSCV
HLPPLWQLPNLKYLRIDGAAAVTKIGPEFVGCRGDNPRSTVAAAFPKLETLVIEDMPNWEEWSFVEEGDAAAASMEG
EEDGSAEIRKGEAPSPRVQVLPRLKWLRLDGCPKLRALPRQLGQEATCLEELGLRGASSLKVVEDLPFLSEALICGCD
GLERVSNLPVLRELYAQDCPHLRCVDGLGNLQQLWLDDDMQEVSKLWVPGLQQIRGEDLDVYTW

>Bradi4g12877.1 chr04_pseudomolecule brac version0 13041653-13045108 Protein
MDGSGIIASAATGAMGSLLAKLASLLESNYHQMQSGTRREVAFLRDELSSMNALLERLDNADSSGAPPLDPQTREWR
GQVREMSYDIEECVDDYTDHLRCRQRRDFPPGGSGGVLGFVLGYVQTVREMVSRRGIAEQIQELKARVVEAGHRRK

RYKIDDAAAGSSGSSGVVPVDRRLPALYADLGGLVGVNGPRDELVRLVDDGEERRMKVVSVVGAGGLGKTTVANQV
YRNVGDRFDCRCFVSLSQNPDIGMVFRTMLSQLKKDECEVSGSGDKEQLINELRDFLQDKRYIVVIDDIWTSQAWKIIK
CALPENICGSRIIVTTRIGTVAKSCSSPDYDLVYELKTLSHGDSKMLFFRRIFGSEDKCPHNLKEVSTEIVSKCGGLPLAII
TMASLLTTKSVGTEEWMKVRDSIGSGLEKNSDVEEMNMILSLSYNDLPSHLRTCLLYMSMFPEDHEINRNFLVRRWIA
EGFIKVSGCRNLEEEGECYFNELINRSLVQPVDFQYDGRVYACRVHDMILDLIISKAVEDNFVTVVSDRRHILCPQSKV
RRLSFDNPSVENLTAHSMSVAHVRSLNIFKYSEQMPPLSNFRALRVLDLDGNENLESCYLEDIGKLFQLRYLRIRASNI
TLPRQLGELQLLVILDLLNCSHISELPASIVELPHLKWLIVNRVTLPNGIGNMQALEFLSLTVVDYTTPVTVLKELGSLKK
LRTLGLDWRISSSHKDKIEYADNFVSSLGKLGSSNLQYLTLISPWSLDFLLESWSPPPHHLQELAIKGWSVSKIPVWMA
SLANLTYLDIEVQVRQETIHLLGAFPALQFLKLYSNAADPKERCLVVSKNGFRCLKKFNFVHWVNLLFLEGAVPVLET
LEFQIIVHEVQTASRFGPPDLGIRHLSALKNLVVNIYCECARVEGVEALEAAIQVAASMLPNNPTLTLRRFREPEMLTD
DAG

>Bradi1g01407. 1 chr01_pseudomolecule brac version0 936810-940782 Protein
MAPVVSAALGALGPLLTKLGGLLAGEYGRLKGVRREIRSLESELISMHAALKEYTELEDPGGQVKAWISLVRELAYDT
EDVFDKFIHQLHKGCVRRGGFKEFLGKIALPLKKLGAQRAIADHIDELKDRIKQVKELKDSYKLDNISCSASRHTAVDP
RLCALFAEEAHLVGIDGPRDDLAKWMVEEGKMHCRVLSIVGFGGLGKTTLANEVSRKIQGRFDCRAFVSVSQKPVIK
KIIKDVISKVPCPDGFTKDIDIWDEMTAITKLRELLQDKRYLVVIDDIWSASAWDAIKYAFPENNCSSRIIFTTRIVDVAK
SCCLGRDNRLYEMEALSDFHSRRLFFNRIFGSEDCCSNMLKKVSDEILKKCGGLPLAIISISSLLANIPVAKEEWEKVKR
SIGSALENSRSLEGMGSILSLSYNNLPAYLKTCLLYLSAFPEDYEIERERLVRRWIAEGFICEERGKSQYEVAESYFYEL
INKSMVQPVGFGYDGKVRACRVHDMMLEIIISKSAEDNFMTVLGGGQTSFANRHRFIRRLSIQHIDQELASALANEDLS
HVRSLTVTSSGCMKHLPSLAEFEALRVLDFEGCEDLEYDMNGMDKLFQLKYLSLGRTHKSKLPQGIVMLGDLETLDLR
GTGVQDLPSGIVRLIKLQHLLVQSGTKIPNGIGDMRNLRVLSGFTITQSRVDAVEDLGSLTSLHELDVYLDGGEPDEYKR
HEEMLLSSLFKLGRCKLLTLRINRYGGSLEFLGSWSPPPSSLQLFYMSSNYYFQYVPRWITPALSSLSYININLIELTDEGL
HPLGELPSLLRLELWFKARPKDRVTVHGFPCLKEFNISSNHASAYVTFVKGAMPKLEIFGLQFDVSVAKTYGFYVGIEY
LTCLKHVRVRLYNNGATPSESKAAAAAAIRNEGAAHPNHPTVTIYGEPVEKDNEETGGNDEDKRKEGN

>Bradi4g10180. 1 chr04_pseudomolecule brac version0 9781825-9787473 Protein
MATILFPFIGSCIKKIQELATDEAVLILGVKQELTELQRRMKQIQCFVSDAEQRSIQESAVSNWLGELRDAMYDADNIID
LARFKGSKLLVDNPSSSRKSTLCSGFSPLSCFHNIQIRHEIAVQIRSLNKRIEKISKDNIFLTLHNTAPNGEISVPNWRKRS
HLVEPNLVGKEIRYSSKKLVELVLAHNKNKDYKLAIVGTGGVGKTTLAQKIYNDQKIKGNFKKHAWICVSQNYNEAN
ILKEILRNFGVHEEQGETIPELQSKIAETIEGNSFFLVLDDMWQSNVWTNLLRTSLHKATAGVILATTRDDTFAMKIGA
QHTHRVDLMSIEVGWELLWKSMGIDQEEEVQNLRNTGIEIIHKCGYLPLAIKVLASVLASKDQTENEWKKILSKSFTLS
QSKLPDEIERSLYVSYNELPHHLKQCFLYCALFPEDATIVRDDIVRLWVAEGFVEEQQGQLSEETAEEYYYELIHRNLL
QPDGSTFDHTNCKMHDLLRQLACYLSREECFVGDTELIGGQSMSKLRRLSIVTNKDMLVLPIVDRGNHKMRTLRIPYA
VSQGVGNSNFKKLLHLRVLDLAGSSIQTIPDCIAKLNLLRLLDLNGTNISCLPESIGYLMNLQILNLQMCKGLHNLPLAIT
KLINLRRLGMDYTDINQVPKGIGKLVSLNDLEGFPIGGETVSRETQDGWNLEELRHLSNLRRLDLIKLERATTCSTDSLL
IDKKYLKVLNLQCTKHLIESYSEEDVGHIEKIFEQLIPPHNLEDLLIVDFFGRKFPTWLGSTHLVSVKYLKLIDCNSCVHL
PPLWQLPNLKYLRIEGAAAVTKIGPEFVGCRGDNPKSTVAVAFPRLESLVIRDMPNWEEWSFVEEGNAAAASMEGEE
DGSAEIRKGEAPSPRVQVLPRLKRLELGGCPKLRALPRQLGQEATCLELLGLRGASSLKVVEDLPFLSEVLLISRCDDLE
RVSNLPRVGRLRVEHCPKLRCVEGLGSLRQLWLDEDMQEMSELWVSGLQRQCQKLHDEDLDVYDRA

>Bradi4g05870. 1 chr04_pseudomolecule brac version0 4868541-4863523 Protein
MAEFVIGPLISLLKGKASSYLLNQYKVMKGMEEQRGKLERQLQAILGIIKDAEMGSSRQEVSVWLKALKKVSHEAIDV

FDEFKYEALRREAKKKGQYTTLGFDTVKLFPSHNPIVFRHRMGKKLQRIVRTVGELVAEMNAFGFKQLQQAPPSKLW
RITDSIMKDSEKDIVIRSRDDEKKKIVRILIDRASDEDLMVLPVVGMGGLGKTTFAQLIYDDPEIKKYFQFRRWCCVSD
DFDVARIASDLCQTKEENREKALQDLQKIVAGKRYLIVLDDVWDQDADKWEKLKTCLKQGGKGSVVLTTTRKPEVA
RVMAAGEAVHHLEKLEHKYIKEMIQSRAFSSKNPNTDELGDIVNMVVDRCHGYPLAAKAFGSMLSTKTSMQEWKDV
LTKSNICNEKTEILPILKLSYDDLPSHMKQCFAFCALFPKNHEIDVEDLIRLWMANDFISPQDEDRLEREYVEIFEELAW
RSFFQDVNQTSPIGTHGKREQLRHRTTCKIHDLMHDIALSVMGEECVTIVAGYDRKRLFSGSSRHIFAEYYKIGSDFDT
FLKKQSPTLQTLLYVDSNRPMPCLSKFSSLRALQPLILKELPFRPRHVQHLRYLNFSRNMEIEELPEEISILYNLQTLNLS
HCNDLRRLPKGMKYMASLRHLYTNGCQSLECMPPDLGQLASLQTMTYFVVGAKPGCSTVKELQNLNLHGELELCGL
QYVSEEDAEAATLGMKEKLTHLSLEWSGDHHEEPFPDCHKKVLDALKPHDGLLMLRIVSYKGTGLPRWATNLTVLK
NLVELHLVCCTMCEEFPLFCHLRALQVLHLRRLDKLQYLCKDTVSARFPELRELQLHDLERLERWVLAEGTEEEELT
FPLLRHLEIKNCPKLTTLPEAPKLQVLKVAEVKEHLSLLIVKSGYMFSLSELEMSVSDTKAVPASQDLQLCQDVEATLS
EMILSGCDFFFPSSPPQPPIGIWNCFGQLIILAIKSCDTLIYWPDQVFGSLVSLKQLRVASCSKLIGPTPLKQDPTQLRYQL
LPHLRNLSIFDCGRLRELFILPPSLTYIAILNCSNLEFILAKEDAELEHLDRFTPSEHCNDLVSTSMPKQFPLPRLECLAIC
SCHKMEALLYLPPSLEHLQIQSCHNLHTVSGQLDGLMGLYVANCNKLESLDSAGDSPLLEDLNVKHCKRLASLSIGLY
RYSQFRTFAIEYCPAMNMKPIYERQQQVGSLEHRWNMSRAHSSDPAEGPKWRDPKSWKYAIPGHRYQRY

>Bradi2g39847.1 chr02_pseudomolecule brac version0 39894441-39897720 Protein
MAEAAVGLLIVKLGAALAKEAVTFGASVLWKEASALKGLFSKIRESKAELESMQAYLQEAERFKDTDKTTGIFVKEIR
GFAFQIEDVVDEFTYKLAGDKHGGFAAKMKKRVKHIKTWRRLATKLQEIGHQLQDAKRRKKDYAIPKEMGRSASKS
TNQALHFTRDEDLVGIGENKERLLQWLKGGNDDLEQRRKVTTVWGMPGVGKTTLVSHVYNTVKLDFDAAAWVTVS
ESYRLEDLLKKIAAEFGIAVDGGNRDMRSLAETIHNYLQGKKYILVLDDVWTARAWSEIRNVFPANGVGRFVITSRNH
EVSLLATRDCAIHLEPLQAHHSWVLFCNGAFWNDDDKECPLELQTLASKFIRKCQGLPIAIACISRLLSCKLPTPAEWE
NVYRMLDSQLVKDVIPGVDMILKVSLEDLPYDLKNCFLQCALFPEDYIIKRRTIMRHWIAAGLIREKEENRTLEELAEG
YLTELVNRSLLQVVERNHAGRLKFCRMHDVIRLLALNKAKEECFGIVCNGSDGALSVEGTRRLSVQGENLEQLSRAG
ASHLRSLHFFERNINVDLLKPILTSASLLSTLDLQGTCIKKIPNEVFNLFNLRYLGLRDTVIESLPEAIGRLQNLQVLDAFN
GKLSCLPNNVVKLQNLRYLYACTPSLEIGSLRGVKVPNGIRQLVGLHALQLVIASSEILREAGALTELRTFSVCNVRSEH
SADLSNAITKMSCLVHLEIIVGAENEVLRLEAIYLPPTICLLVLQGQLEKALLPQLFSSWSHLHSLIRLNLGFSNFDEETFS
CLYVLRGLCFLELNKAFEGKKLDFAAGSFPKLRFLHIFGAAQLNQVGIEKGAMQNLVELLFDGCPELKFLPDGIEHLTA
LEKLHLEETSEELIEKLRQKRGSDKVSEDVMKISHIRNVTVIQKGRRQRIR

>Bradi2g39091.1 chr02_pseudomolecule brac version0 39261350-39264778 Protein
MDVAAGAMRPLLEKLGRLLVAEYSLEDRVKKGVKSLLAELEMMHAALRKVGDKPREELDDQVLIWADKVRELSYS
MEDAVDTFMVRVEDDDGRERGPNNVKNRVKKFLKRTKKLFSRGKALHEISDAMDEARELAKELGDLRQRYMLDAQ
AKSTIDPRLKAVYRDVSELVGIEDGRDELIKMLTDGHEKQQVKTVSIVGFGGIGKTTLAKAVYDKIKGQFGRGAFVTV
SRNPDIKRIFKKILHQLDRNKYAAIHEAVRDEGELIDELRMFLQDKRYLIVIDDIWDEEAWGIIKCAFSESGLGSTVITT
TRNINVSKACSISGDDMIYQMKPLSEDDSKSLFYKRIFPQETGCPHELEQVSKNILKKCGGVPLAIITVASLLATSDEQIK
PKYQWETLHNSIGRGLAEGGSVKDMQRILSFSYYDLPSHLKTCLLYLSIFPEDFEIMKDRLIWRWIAEGFVQGGKQET
RLYELGESYFNELANRNLIQPVYDDHKVVACRVHDMVLDLICSMSSEENFVTILDGTQQSKHNLHSKVRRLSFQNSM
SELTTHWVDVTSMSQLRSVTLFRTDVDLMQTALSCFQVLRVLDLEGCNFGKSGHKIDLKPIENLLHLRYLGLRVGGTC
VGVLPVDIGKLKFLETLDLRSGSEEPLVVPSSVVQLRHLMCLHLYWKNTKIPTGMGNLASLEEVTGLWVDGSSAIEKE
LGQLQELRVLEIYVCVDDESVCSSLVASLGNLRKLQSLTIWNDGKSRFDVCWNSLVPPPYLSSIEFCYCTSTLPTWINSA
SLPLLSSLTLGVDRVCLEVDIQILGKLPALCDLKIFTTKAQCTRVERFIVGADAFPCLRECGFGYFQTGPSMFPRGAMPR
LEILLFCARASHIASGELDVSMEHLPSLQRVRVILWREKAAGGTSDEFEEAKAALRLAADAHPNRPTLLIDHYHTPLES

EEDEEEEHADSGVAAGPGQTEKAS

> Bradi3g22520. 1 chr03_pseudomolecule brac version0 21723349-21726408 Protein
MLEGVIWLLILKLGDALANEAVELGSSFIIYEASALRGLFGEIRKMKEELESMQAFFRTAERFKDTGETTVAFVKQIRG
LAFNIEDVIDEFTYKLGEDREGMFLFKAIRRVRQIKTWYRLANNLRDIKASLKSAAERRRRYDLKGVERYAQLTRVG
SSNRRSGESVHFKRADDLVGIAENRDLLMKWMKDEEQRHMIITVWGMGGVGKTTLAAHVYNAIKTDFDTCAWITVS
HNYEADDLLKQTVEEFRKNDRKKEFPKDIDVTDYRSLVETIRCYLEKKKYVLVFDDVWSVNAWFDSKDAFFVGKLG
RIIFTSRIYEVALLASEAQMINLQPLKNHYAWDLFCKEAFWKNENSDCPPELKHWAQKFVEKCNGLPIAIVCIGRLLSF
KSPTLLEWENVYKTLEVQFTNNCILDMNIILKVSLEDLPHNMKNCFLYCCMFPENYVMQRKWLVRLWVAEGFIEASE
HKTLEEVAEDYLTELINRCLLVEVKRNESGYVDDFQMHDILRVLALSKAREENFCIVLDYSRTHLTGKARRLSIQRGD
IAHLAESVPHLRSLLVFQNSLTFGSLRSFSRSVNLMSVLNLQDSSIESLPNEVFDLFNLRYLGLRRTKIANISRSIGRLQNL
LVLDAWKSKITNLPVEITRLSKLTHLIVTVKPLIPSMQFVPSIGVPAPIGMWSLASLQTLLLVEASSEMVRYLGSLVLLRS
FHISKVQGRHCEKLFVAITNMVHLTRLGIHANDDQEVLQLYALSPPPLLQKLFLLGTLAEESLPRFFMSISKLKSLTILRL
VCSKLQEDMFCYLEELQQLVKLQLYDAFDGNKMYFRATSFPKLRVLKIWGAPHLSQMNIERGAMSSLADLKLLLCPKL
KLLPGGVEHLSTLEELTLDSTAEELVGRVRRKKEGNISHVQRVYIGFVRNGELAAERIQ

> Bradi4g04657. 1 chr04_pseudomolecule brac version0 3836620-3832008 Protein
MGALLSDEYKLLTSVKGDIVFLRAELESMHAFLKKISEVEDPDEQYKCSIKEVRELSYDIEDVIDSFMLSLGGESSRNPR
GFMRFIGRCMDLLANATTHHRFAKKIKVLKRRAIEASSRRARYKVDDVVSSLSRTSIDPRLPAFYTETTRLVGIDGPRD
KLVKLVLAEGESPLAQQLKVVSVVGFGGLGKTTLANQVYQQLEGQFECQAFVSVSQNPDLKKILRNIFSQICWRERVI
NEAWDEQQLISVIRQFLKDKRYLIVIDDIWSTSAWRIIKCAFPENSCSSRILTTTRIMTAAKYCSSQHHDHVYEINPLSAT
HSKSLFLKRAFGSEDACPLQLREVSDEILKKCGGLPLAIIIVASLLANKASTIEEWLRIRNSIGSALEKDSDMEEMKKILL
LSYNDLPYHLKTCLLYLSIFPEDYEIKRDRLVRRWIAEGFITTEGGQDPEEIGEGYFNDLINRNLIQPVEIQYDGRADAC
RVHDMILDLIISKSLEENFVTLSGDKNLNSLQHEKVRRLSLNYHAREHSMIPSNMIISHVRSLSIFGCVEHMPSLSNSQSL
RVLDLENREVLEHNYLKHISRLSQLKYLRLDVRRITALPEQLGALQNLQTLDLRWTWVKKLPASIVQLQQLACLLVNS
TELPEGIGNMHALRELSEVEINQNTSQFSLQELGSLTKLRILGLNLNWHIGNTNGGMQAYTDNLVMSLCKLGLLNLRSL
EIQSYHYYSLDFLLDSWFPPPCLLQRFKMSTQYYFPRIPKWVASLHHLSYLSIYPDPVDEQTFRILGDLPSLLFLWISSRT
ARPKERLVISTNGFQYLKEFYFTCWDSGKGLTFEAGSMPELGKLRVPFNAHDVLSLQGDLDFGIQNLYSLKHLHVEIV
CYGANIQEVEALEDAVKNAAGFLSEELSLEVSRWDEEEIVKDGEHKLAAEEVYFDY

> Bradi4g20527. 1 chr04_pseudomolecule brac version0 23588578-23585692 Protein
MASALVSAFTGSMDSLLRKLSTMLEREYAKNRRIEKDLFFLRNELSSMKAVIQKYAMQNDPDLQVKAWMKEVRELA
YDIEDTIDDFMVQDEENPDEPTGIKAFVINNIRKLKELFSRCNIAEEIAELKSQVVEVSDRRKRYKLDESISMASDVAVD
PRLPAIYAEVGGIVGIDGERDKIIKLLIEAEADGGSWQQLKVVSIVGFGGLGKTTLTYQVYQKIKGQFDCAAFVFVSQR
PNVKRILLDILSELGTPGNMWDHERQLINMIREFLHDKRYLIVIDDIWSISAWEILKCVLPYNNSCSRIITTTRVVDVAV
TCCSSFGVEGHIYRIKPLREDDSRRLFLKRIFHTEHSCPSHLEEVSNAILRKCGGLPLAILNIAGLLATKPSTKDEWELVL
NSIGSALDNSNTLQGMREILLLSFYDLPHHLKTCLLYLSIYPEDYKIKTKDLKRRWISEGFIAEERGKRLDQVAQSYLND
LINRSMILPVSMGYDGSVQYCQVHDMVLNILISMSTEANFVTIIDGQKPFSLPKRIRRLSLQCNNSEDAVTQTALTKQSSL
RSVSIFGFTKEVPNIVNFHALRVLDLSYCDWLKNNHIECIGSMLQLRYLVLYSRFISELPERIGKLEQLEIVDVRLCPIRA
LPDATIRLQKLVCLNVSVVTKLPEMIGNMQCLEELSHVVIPSYSIRLVQELRCLAKLRELVITVEEPIEMGSYGGQFREA
LVCSLCELGRQNLQDLSLGYKGNERFILDSLMVSCSALQHLRKFAITKPVSMVPKWMSTFASLKHLELYISRMAEIDIDI
LKELSTLLYLRLVFTGHAPNGKIVIGSQGFQSLKDFSLICFISGMWLVFAPGAMQKLQTYHLTFKLPEACSDGADFYFGL
GHLSSLQHVNVIIVPVGSTNEDTTTAEAAIKSESDLRPNKPTTETGIWS

>Bradi3g03882.1 chr03_pseudomolecule brac version0 2626191-2629831 Protein
MARIVSTTAGMMKPLVGKLAMLMGDDYNMLTGMRTQVSFLEKELSAMSAALEKMELMDDEHFDPQAKNWRDHVR
EMSYDMEDCVDDFMRDLGSANATSSGFVQKITQFFQTMWASYQIGRRIEELKVLALEANERRLRYKIDDYINSASGVV
PIDPRISAIYQEAAGLVGIDGPREELVGWLKDSSRKLKVVSIVGFGGLGKTTLAKQVYDEIRGQFGCKAFVPVSQRPDM
TSLLTGLQLKLGMEESSRVHELQDIIDNLRKYLTNKRYLIVVDDLWDHSAWNAISCAFPENGTGSRIIVTTRVEDVARG
ACFNHRECIYRMKPLKEEESRRLFFNRVFGSEDACPQQFEEISDEILKKCGGLPLAIITIASLLASHQAGSRSDWESIRNS
LGAKFATKPTLEEMRSILNLSYMHIPLHLRVCFLYLGMYPEDHEINRDDLVRQWIAEGFVNHLHGSDLEDVGKSYFNE
LINRSMIQSGSIKYGEVVSCRVHDMMLDLILSKCAEDNFICVAYNSEDVARMHGSEYKVRRLSLGSSSGDATSRAIDTS
MSQVRSFSRFGESKYAPPLTRFKHLRMLLFKIPYKRNMIVDLTAIGQLFQLRYLHVSAESGCIELPAEVRGLVNLETLEI
YARLEGSLPSDIYLLSRLTRLILPYRVKLPERLKNMKSLHTLCCSNTWESSLEDLKGLGELPNIRELSMCTYQRDMVDG
AVDALLYSVGSLRKLRSLSLNCRFSVNYDEARHTITNPPPFIEKLILRGRRFNRVPRFIGELRFLRSVSMHVVQFPTDEV
HVVGNLSSLVKLRIWDMHVPEDGAAVIGAGLFPALEVLVLVSDDDDVTACMKFEAAGVMPSLRRLTLRLCHSWRGA
APVGLEHLLALEQIRLEISSSVHEHHSLAESTFRIAAEAHPRHPSVMINVL

>Bradi4g21842.1 chr04_pseudomolecule brac version0 25727704-25725105 Protein
MAAIAKLSEKVTGLKELPSKVMNIKQELSVMNNVIRKIGSHHDFKDEVVNSWISEVCNIAYHVQDVMDKCSYHVLQI
NEEGFLKQVFKKGTRNVKVFREIADEVFEVQNEIQQVRKMGQQLLSRCFHVGTNIKFVKEDLVGIRDNRILLTGWLY
SEEPEGTVITVSRMGGLGKSTLATNVYKREKINFPAHAWIVVSQIYTVDALLRKLLWKIGYTEQPLSAGIDKMDVHDL
KKEIQPRLQNKIYLIVLDDVWEPEVYFQIHDVFHNLQGSRIIITTRKDHVAGISSSTRHLELQPLINRDAFDLFCRRAFY
NKKGHVCPSELEDIADSIVDRCRGLPLVIVTIGSMLSYRQQLDFWKQTYNQLQSELSKNGHVRAIFHQSYHDLSDHRR
NCFLYCCLFPEDHFMSRDILVRLWVAEGFVLSKDKNTPEMVAEGNLMELISCNMLEVVDYDELGRVNTCKMHNIVR
ELAISVAKKQGFASANDYGTVIQIDRDVRRLASYGWKDDTALKVKLPRLRTVLAPGVISLYPNTLSSILSGSSYLNVLEL
QDSEVTEVPASIGHLFNLKYIGLRRTKVKSLPESIQKLSNLQTLDIKQTKIEKLPRGLGKITKLRHLLADRYDGEKWAES
GYFIGVQSPKELSNLAELQTLETVESSNDLAEQLKKLMQLRNENEALCFKDLKPRSADLHKLVIRGQWAKGTLNCPIFL
SHRIYLKYLALSWCHLGEDPLEILAQHLPYLRFLKLNNMHSASTLVLTADSFPYLHTLVLEHMHDVSRLNFIDGALPCI
EVLHIVSLPKLDKVPQGIESLRSLKKLWLLDLHKNFRIQRDSNEMHQKMLHVPEVRV

>Bradi1g01387.1 chr01_pseudomolecule brac version0 928529-932276 Protein
MAHVVSASLGALGPLLLKLTGLLTSEYGRLKGVRSEIMSLRCELSSMHAAANKYTMLEDPDVQVKAWMSIVRELAYD
IEDCIDKFIHRLGNGVCHSGFKEFLRKTAQQLNTLGDRYGIADEIDELKARIKQVKELKNSYKLDDTPCSTSSHTTVDPR
LHALFAEDAHLVGVDGPRDFLSKWMLEEGNGTTKHHRRVLSIVGFGGLGKTTLANKVYQNIQGHYDCRAFVTLSQK
PDKQKIIKDVISQVSCRDGYTKNTDDWDERKSMAQLRGMLQDKRYIVVIDDIWSAAEWDAIKYAFPENSCSSRIIVTTR
IVDVARSCCLDGDNFMYEMKALSDVHSRRLFFKRIFGSEDCCPDVLKEVSNEILKKCGGMPLAIISTSGLLANKPAIKEE
WEKVKRSIGFALEKNQSLERVSIILSLSYDDLPPNLKTCLLYLSAFPEDCVIERERLVWRWIAEGFISEERGQSQQEVAE
NYFYELINKSMLQPVDIGCDGKARACRVHDMMLEIIISKSSEDNFFTVVGIGQTSLANRHGTIRRLSVQHIDHELASALS
CVDLSHVRSLTVKTSDCIKHLPCLLKFKALRVVDFADCEGLEEYIINGMEKLFQLKYLRLRGRSLSKLPSRIVLPDGLET
LDLRDTSVNELPVGIIKLMKLRHVLVAGETKIPNGIGGMRNLRVISGFNITRSPADAVEDLGNLASLDELNVCLNHVES
DEYKRHEVMLLSSLSKLVNCKLRSLEIISANGSLEFLSSWSHPPSALQIFSMSSDYYFPVVPKWIGRTLTSLVSLEINLTD
LTEEGLCILGELPALLRLKLSLKTGPKDKVTVKGIGFPSLKEFSIFCTDGEGAYVTFVKGAMPKLEILKLPFTVSVAKKH
GFSLGIEHLPCLKHAAAWLNKGATRSESQAEATAFMKEVSASPNFSSVTIYG

>Bradi4g01687.1 chr04_pseudomolecule brac version0 1096498-1099897 Protein

MEVAAGAMSPLLHKLGELLVGEFNLEKRVRKGITSLETELALIHATLLKVAEVPPDQLDMDVKVWAGKVRDLSYDM
EDAADSFMVRVEERSDGEQPTNMKNKVKNFLKKTTKLFGKGKALHQISDAIEEARDLAKELTDLRKRYKLEMHSTG
VRANIDPRLLDMYKDVTEIVGIEEGRDKLVQRLTAGDEGSDHQVKTISIVGFGGLGKTTLAKAVYDRIKVNFDCGAFV
SVSRSPDIKKVFKDILYQLDKDKFQNIHTTTRDEKLLIDELHEFLNDKRYLIVIDDIWDQKTWGVIKCALSRNGLGSRII
TTTRNINVSEACCSSDADTVHRMKPLSDKESQMLFYKRIFHSETGCPHELQEISKGILKKCGGVPLAIITVASLLSSDEQI
KSKDHWCNLMNSIGHGLTEGALVEDMKRILSFSYYDLPSHLKTCLLYLSIFPEDYEIERERLIWRWIAEGFIQYREREK
SLFEIGESYFNELVNRSMIQPVHINCEDKARACRVHDMVLDLICSFSSEENFVTIWEAKGRRSIHDSLRKVRRLSLQNT
SMAELSNPELGTTNMSQVRSFSLFMNEDVNPMPSLSPFQVLRVLDLEGCYLFGKQDKINLRHLGSLIHLRFLGLKGTRV
GEHQMEVGRLHFLQTLDIRCTYMEELSPSVFRLRQLVRLCIDSCTKVLVGLGNLVSLEELGTMDVRHFSDDDFKELG
NLTELRVLSISFSEEQNEEKHKALADSIGNMHKLQSLEFAGTTGRIDFIPGAWVPPPGLCKFTTGSKRFSTLPKWINPS
SLPFLSYLWIRMDQVRGEHIQILGTLRALRFLCIQIKSDGLMEERAAIERGFMVTAYPRLRECRFLGFVSVPCMFPRG
AMPMLRLLELWLRTLDIGSDLGMGHLPSLEQVSVGLVCKEASVEEVTKGETAVRLAAQEHPNRPTLHITRHDLEPLV
EEERMNGTNE

>Bradi4g01687.2 chr04_pseudomolecule brac version0 1096498-1099897 Protein
MEVAAGAMSPLLHKLGELLVGEFNLEKRVRKGITSLETELALIHATLLKVAEVPPDQLDMDVKVWAGKVRDLSYDM
EDAADSFMVRVEERSDGEQPTNMKNKVKNFLKKTTKLFGKGKALHQISDAIEEARDLAKELTDLRKRYKLEMHSTG
VRANIDPRLLDMYKDVTEIVGIEEGRDKLVQRLTAGDEGSDHQVKTISIVGFGGLGKTTLAKAVYDRIKVNFDCGAFV
SVSRSPDIKKVFKDILYQLDKDKFQNIHTTTRDEKLLIDELHEFLNDKRYLIVIDDIWDQKTWGVIKCALSRNGLGSRII
TTTRNINVSEACCSSDADTVHRMKPLSDKESQMLFYKRIFHSETGCPHELQEISKGILKKCGGVPLAIITVASLLSSDEQI
KSKDHWCNLMNSIGHGLTEGALVEDMKRILSFSYYDLPSHLKTCLLYLSIFPEDYEIERERLIWRWIAEGFIQYREREK
SLFEIGESYFNELVNRSMIQPVHINCEDKARACRVHDMVLDLICSFSSEENFVTIWEAKGRRSIHDSLRKVRRLSLQNT
SMAELSNPELGTTNMSQVRSFSLFMNEDVNPMPSLSPFQVLRVLDLEGCYLFGKQDKINLRHLGSLIHLRFLGLKGTRV
GEHQMEVGRLHFLQTLDIRCTYMEELSPSVFRLRQLVRLCIDSCTKVLVGLGNLVSLEELGTMDVRHFSDDDFKELGN
LTELRVLSISFSEEQNEEKHKALADSIGNMHKLQSLEFAGTTGRIDFIPGAWVPPPGLCKFTTGSKRFSTLPKWINPSSLP
FLSYLWIRMDQVRGEHIQILGTLRALRFLCIQIKSDGLMEERAAIERGFMVTAYPRLRECRFLGFVSVPCMFPRGAMP
MLRLLELWLRTLDIGSDLGMGHLPSLEQVSVGLVCKEASVEEVTKGETAVRLAAQEHPNRPTLHITRHDLEPLVEEEL
QRMNGTNE

>Bradi4g10220.1 chr04_pseudomolecule brac version0 9839854-9842915 Protein
MATILDSLVGSCAKKLQDIITEEAVLILGVEEDLRELQRTMTQIQCFLNDAQQRRTAESAVYNWLGELRDAMYYADDI
IDLARSEGGKLLAEHPSSRKSTSCTGISLFTCIPNVQKRHKIAVQIRDFNAELERISKVGERFLKLQNMQPKAEVQVAK
QSMQRSSLEEPNLLGKEAWRNMVDLVLAHKENKTYKLAIVGTGGVGKITLAQKIYNDQKIQGNFNKQAWICVSKDYS
EVAILKEVLRKIGVPYDQDENAGELSRKLQVAIDKKSFFLVLDDVWQAESWIDVLRTPLHAATTVVVLVTTRHDTVAL
AIGAEHMHRVDLMSIDVGWELLWKSMNINEVKEVQSLRDIGMEIVRKCGGLPLAIKVIAPILATKEKTEKGWRTVINK
SSWSMRKLPPELSGALYLSYDELPRHLKQCLLYCSLYPEDSEMWRGDLTRLWVAEAQQYFDHEVCKMHDLFRQLAQ
HISAEECFCGDPQSLEAKFFPKLRRISIVTDKDSVHLPNVGKEQIRARTLNIHCAKPPRVESTIFKMLPCIRVLNLSGSSIE
AIPACIGNLVHLRLLDLNGTDISSLPESIGYLINLQILNLQMCKALHNLPLAITQLCNLRYLGLHGTPINQVTKGIGTLEFL
NDLEGFSIGGETGSAKTQDGWKLEELRHLSWLRNLDLITLERAVPCSTNLLLQDKKYLKVLKLRCTEHSDIPYSEEDVG
KIEKIFEQLIPSQNLEYIGIFGFFGRRYPTWLNSTHLSSVKLLKLIDCISCVHLPPLGQLPNLKYLRINGAAAITNIGPEFVG
CRGANPRSPVAIAFPKLEWLVVEGMPNCEEWSFVEEEDAAAPAMEGGVDGSVEIRKEKAPSPGMLLLPCLKKLELVD
FPKLGALP

>Bradi2g39207.1 chr02_pseudomolecule brac version0 39336263-39332321 Protein
MAPVVSAALGALGPLLAKLTTLLADECGRLKGVRREIRSLRSELTSMHAALQSYSMLEDPSLQVKAWISLVRELAYDT
EDCIDKFIQQLGDGRQQGGIKEVFRNTVRRLKTLRSRRRIASQIGDLKARVIEVQEQKNRYKLDDIPRSTSDHVAVDPR
LSALFAEEAHLVGIEGPRDDLAKWMVEEENSPVEHHRSVLSIVGSGGLGKTTLANQIYRKIQGHFQCQAIVSVSQKPD
TKKIVKDVISQVPCQDGFTKDIDTWDEKKSIAKLRELLQDKRYLIIIDDIWSIPAWDAIKCAFPENNCSSKIIATTRIFAVA
RSCCPGDDDRIYEMEPLSAPHSERLFFRRIFGSENCCPDMFKEVSNEILKKCGGLPLAIISISSLLANRPVVKEEWERVK
RSIGSALDKDKSLEGVNSILSLSYNDLPPNLKTCLLYLSHFPEDYVIERERLVRRWIAEGFISEERGQTQQEVAENCFYE
LINKSMVQAVDIGYDENFITVINGAQAIWENSHGYIRRLSIQHIDQELASVLANKDLRHVRSLTVTDSDCIKHLPSIAQF
ETLRVLDLEGCEGLEEYDMNGMDKLFHLKYLSFRSTGIPELPPGSVMLHNLETLDLRNTDIQELPAGITELVKLKHLLI
VRDTYGELEGNTKIPNGIGNMRNLRAVSGFNITMSSKAAVEELGNLTSLDHLHVELDSGGSEEYKEMLLSSLCKLGAS
KLQSLELYSKEPTPLEFLDSWSPLPSSLQLFNMDTYYYLPRTPKWITPALTSLAYLDINLIEVTDDDLRRLGKLHALLSL
ELWLKSDPRERLKVQGFPSLKEFILVCRDNHGGAYVTFVEGAMPKLENLELPFHVSMARAYGFCFSIGHLPCLKEAE
VHLYNKGAKYSETKAAAAVIRTEAGIHPNHPSVTIVEE

>Bradi1g01257.1 chr01_pseudomolecule brac version0 847380-843158 Protein
MVPLVSVELGAFESLLVKLNGLLDSEYGRLKVVRREIRYLESELISLHAELQRYTDLEDPDVQVKLWISLVRELSYDTE
DVFDEFLHNLGKGRGHRGSLKEFLSKIALILEKLGVRSTIAHQINDLKVRTQEVKELKDRYKVDNIRCNASGHTVRDP
RLCALYVEEAHLVGIEGPRDDLAKWMMEEENSSPKHRKVLCIVGFGGLGKTTLANAVYRKVEGYFHCRAFVSVSQK
PDIKRIIKNVINQVCPYIKDIEIWDEIAAIETLRDLLKYKRYLIIIDDIWSASAWNAIKYAFPENNNSSRIIVTTRIVDVAKS
CCLSRGDRMYEMEVLSDLYSRRLFFDRIFGSENCCPDVLKEVSIGILKKCGGLPLAIISMSSLLATRPAVKEEWEKVKR
SIGSELENSRSLEGMNRILSLSYNDLPPSLKTCLLYLSVFPEDYVIERERLVRRWIAEGFISQEHDQSQEEIAERYFYELI
NKNIVQPIDIGYDGKAHACRVPYVMLEIITLKSAEDNFMTVVGGGQRNMANRHGFIRRLSIQHIDQELASALAKEDLS
HVRSLTITSSCSMKHLPSLAEFKALRVLDFEGCQGLEGYVMNNMDKLFKLKYLGLRDTGISKLPPGILMLVDLETIDLR
GTSVHELTSGIVQLRKLQHLFVAARTEIPKGIGDMRNLRVMSCFSVTSSTADALEELKNLTSLDKLSVFFESEGSNECK
QHEEMLLSSLGKLGTCRLSLWTHKWRGSLEFLDSWTPLPSSLENFRMSGGCYFMNIPKWISTLPRNLAYLEISLTESRE
EDLHTLGKLPALLYLKLSFIADPIERITVQGTSGFLSLKEFVIYSVAGAYVNFMEGAMPSLEKLNVRLHVSLAKNYGFN
LGIQHLPYLKEAVVSLYKVDVTPSEINAAAAAIRNEARDHSNRPTIDISGESYEKHNEEIGSYVAEIKEVGETSGSSSFSG

>Bradi2g60434.1 chr02_pseudomolecule brac version0 57761415-57765543 Protein
MEIAMGAIGPLIPKLGNLLVGEFNLEKRVRKGIESLVTELTLMHAALCKVAKVPPEQLDMGVKIWAGNVKELSYQME
DIVDTFMVFVEDGDEPANPKNRVKKLLKKVTKLLKKGRVLHRISDALEEAVGQAKQLAELRQRYEHAMGDSSVAAS
VDPRVMALYTDVAELVGIEDTRDELINMLIKDDDWLKHPLKTVSIVGFGGLGKTTLAKAAYDKVKVQFDCGAFVSVS
QNPNMEKVLKDVLFELNKKKYAKIYNAARGEKQLIDELIEFLNDKRYLIVIDDIWDKKAWELIKCAFSKNNLGSRLIT
TTRIVSVSEACCSSSDDIYRMKPLSDDYSRRLFYKRIFSHEESCPPELVQVSQDILKKCDGIPLAIITISGLLTSNCQVKTK
DQWYRLLNSIGRGLAEDHSVEEMKKILLYSYYDLPFYLKPCLLYLSIFPEDYKVRSCELIWRWIAEGFVYSERQETSLY
ELGEYYLNELINRSLIQLVGMNDKGGVTTCRVHDMVLDLLCSLSSEENFVTILDGTERKVPYLQGKVRRLSIQKSKVDA
ATISISQVRSLIDFTEDTINKVLLTSSFQVLRVLDLEDCTISDIGHFQNLVHLRYLGLKGTCVTELPMGIGKLRFLQTLDLR
KTGIKQLPTSIVLLSHLMCLYVHGDIKLPSGMDKLTSLEVIEGPLIGKSHDIFNIDIVKELSYFTKLRVLRCTCKFMDDSLN
KTLVESLGSLHKLECLNISGHYGPVHLVLEGWVPPPQLRVSYFSWLPTVPAWINPSSLPLISSLTLLVKKVRPEDIRLLG
MLPALRYLRLMGDPTLPVSADTVETSVITADAFPCLTVCLFFRVAAVPSIFPRGAALKLKLLRFAFPAIRMARGNIDFG
MGHLPSLEKVEVEILSVGGRCKMTEEAIAALRAAVADHPNHPAIRFS

>Bradi5g22547.1 chr05_pseudomolecule brac version0 24880295-24888653 Protein

METVGLPAASWVVGKALSPLSGGVLEAWGASSMLGPNMEALKLQLLYAQAMLNNVRGREIHNPALGEMLDKLRQL
AYGAEDVLDELDYFRIQDELDGTYHAADAHAAGCVQDLALNVRHTARSCVNKLKFPVCSPTARRAVPDKQHYGGK
QGCLSGLRSCGRRENSSSPPSPANQQGVQEVHCGCMPKAAHNVGKYLPCCSLLPSVDHDAQTGMVGNSNMTGNEHR
FRFACAGPSKIKQTNHETKIPKLKFDRVEMSRKILEITEQLKPVCAQVFNILNLEIMKSSQTPNKGIGVDRPKTSPQIIEP
KLYGREHQKDIVIGEIVKSECCELTVLPIVGPGGIGKTTFTQHIYEQMKSHFHVPIWICVSLDFDANRLAKDILKKIPKV
NNENKNCSAEELIKQRLKGKRVLLVLDDVWQHRENEWEKLKALFKQDGAKGNMVIVTTRIPGVANTVKTTKCLVEL
DHLCPKDIKSFFEECVFGDQKPWADHPKLSDVGSKIVDKLKGSPLAAKTVGRLLRNKLTLNHWRSVLESKEWESQTS
DDDIMPALKLSYDYLPFHLQKCFSFCALFPEDYGFGSEELVHLWIGLDILRSYDQKRKRIEDVGLCYLNELVNHGFFK
MNKKEDGRPYYVIHDLLHELAVNVSSHECISIYSSNARDIQIPPTVRHLSIIVDKTDVKNKMSFEDYDGNLSALAKCLK
VENLHTIMLFGDYHGSFAKTFGDLFREARALRIILLSEATYNMEDILHNFSKLVHLRYLRIKSKIYQELGLPSSLFRLYH
LQVIDLKNEYKCFITTRNLGNLVKLRHFLVPKESFKYHSDIYGVGKLKFLHELKEFRVGKESKGFELSQLGPLREIGGS
LHIYNVEKVQTKEEANDLKLIHKNHIRELMLEWDATRSNRDPVQEENVLESLVPHWDLQKLSIKGHGGSNCPTWLCA
NLSVKNLESLCLDGVSWKNLPPVGELWMVTELGEEYQDCSSISPPSFHNLKKLELKGISILAKWVGNDTCPFFSHLEVL
IIKDCSKLMELPFSQPTGCQAGEWEEKMALFPKLHELVIEDCPNLESLPPIPWRAHAPFSASIERVGSVIEQLAYGTKYR
LKLNLQITGKDGGQGDVFWNALNFSNLTDLKELHMNKIPPLPLDDLLVLTSLKVITISNSSSVLLPVEGEDHGSYQFPVE
DLEIITSDTSGKELTLLLSFLPNLSKLTIHECENITALGVVEHAETVSGEQQQQTGVGEEEPITAAAAEGLLLLPPRLQEL
WIEACPKVSLLPNPPPDDHAEAAARGGGGGGGLRRLRSLRSLHVYNSPEFLSSYSSSSSFPPFPTCLQHLTLRRVKYME
TLQDLSNLTSLTELTLNIPGDSRSDGLWPLLAHGRLTQLSLYTTSDFFAGSDPSRPHDAEVFSSSSKLVDLATASNTGFL
AAPICSLFSSTLTRLQLSLDKEAERLTKEQEEALQLLTSLQVLCFLFGEKLQRLPAGLHKLINLKELSIYSCTAIRSLPSLP
SSLQGLEIDTCGAIQSLPNSLPSSLERLNISCCGAIKSLPKDGLPSSMLELDAFYGNSEELKRECRKLIGTIPIIRA

>Bradi2g37166. 1 chr02_pseudomolecule brac version0 37548315-37544098 Protein
MEAAVSASLGAFGPLLGKLTNLLANECGRLKGVRREIRSLRSELTSMHGALKKYTKLEDPDDQVKEWMSLVRELAYD
TEDCFDKFVQQLGDGGHDGGFKELFRKAARRLKTLGARRGIADQIDDLKARIKEVKDLKTSYKLDDIASSISSHAVVD
PRLSALFAEEAHLVGIDGPRDDLAKWMVEDENKDHRKVLSIVGFGGLGKTTLANEVYRKIKGHFHCHAFVSVSQKPD
TKKIVKDAIYQLISQVIPKGPCQDELKKDMQAWDEKKSFAMLRELLHDKRYIIIIDDVWSILAWNAIKCAFPENNCSSRI
IATTRIFEVARFCCPDVDDKIYEMTPLSNLHSERLFFKRIFGSEDCCPDMLKEVSAEILKKCGGLPLAIISISCLLANKPHV
KEEWEKVKRSIGSDLYKSKSLEGMKNILSLSYNDLPANLKTCLLYLSTFPEDYLIERERLVRRWIAEGFISEERGKSRQE
VAEGYFYELINKSMVQPVGISFDGTVRACRVHDMLLELIISKSVEENFITVVNGRQTVCENSQCLIRRLSIQDIDQELASE
LAKKDLSHVRSLTVSPPGCIKHLPGLVKFQTLRVLDLEGDGELEEYDMSSMGNLFHLKYLRFDDPYLSELPLGVVMLH
NLETLDLWGACINELPAGIVQLIKLQHLTGSYYGETKLPVGIGNMTNLREVSGFNITMSSVVAVEELGNLINLNVLDVQ
YISDDAETHNYKRHGEMLLSSLCKLGGYKLQSVFIRGGNSTPFELLDSWSPLPSSLQSFVMRANYSFSKLPTWIAPAHT
GLTYLNINLSEVTEEDLRILGELPALLSLILCTNKVQKDRIPVRSRGFQCLKEFVFEPFSGGAATFLFEEGALPKLEKLEL
TFFVSMAKPFGFYFGIEHLLCLKDFEVDLYIEGATSAECMAAAAAIRKEVNLNPNHPRLTLTGEIKEDDTDNELNQEQS
DADEES

>Bradi5g22842. 1 chr05_pseudomolecule brac version0 25052982-25046412 Protein
METVGLPAASWVVGKALSPLSGGVLEAWGASSMLGSNMEALKMQLLYAQAMLNNVRGREIHNPALGEMLDKLRQL
AYGAEDVLDELDYFRIQDELDGTYHAADAHAAGCVQDLALNVRHTARSCVNKLKFPVCSPTARRAVPDEQHDGGK
QGCLSGLRSCGRREISSSSPPPANQLGVQEVNGGCMPKAAHNVGKYLPCCSLLPSVDHDAQTGMVSNSNTNGNKHRF
RFACAGPSKIKQTNHETKIPKLKFHRVEMSRKILEITEQLKPVCAQVFNILNLEIMNSSQTPNKGIGVDRPKTSPQIIEPK
LYGREHQKDIVIDEIVKGECCELTVLPIVGPGGIGKTTFTKHIYEQMKSHFHVPIWICVSLDFDANRLAKDILKKIPEVN
NENKNCSDEELIEQRLKGKRVLLVLDDVWQHHENEWKKLLALFKQDGAKGNMVIVTTRIPGVANTVKTTKCLVELE

HLCPKDIKSFFEECVFGDQKPWADHPKLSDVGSKIVDKLKGSPLAAKTVGRLLRNKLTLNHWRSVLESKEWESQTSD
DDIMPALKLSYDYLPFHLQKCFSFCSLFPEDYEFGSEELVHLWIGIDILRSYDQKRKRIEDVGLCYLNELVNHGFFKMN
KKEDGRPYYVIHDLLHELAVNVSSHECISIYSSNARGIQIPPTVRHLSIIVDNTDVKNKMSFEDYDGNLTALTKCLNVEN
LHTLMLFGDYNGSFAKTFGDLFLEARALRVIFFNKAAYNVEDILHNFSKLVHLRYLRIKSKNYGKLCLPSSLFRLYHLE
VIDLKDVYYCLSTNRHLGNLVKLRHFLVSKNRFKYHSDIYGVGKLKFLQELKEFRVGKESKGFEPSQLGPLREIGGSL
HIYNIEKVQTKEEANDLKLIHKNHVRELILEWDAMQSNRDPVQEENVLASLVPHCDLQELCIKGHGGTNCPTWLCAN
LSVKNLESLCLDGVSWKNLPLVGELWMVTEPGEEYQDCSSISPPSFHNLKKLELKGISILAKWVGNDTCPFFSHLEVLII
KDCSKLMELPFSQPTGCQAGEWEEKMALFPKLHELIIEDCPNLESLPPIPWRGDAPFSVSIERVGSVIEQLAYGTKYRL
KLNLQITGKDGGQGDVFWNALNFSNLTDLKELHMNKIPPLPLDDLLVLTSLKVITISNSSSVLLPVEGEDHGSYQFPVED
LEIITSDTSGKELTLLLSFLPNLSKLTIHECENITALGVVEHAETVSGEQQQQTGVGEEEPITAAAAEGLLLLPPRLQELW
IEACPKVSLLPNPPPDDHAEAAARGGGGGGLRRLRSLRSLHVYNSPEFLSSYSSSSFPPFPTCLQHLTLRRVKYMETL
QDLSNLTSLTELTLNIPGDSRSDGLWPLLAHGRLTQLSLYTTSDFFAGSDPSRPHDAEVFSSSSKLVDLATASNTGFLAA
PICSLFSSTLTRLQLSLDKEAERLTKEQEEALQLLTSLQVLCFLFGEKLQRLPAGLHKLISLKKLRIMWCSAIRSLPSLPSS
LQELQIQTCGAIKSLPNTLPSSLERLEIFYCGAIKSLPKDGLPSSMQEVLRLAYSSSLQQSSLCNTMKARTVLQGKHDSLK
FYFPSCILHMMLLAHEGFLWYLHPTDKSVNLELCRIVLTVQFSNSYCLMRPWLENFLLS

>Bradi4g38170. 1 chr04_pseudomolecule brac version0 43165360-43167879 Protein
MEDPTVLPIVGIGGVGKTTLAQLVYNDSRVTTHFDVRIWVCVSDLFDKRRITKEIIQVLNQKRKETILSITTEEFYSPPSL
DNLQMKLMEELMDQKFLLVLDDVWPNANQEWRGFSAPLRYGRKGSMILVTTRSLKVAEYVTTIEPVKLEGLPTDIFL
EFFKKCAFGRESPESYPQLQDIGRSIVSSLCGSPLAAKTLGRLLNDNLTEQHWRGIQNNELWELSYERNDILPALQLSY
LYLPQELKRCFRLCSIYPKDYSFRRDEIVDIWVSQGFVAQEGSICLEDTGNRYLDDLRSRFLFQDDPKFPGLGRYVMH
DLICEMAQPVSVGECFLMQNFSYQNQRTTSHTVRHMSIESDSEAQSRLTNVTTLHHLNKLHSLRLGTRFVIEISWFSQL
SNILFLSLKGCSLEKLPEGICVLNHLRCLDISESSIQEVPNKIECLCSLQVLDASCSSLRTIPEGITKLVNLRCLSLPMEASM
KLSKISGLGNLSSLRNLSYFKVGTVTGRRIGELKDMSLLGGTLHIMSLVNVQSREEAAEARLVDKQYLKVLILQWRGHI
SLHLKSDENYVLEGLHPPSGIECLMVRGFGGHASPSWLKPENLPTLKILEFFQCCSLGCLSVEASITSADGTAAGSTGDD
RLRRAVSRSSNGIARLPLIRLTSLRLVRCGSLTNVDQLLSPGYLPSLRSIELVHCESLASLPVHNFVGFVCLQDLKIHHC
WKLECPREMVLPHSTQRLSIYNCGGLDRSFPGCLKNTTSLTLLDLECCPNMESIQLSSISTNNKLKYLVIRDCPELSSIGA
MHALSSIYYVEISDCPKLTQVQQPFLNGSKPEDDELLEFIYS

>Bradi2g03060. 1 chr02_pseudomolecule brac version0 2211101-2215797 Protein
MAAILESLLGSCAKKLQEILTDEAILILGVEEELAEVLRRVELIQCCIADAEKRRTKDLAVNSWLGQLRDVIYDVDELL
DVARCKGSKLLPDHTSSSSSKSAACKGLSVSSCFCNIRPRRDVAVRIRSLNKKIENISKDKIFLTFSNSTQPTGNGPTSKL
IRSSNLIEPNLVGKEIRHSNRKLVNLVLANKENMSYKLAIVGTGGVGKTTLAQKIYNDQKIIGSFNIRAFVCVSQDYNEV
SLLKEVLRNIGVHHEQGETIGELQRKLAGTIEGKSFFLILDDVWQSNVWTDLLRTPLHATTAGVILVTTRDDQIAMRIG
VEDIHRVDLMSVEVGWELLWKSMNIDDEKEVQHLRNIGNEIVRKCGRLPLAIKVNASALTCRDLTENEWKRFLGKYS
QSILSDETEAALYLSYDELPHHLKQCFLYCALYTEDSIIELRIVTKLWIAEGFVVEQQGQVLEDIAEEYYYELIHRNLLQ
PCDTCYNQAQCTMHDLLRHLACNISREECFIGDVETLSGASMSKLRRVTAVTKKEMLVLPSMDKVEVKVRTFLTVRG
PWRLEDTLFKRFLLLRVLVLNYSLVQSIPDYIGKLIHLRLLNLDYTAISCVPKSIGFLKNLQVLSLRFCKDLHSLPLTMTQ
LCNLRSLWLLRTAISKVPKGIGKLMFLNEIVAFPVGGGSDNADVQDGWKLDELSSVSQIRYLHLVKLERAAHCSPNTV
LTDKKHLKSLILEWTELGEGSYSENDVSNTENVLEQLRPPGNLENLWIHGFFGRRYPTWFGTTCLSSLMHLDLEDLRS
CVDLPPLGRLPNLKFLRIEGLYAVTKVGPEFVGCRKGDSACNEFVAFPKLECLVIADMPNWEDWSFLGEDESADAER
GEDGAAEICKEDAQSARLQLLPRLVKLQLFYCPKLSALPRQLGEDTASLRQLTLIGANNLKAVEDFPLLSEFLCIEDCE
GLERVSNLPLVSELYVLGCRNLRFVDGLGSLQRLGLAEDMQEVSSRWLPELQNQHQQLHDGEDLDVFTYTFGGQ

>Bradi3g03874.1 chr03_pseudomolecule brac version0 2609257-2605481 Protein
MAEIVSATSGVMNPLLGKLTVLLGEEYKKLTGVRKQASFLKDELNAMKALLDKLELMDEPDPLAKDWRDHVREMSY
DMENCIDDFMHDLGGGGAADAKAGFVKKMAKRLRRLVKRHKIADRIEELKVLAHEANERRLRYKIDDCINSASGVV
PVDPRVSAIYKEAAGLVGIDGPRKDIVDWLTASVRKLNVVSIVGFGGLGKTTLAKQVYDEIRGKFECMAFVSVSQRPD
MTSLLSGLQLKLGVYQSRRAHEVTDIIDRLREHLKNKRYLIVVDDLWDQSAWDTIRCVFPEGDNGGTVIVTTRLDDVA
CGACHDHHGYIYRMKPLANEDSKRLFFSRVFRSEDGCPPQFEEVSAQILKKCGGLPLAIITIASLLASRQARSRRDWES
IKDSLGTNFAAYPTLEGMKNILNLSYINLPLRLRACFLYLGMYPEDREIMRDDLTGQWVAEGFVSGPDGADLEEVAKS
YFNELINRSMIQPGEQTMYGEVCSCRVHDLMLDLILSKCTENNFLSAARSYEEMERMHGRNYKVRRLSLSLSSGASTE
PGSTIPATSLSQVRSFAWFGYSKYTPPLCLFKYLRVLVFEFLGYLDMTIDLSAIGHLFLLRYLKVSQEISGSIDLPVEVKG
LVHLETLEISRTSARSFPSDVVCLPNLFRLNLPYNTGLPQGIRNMKSIRTLHCFGMEKSSVEDIKGLGELTSLRELELSTW
DGDCLTEDGVDALVSSVGKLRGLKRLDLSCQREGYDDQLESLPDHPLPRIEVLNLRFWQFLRVPQWIGGLRCLQVLYL
WIAQFSSEDVRVPGMLPSLVDASFKVVDIPQDKVVVGTGLFPALERVEFRSFEDVTAYLGFEAGAMPKLQKLSLWFGP
HKWGGATPVGMHNLQALQQIDVRLWPMGILTREQREQVLKDVESAFGDVSRAHPARPTVSVRER

>Bradi2g35767.1 chr02_pseudomolecule brac version0 36203311-36194569 Protein
MEPAAITGAQWVVGKALSPLSDGLVEAWAATSELGPNIEALKMELLYAQAMLENARGREIPSQALGELLQRLRGLAY
GADDVLDELDYFRIQDELEGTFEAAVDDDGRGCFHNLVRDGRHTAKAAAKQLGCCSCSALIHDYKPEDPCKCVRRL
ASRAHAVGKRFLCSSPQLVRCDGRGDDNRHAPRVPKLKFDRVDVSRKMKCIVEQLKPVCSKVSSILDLELLGSAVAK
LELLGSAVAKLESLGSNRAMGNVASSTTSRSITTSQALEPKLYGREPEKKTIVEDITRGAYIHRDLTVVPIVGPGGIGKT
TLTQDIYNSQEVQDHFQIRVWICVSLDFSVYRLTQEILSSIPKAEDEKNERTDDAIKNLDQLQKLVQRRLKNKRFLLVL
DDIWSYGNEDEWKRFLVPFTEEQGKGNIVLATTRFLHVAEIVKKGDKSLPLEGLGPKDYWRLFLACVFDERNQQCND
GELLQIGKMIVEKLKGSPLAAKTVGRLLRKNLTVDHWTRVLESKEWESQTSDHDIMPALKLSYDFLPFQLQQCFSCWA
LFPEDYKFDCEELIHFWIGLDILRPSHTTKRIEEIGRNNLNELVSYGFFIEVTGKSDKQYVMHDLLHDLALKVSSQECLH
LASSSPRPVEIAPSIYHLSISLSPANSGDGIMDEKFKKELGKIKNILKSENLHTLMLFGDYDANFLRIFSDLFKDAKKLRV
VHLSTMYYSVESLLHNFSKLIHLRYLRLVPQFGSKEHLPSSISRFYQLRVLDIRRGSHSSLRDMSNLVKLRHFLSYNVE
HHSNISNVGKLDSLQELQRFEVRKESNGFELRELGHLEELGGSLGIYNLENVQASEAHEAKLMYKRHLQKLTLSWNK
GRSNTNPDVEDQILESLRPHSNLHEVCIDGHGGVTCPTWLGTNLFTKGLEALRLDGVAWKSLPPLGEMWLIDESGEE
YFGCIRGLNFDNLRRLELIGLPRFRKWVANEVCPWYFSLIEELTVEDCPELTELPFSNSNCYSSEGDVNGTCFPRLTTL
KIWNCEKLLSLPPLPYGHTLCSVSLRRAGRDLKRLSYSNTNLSSFLTIEGNDDLPKLDETVLAFQNLTQLQELYIADCPP
LAEKHLQMLTSLKTLEIDVSRILFLPLARSDVKWQVPVNTLMISNSEASGKELTRLLSRFPELFNLEIRDCEKITRLGIEV
EQQKQIAEDVVTEDAVAEQDEEEDGLLLLGPRLTGSLQELWISSCSKLVLTSGGGGLQAMCSLTEITIQDCPKFLSAYKT
SSLCSSRPFPSSLQRLWLVGPMEGMETLAPLSNLTSLEELSLANLGEDLRCEGLWPLLAQGPLKELYVWSPNFFAGWDP
AWGATSQEEQPLLSPSSKLQELSTDDIAGVLAAPICRLLSSSLTKLSIVSNKVTERFTKEQENALSLLSSLQELELKSCDKL
RCLPAGLNKLTNLHRLQIWSCPAIRSLPKNGLPSSLQELDVSGCKNNELTQRCRRLKETIPNIIL

>Bradi3g19967.1 chr03_pseudomolecule brac version0 19015451-19011083 Protein
MDPIFLASAAATWVLNKLLDRLSDGAIKVLLSTEGLDREVQLLADALRRANLVLGAVPAGAAAGVRIGNEQLVVQIAQ
VQQMAADLARHLDELEYYGIREKIKRKNFKSSNPLVSKVKSFTEVGQSKPRINRSDIPHIRDTVENLHKICDDVHNALL
LEKLDGINRATRKTSTDTREAVESFTETKVFSREEKDGILKLISSSASSGQELLVVPIVGDGGVGKTTLARLVYHDPDVK
AKFNIRIWVYVSASFDEVKLTQSILEQIPECEHTNTQNLTVLQRGIKEHLTKRFLLVLDDMWEESEGRWDKLLAPLRC
TEVKGNVILVTTRKLSVASITSKMEEHINLDGMKDDIFWCFFKRCIFGDENYQGQKKLQKIGKQIATKLKGNPLAAKSV
STLLRRNLHEVHWRKILDSDEWKLQNGTDGIIPALMLSYNHLSYHLQLLFSHCALFPKGYKFDKEQLIRVWIALGFLID

ERRKLEDAGSDSFDDLVDRSFLQKDGQYFVVHDLIHDVAREVSLCECLTIDGSDHRKVFPSIRHLGIWTELVYKEISIE
RSETFEEKLEEIQNSGILRSLESLMLVGVYDENFSAKFVKTLQQSRYVRVLQLSAMPFNADVLLSSVKKFIHLRYLELR
STSDMRNPLPEAICKLYHLQVLDIIHWSGLDDLPKGMSNLVNLRYLLVPESGSLHSKISRVGELKFLQELNEFRVQRDS
GFAISQLEYLNEIRGSLIILDLENATKKEEANRARIKDKKHLRTLSLSWGSASGNPSVQREVIEGLKPHDYLAHLHVINY
AGATPSWLGENFSLGNLESLHLQDCSALKVLPPFEELPFLKKLHLTGLSSLKEFNVDFNRGGVSTGSQSCEEDELELSE
VEIAKCSALTRIRLHSCKALTKLSVTDCGALSCLEGLPPPDQLKHCVVKGCPQLPANNISS

>Bradi2g09480.1 chr02_pseudomolecule brac version0 7761616-7767173 Protein
MAEGVLASGIVKAVLAKFGSSVWGELALLRSFRADLKAMEDEFATIRGVLADAEARGGGGGGDSAVRDWLRKLKDL
AHEIDDFLDACHTDLRAARRRRRGRGNTVCGSTADRCIFRSVVMAHRLRSLRRKLDAVAAGRDRLRLNPNVSPPAH
PAAPPKRETISKVDEAKTVGRAADKEKLMKLVLDAASEEDVSVIPIVGFGGLGKTTLAQLVFNDRRANDEVFDRRIW
VSMSVDFSLWRLIQPIVSVSKLKRDLTSKEAIADFLSETFTGKKYLLVLDDMLDDVCSQNQEEWEKLKLLLKDGKRGS
KIIVTTRSRKVSTMVRTVPPFVLKGLSDDDCWELFKGKAFEDGEDNLHPKLVKAGKEIIRKCGGVPLAAKALGSMLRF
KRNEESWTAVKDSEIWQLDKEETILPSLKLTYDQMPPGLKQCFAHCAVFPRNHEFYRDKLIQQWIALGLIEPAKYGCQ
SVSDKANDYFEHLLWMSFLQEVEEHDLSKKELEEDGNVKYKIHDLVHDLAQSVAGDEVQMINSKNVNGHTEACHYA
SLADDMEVPKVLWSMLHRVRALHSWGYALDIQLFLHFRCLRVLDLRGSQIMELPQSVGRLKHLRYLDVSSSPIRTLPN
CISRLHNLQTIHLSNCTNLYMLPMSICSLENLETLNISSCHFHTLPDSIGHLQNLQNLNMSFCHFLCSLPSSIGKLQSLQAL
NFKGCANLETLPDTVCRLQNLQVLNLSQCGILQALPENIGNLSNLLHLNLSQCSVLDSDLEAIPNSVGCITRLHTLDMSH
CSSLSELPGSIGGLLELQTLILSHHSHSLALPITTSHLPNLQTLDLSWNIGLEELPASVGNLYNLKELILFQCWNLRELPES
ITNLTMLENLSLVGCEELAKLPEGMAGTNLKHLKNDQCRSLERLPGGFGKWTKLETLSLLIIGAGYSSIAELKDLNLLTG
FLRIECCSHKNDLTTDAKRANLRNKSKLGNLALAWTSLCSFDDLKNVETFIEVLLPPENLEVLEIDGYMGTKFPSWMM
KSMESWLPNITSLSLGNIPNCKCLPPLGHIPYLQSLELRCISGVSSMGSEILEKGQKNTLYQSLKELHFEDMPDLEIWPTS
LAMDSEDSQQEVFMFPVLKTVTASGCTKMRPKPCLPDAIADLSLSNSSEILSVGGMLGPSSSKSASLLRRLWIRQCYASS
NDWNILQHRPKLEDLTIEYCERLHVLPEAIRHLSMLRKLKINNCTDLEVLPEWLGELVAIEYLEISCCQKLVSLPEGLQC
LVALEEFIVSGCSSVLIENCRKDKGKDWFKICHIPSILIS

>Bradi3g03587.1 chr03_pseudomolecule brac version0 2372168-2376387 Protein
MAAEIVSATSGVMNPLLGKLTKLLGEEYKKLTGVRKQASFLRDELSAMKALLDKLELMDEPDPLAKDWRDHVREMS
YDMENCIDDFIHDLGVGGADAKVGFVRKTAQRLRRLGRRHKIADRIEELKVLAAEAKARREMYRIDDCINPSSHGVV
AVDPRMSAIYKEAKGLVGIDGPRESVVNWLTASVRKLNVVSIVGFGGLGKTTLAKQVYDKIRGQFGCTAFVSVSQRPD
MTSLLSGLELKLGVEESRRAHEVPDIIDRLREHLKNKRYLIVVDDLWDQSAWDTISCVFAEGGNGGTVIVTTRLDDVA
CGACHDHHGYIYRMKPLVNEDSKRLFFSRVFRSEDACPPQLKEVSAQILKKCGGLPLAIITIASLLASRQARSRSDWES
IKDSLGTNFAAYPTLEGMKNILNLSYLNLPLRLRACFLYLGMYPEDREIMRVDLTRQWVAEGFVTGPDGADLEEVAK
SYFNELVNRSMIQPAGEEKSGELLSCRVHDLMLDLILSKCTENNFLSPAHSYEEMERMHGCNYKVRRLSLSLSEGGAA
IPGSTVPATSLSQVRSFARFGDCKYTPPLCLFKYLRVLVFEFPEHLRMTIDLTAIGHLFLLRYLKVSAKWAVIDLPVEVK
GLVHLETLQIFCRSAQSFPSDVVCLPNLFRLILPRGTGLPEGTRNMKSIRTLHCYSVWKSSVEDIKGLGELTTLRDLVLE
TPYRCDLTEDGVDALVSSVGKLRGLKRLSLDCQRARYDHRLESLPDHPLPRIEVLDLIGWRFVRVPQWIGGLRCLQVL
YLRTVRFSSEDVRVPGMLPSLVVATFRVLRIPQDKVVVGTGLFPALEHVTFSSDEDVTAYLGFEAGAMPKLRTLWFEA
QKWGGATPVGMHNLLALQQINVNLWHTGDVTREQGEQVGWDVESAFGDVSRAHPARPAVSVTEW

>Bradi2g39247.1 chr02_pseudomolecule brac version0 39371231-39366464 Protein
MGSLLPKLAELLKDEYNLQKNVKKHVESLSKEMESMNAALRKVAEVPREQLDEQVKLWANEVRELSYKMEDVVDT
FLVRVDGCEEIKHNQNKLKRLVKRMGNVLTHGKARHQIARCYQGHQHGSQGATTTIDPRLRTLYTEAAELVGIYGK

RDQELMRLLSIEDNYISAKRLKIVSIVGFGGLGKTTLARAVYDKIKGDFDCKAFVPVGRNPDLKKVFRDILIDLDKSSS
DLPMLDERQLIDRIRLFLDDKRYLVIIDDIWDEKLWEGINLAFSNRNNLGSRLITTTRKVSVSTTCCSSADGSIYHMKPL
SADDSKMLFHKRIFHDCCPAEFEDVSSDILKKCGGVPLAIITIASLLASSGEHIKPVHEWHALVQSLGLGLTEDASLEEM
QRILSFSYYDLPSHLKTCLLYISIYPEDSYIEKDRLIWKWVTESFVQPGKQGISLFVLGENYFNELINRSMIQPIYNLAGL
VEGCRVHDMVLDLICFLSREELFVNLLDGTSDGTSCQNNIRRLSLQHRQDHEANSLINSMRISQVRSVTIFPPAIDIMPA
LSRFVVLRVLDFAGCDIGESSWKLKGVGNLFHLRYLGLARTGIREIPAEIGNLQFLQLLDLEGNYDLKKIPLTVCKLRR
LMFLGFHLGCEMPPGVLGNLTSIEVLDEIQASLDIVQQLSSLARLRELDIIFPVKSFDLYGPFVESLCNLKHLESLIIGCYD
EPSAGLLDLLEEHSWVPPPSLRKFESDIPSNLSTLPAWIKRDPSRLSNLSELRLVVKGVQQEDMQILAGLPALRSLVILC
SQQTQRRLVIGADGYRSVVLFVLRCGSGAQIMFEPGALPRAETVEFSVGVRVAKDDGNGKFELGLKGNLLSLRRTDV
SIHRDGATVGEAREAEAEVRRALQDHPNRPIVSIRMEPGIPEDAHDDDICDDYKRKMN

>Bradi1g48747.1 chr01_pseudomolecule brac version0 47419959-47423547 Protein
MEGAIVSLTEGAVQGLLCKLGGLLAQESWPVQRLHGEVQYIKDELESMNAFLQSLASCFTSEPGGHVDDQVRVWMK
QVREIAYDAEDCIDDFVRGDAMASSLRSRFVRSLLASLGPAGGRRHRHVAVQLQELKARARDAGERRSRYGVLPPP
APRTALRPGSGSGSQLDPRLHALFREEAQLVGIDGPRDELVGWVMDEEARLRVLAIVGFGGLGKTTLARMVSGSPQ
VKGADFQYCSPLLILSQTLNVRALFQHMLRELNQRPRLGLVAGGQHDDSIAMDDNTGLHGMESWETALLAEKLRRY
LQDKRYTSDHFLYIVILDDIWTSSAWENIKCAFPDNEKGSRIIITTRNEDVANICCCHSQDRVYKIQRLSEMASQELFFK
RIFGFANGTPNNELEEVSNAILKKCGGLPLAIVSIGSLLASKPNRTKQEWQKVCDNLGSELETNPTLEGTKQVLTLSYN
DLPYHLKACFLYLSIFPENHVIKRGPVVRMWIAEGFITQKHGLSMEEVAERYFDEFVTRRMVHPMKIDWSGKVRSCR
VHDIMVEVIMSKSLEENFASYLCDNGSTLVSHDKIRRLSIQSSSSHAVQRTCANASVAHVRTFRMSPSLEETPSFFAQLR
LLRVLDMQGSSCLSNKDLDCICKFFQLKYLSLRNTSISKLPRLIGRLNHLETLDIRETLVKKLPSSARNLICLKHLLVGHK
VQLTRTGSVKFFRVQSGLEMTPGVLRKMASLQSVGHIEIKRHPSVFQEISLLRNLRKLNVLFRGVEVNWKPFLELLRK
LPSSVRSLSIHIFDGEGNSSSMEMLSSVESPPLLLTSFSLTGKLERLPRWVASLRNVSTLTLRDSGLRADAIDVLGDLPNL
LCLKLYHKSYADSCLVFPRGKFGRVKLLIIDNLENIDKVHFEGGSVPHLERLTLSFLREPEEGISGFENLLRLREIEFFG
NIILSLVNKVASCVKTHPNCPRVIGDKWNIVTEYA

>Bradi5g15560.1 chr05_pseudomolecule brac version0 18921191-18917608 Protein
MTDAISAAGSCLQPMCECLTGTGILDAAAQKVAAFLHLKSNWGDLEKAKELLHAVETTVRAQVTAEVDKLNVCDPQ
VQVWLRHVDELQLEAIDEEYGQLMKYSCLCQCTVHAARRSKIGGRVVKALDEANKLIEEGRQFNKFGFKPLPKIVSS
LSEVKTFGLDTMLSQLHNLFENGDSNIIGVWGQGGVGKTTLLHVFNNDLEKKSHDYQVVIFIEVSNSETLNTVEIQQTIS
ERLNLPWDKDEPTAKRAKFLAKALARKRFVVLLDDVRKKFRLEDVGIPTPVTNSQSKLILTSRDQEVCFQMGAQRSLI
KMQILGSDASWKLFLSKLSKEASEAVESLGPQNIIMEHAKAIAQSCGGLPLALNVIGTAVAGLEENEWKSAADAIAINM
DNFNGVDEMFAQLKYSYDRLTPTQQQCFLYCTLFPEYGSVSKEQLVDYWLAEGLLLNDCEKAYQIIRSLISACLLQTSG
SMSTKVKMHHIIRHLGLWLVSKSDTKFLVQPGMALDNAPPAGEWEEARRISIMSNNIRELCFSPKCKNLTTLLMQNNP
NLNKMSTGFFRTMSSLKVLDLSHTAITSLPECETLVALQHLNLSHTHIMRLPERLWLLKELRHLDLSVTVALEDTLNNC
SKLHKLRVLNLFRSHYGIRDVDDLNLDSLTSLLFLGITIYAEDVLKELNTPRPLAKSTHRLNLKYCAEMHSIKISDLNHM
EHLEELHVESCYDLNKVTADAELTTSRLVFLTLSVLPSLENIIVVPTPHNFQYIRKLVISKCPKLLNITWVRRLQLLERLD
ISHCDGMLEIVEDEEVYSEEQNGAQMKIQDHDSEKQEDHAMVQTGHTDFAKLRLIVLTDLKKLRGICKPREFPSLETL
RVEDCPNLRSIPLSSARSYEKLKQICGSFDWWEKLHWENSEEEEARMESKYFIPI

>Bradi1g29658.2 chr01_pseudomolecule brac version0 25192493-25186509 Protein
MEAAIGVASGLIDGVVNLLSNELVQAYVASTELGLNADKIKTSLFYAQDLLQQARQRGMAEDRPGLQGLVQQLSAKA
DEAEDALDELHYFMFQDQLDGTKYAVPDLGDDLRGHTRHGRHALRHAVGNCIACFSCSRMPQDNLDDGSLAVDTN

NPHNATKPASASRSNAGPADKLTFHRVAMSKKIKLVIEQILPLCDRVSELLKINPPHANNTPIVSRKRPIIGSTTTQDTLY
GRRDLFEQTLKDIITTSATNSSEKFSVLPIVGPGGIGKTTFTQHLYNDKRIDEHFSVRVWICISTDFDVLKISQQILSRIEG
SNNANQTSLDQLQISIAQNLKSKRFLIVFDDIWECTDQSWENLLAPFMKGEAKGSMVLVTTRFPFIAKMVKSINPIPLEG
LEPDEFFTFFEAFVFEGKEPEDYQHALNDVARNIAKKLKGSPLAAKTVGRLLRKDLSREHWMGVLENNEWQNQKND
DDIMPSLRISYDYLPFHLKKCFPYFALFPEDYSFRNLEITQFWIAIGVIDKDEKYMEELLDNGFLVKGNDRWGEHYVM
HDLLHELSRSVSSQECLNISSSVSFRADAIPKSIRHLSITMEDRYEGTFRREMVKLRSKIDIVNLRALMIFRAYGENIDKI
LKETFKEIEGLRVLLVEMSSADSLPKNFSKLLHLRYLRVSSPYGLSEMSLPSALPIFYHLIFLDLQDWRSSSNLPEHISRL
VNLRHFIAKNELHSNVPEVGKLEQLQELKEFHVKKETLGFEMEELGKLTHLGGELCLRNLEKVASKEEANKANLALK
RSLKTLTLVWGTDQAVAGATDVVDGLQPHDNLRELAIEDHGGGVGPPCWLCHDIPFKHLESLALAGVTWGTLPPFGQ
LPYLKIIRLKNIAGVRIIGPDLGFIHLKEVEFDGMPDLEKWDVGPNCHSFPNLESIVCKNCPKFLALPFFSDCLVPCTKDI
HYPNLSKFLVTECPQLPLPPMPYTSTLIRVLIRVEVGDSLGTMSYSGDRLVLRSYGSALAFENMGKLDSISFSGGSTIPW
AELPTLTSLRQFLIEEDPGFLSMALLSNLPTSLTSLSLIDCENLTADGFNPLIAAVNLKKLAVYNTGREGPRSVAADLLSE
LVVASTTKLLLPAAGCFQLETLDVDCISAMLAAPVCSLFATTLHELVFSCDQRVESFTEEEEDALQLLTSLQTLFFWKCP
GTTRACAFSILFRFPWHNILSTWIGRFCRTIAANCKICSWLSELLFCCIQTATAMGASVLKKPRSSASTISQSWRSELQFC
CIQTIKAMGASVLLS

>Bradi1g29658.1 chr01_pseudomolecule brac version0 25192493-25186509 Protein
MEAAIGVASGLIDGVVNLLSNELVQAYVASTELGLNADKIKTSLFYAQDLLQQARQRGMAEDRPGLQGLVQQLSAKA
DEAEDALDELHYFMFQDQLDGTKYAVPDLGDDLRGHTRHGRHALRHAVGNCIACFSCSRMPQDNLDDGSLAVDTN
NPHNATKPASASRSNAGPADKLTFHRVAMSKKIKLVIEQILPLCDRVSELLKINPPHANNTPIVSRKRPIIGSTTTQDTLY
GRRDLFEQTLKDIITTSATNSSEKFSVLPIVGPGGIGKTTFTQHLYNDKRIDEHFSVRVWICISTDFDVLKISQQILSRIEG
SNNANQTSLDQLQISIAQNLKSKRFLIVFDDIWECTDQSWENLLAPFMKGEAKGSMVLVTTRFPFIAKMVKSINPIPLEG
LEPDEFFTFFEAFVFEGKEPEDYQHALNDVARNIAKKLKGSPLAAKTVGRLLRKDLSREHWMGVLENNEWQNQKND
DDIMPSLRISYDYLPFHLKKCFPYFALFPEDYSFRNLEITQFWIAIGVIDKDEKYMEELLDNGFLVKGNDRWGEHYVM
HDLLHELSRSVSSQECLNISSSVSFRADAIPKSIRHLSITMEDRYEGTFRREMVKLRSKIDIVNLRALMIFRAYGENIDKI
LKETFKEIEGLRVLLVEMSSADSLPKNFSKLLHLRYLRVSSPYGLSEMSLPSALPIFYHLIFLDLQDWRSSSNLPEHISRL
VNLRHFIAKNELHSNVPEVGKLEQLQELKEFHVKKETLGFEMEELGKLTHLGGELCLRNLEKVASKEEANKANLALK
RSLKTLTLVWGTDQAVAGATDVVDGLQPHDNLRELAIEDHGGGVGPPCWLCHDIPFKHLESLALAGVTWGTLPPFGQ
LPYLKIIRLKNIAGVRIIGPDLGFIHLKEVEFDGMPDLEKWDVGPNCHSFPNLESIVCKNCPKFLALPFFSDCLVPCTKDI
HYPNLSKFLVTECPQLPLPPMPYTSTLIRVLIRVEVGDSLGTMSYSGDRLVLRSYGSALAFENMGKLDSISFSGGSTIPW
AELPTLTSLRQFLIEEDPGFLSMALLSNLPTSLTSLSLIDCENLTADGFNPLIAAVNLKKLAVYNTGREGPRSVAADLLSE
LVVASTTKLLLPAAGCFQLETLDVDCISAMLAAPVCSLFATTLHELVFSCDQRVESFTEEEEDALQLLTSLQTLFFWKC
PGTTRACAFSILFRFPWHNILSTWIGRFCRTIAANCKICSWLSELLFCCIQTATAMGASVLKKPRSSASTISQRTPILLHP
NNKGNGSICVVVLKELCRTASTIISKVVSSRPLDGPSPEA

>Bradi5g22187.1 chr05_pseudomolecule brac version0 24655411-24661189 Protein
MEAAIAWLAGTILATLLIDKLVEWIRQVGLADDVEKLKFEIQRVNRVVSAVNGRAARNQPLADSLARLEELLYDADD
LVDELHYYTLQQQVEGVTADDPEVVLVPAAEEVDDTSRGNADMPSNRSGKKLRSESWNEFDVTEKENEKPVKARCK
HCLVEVKCGTKNGTSGMRNHLNVCKKHQSQNLSSTGDATTAHVAPIVIGDSSSRKRKRTDEVSVQITAPNTHRPSDKA
ELSSRIQKITSQLQDIRGAVSEVLNLLHGSDFASSSNHPADDHLGTSSLVSMIVYGRVSEKNSIMKLMMAGDRSDSVTVL
PIVGIAGVGKTTLAQLVYNDPKVEDHFDLRIWVWVSRNFDKVGLTRKMLDSVQSERILDSVPQERHEGLNCFAKLQEI
LKSHVTSKRVLLILDDVWDDMNIGRWNQLLAPFKSNGSKGNMILVTTRKPSVAKVIGTAEPIKLGALENDDFCLLFKSC
AFGDADYKAPGNLSTIGRQIAEKLKGNPLGAVTAGKLLRDSLTVDHWSKILKNENWKSLGLSEGIMPALKLSYDELPY

HLQRCLSYCSIFPNKFQFLCKELVYIWISQGFVNCTGSSKRLEEQGWEYLIDLTNMGFFQQVGREESFSFDQSNCETCY
VICGLMYDFVRAISKTECATIDGLPCNEMLSTVRHLSIVTDSAYIKDQHGKIHRNEKFEENLKNKVTSVSNLRTLVLLG
HYDSSFFQVFQDIFQKGQNLRLLQISATDADFNSFQRGLVTPMHLRYLKRVSDGFDGALPQVLIKCLHLQVLYISSDTIC
TVPSGMHNLPSLRHLVAEKGVDFSPVCIASMTSLQELHEFKVQFCSSGPEIAQLQSMNKLVQLGLSGLNYVKSREEAYS
AGLRNKQHLEKLHLSWEFFGMDDGGPSSEPSMDTAREVLEGFEPHMDLKHLQISGYGSTMSPTWLACSISLTSLQTLH
LDSCGQWQILPSMEWFPLLTKLNLSNLPKVIEVSVPSLEELVLVKMPNLARCSCTSVGGLSSSLKALQIEHCQALKAFDL
FQNNDKFEIKQWSWLPAVRKLILRGCPQLEVLNPLPPSTTFSELLISGVSTLPSMEGSYEKLHIGPPDFNPSSESIKAAEV
LAFHNLTSLKFLSIGDKENQMSILFKDLRHLVSLKSLRIQECDIVFSSCVMPEHTREDVPAANCNVFPSLQSLTVESCGIT
GKVLSLMLQHSPDLKKLDLSDCSAITLLSIEEEGNSLSNLTSYREPQDELFLHIPSNLTFTLKEITIAGCPCLRLNGSNKGF
SGFTSLEKLDIWGCPELLSSLVRRDGIDDQANGRWLLPESLGELYIGDYPEKTLQPCFPSNLTSLKKLVLWNADLKSLQ
LHSCTAMEELEIENCESLSEVEGLQSLSSLRDLTVLNCPCLRESLGELDIGDYPEKTLQPCFPGSLTSLKKLVLSRADLRC
LQLHSCTALEELEINYCDSLSEVEGLQSLGSLKKLVLSRADLRCLQLHSCTALEELKIEYCNSLSIVEGMQSLGCLKKLV
LSRADLQSIQLHSCTALEELKIEYCNSLSIVEGMQSLGCLKKLVLSRADLQSIQLHSCTALEELEIRYCNSLSIVEGLQSLG
SLRDLTVRNCPCLPSYLESFSRQCNELLPRLGTLVIGDPAVLTTSFCKRLTSLHSLQLRLWRTGVTRLTEEQERALVLLK
SLQELTFYGCYRLMHLPAGLHTLPSLKRLKIEYCSRILRLPETGLPDSLEELEIISCSDELDEECMLLATPMSKLKVKIIPR
C

>Bradi1g51687.1 chr01_pseudomolecule brac version0 50137775-50132611 Protein
MEVVSAADGALGPLLGKLATLLAEEYSRLKGVRGEIRSLKSELTSMHGALKKYTMIEDPDVQVKTWISLLRELAYDTE
DCFDKFIHHLGGGGGNHGGCKEFFCKIARSLKTLGHRHGLADQIDELKARIKEVKELKSSYKLDDIASSNSNHGTVDP
RLGARFNDNLVGIDGPTNDLAKWMMEENSSSTKLRRKVLSIVGFGGLGKTTLANEVCIKIEGHFDCRAFVSISQNPDM
KKIVKDLIHKVPCPKDFTKGIDTWDEITSIEKLRNLLQDKRYLIIVDDVWSISAWNAIKCVFPENNRSSRIIATTRIFDVA
KSCSLGTDDHIYELKPLNGFHSERLFHKTIFGSEDGCPDMLREISNEILKKCGGLPLAINSISGLLARIPTNKQEWEKVK
RSIGSDLSRSQSLEGMKNILSLSYNVLPGYLKTCLLYLSIFPEDYVIDKERLVRRWIAEGFISEERGQSKQDVAEKYFYE
LINKNMVQPVDIGHDGKARACRVHDMMLELIISKSAEENFITVVGSGQKVLANRQGFIRRLSIQDIDQEVASVLENEDL
SHVRSLTVTRSGCIKYLPSLGKFEALRVLDFEDCDDIEEYDMSPMDKLFQLKFVSFKNTYISELPSGIVTLHGLETLDLR
NTYIDELPAGIDQLIKLQHLLTESGPYRYRYRHGRMKVPNGIGNMRSLQVVSGFNISLSSVGAVEELGNLNTLNELHVQ
LDDADNRCADMLLSSVCRLGTCKLQCFWISSDDSTSLEFLDSWSPLPSSLQVFGMTTNYYFPKIPKWITPALTNLTYLLL
IVSDVTQEELHMLGELPGLIYLELWLERGKTRTLAVQGRGFQCLKELHFRVSFYGTATINFVFMEGALPNLEKLDVPL
SAATENGYYFGIVHLASLKDAKFRLDTMGATYSELKAASVAIRNETDAHRNPLRVTIVGLGDESDDECDDE

>Bradi2g39547.1 chr02_pseudomolecule brac version0 39736011-39732460 Protein
MAALEESHLVGREKEKSEVIKLVTDQATEQFQVISVWGMGGLGKTTLVKDIYQSQELSSMFEKRACVTIMRPFNLEEL
LRSLVMQLDRESSEQRDLVGLMGSTKKTFMLMSLADLMKELAKLLGTEKCLIVLDDVSSTAEWNIIIPIFREMKNTRRI
IVTTREEGIAKHCSQNQKYIYKLKVLAYEDAHNLFTKKVFKGTITMEKQYPELVEQAKLILKKCDQLPLAIVTIGGFLA
TQPKTPLEWRKLSEHISAELEMNPELGTIRTILMRSYDGLPYHVKSCFLYMPIFPEDHRVGRGRLVRRWSAEGYSREL
RGKSAEEIADSYFMELISRSMILPSEESIYSKEGVGSCQFHDLMREIGISKSMEENLVFTLEEGCSSNSQVTMRHLAING
NWKGDQSEFESIVDMSRVRSLTCFGNWRPFFISDKMRLLRVLDLEDATGLVNHHLKHIRKFLHLRYLSLRGCEEIYHL
PDSLGNLTQLETLDVRGTSMVMLPKTIIKLRNLKSLCASRKPVDEDVSCEKLLDALSGTDNKMFFLPLFSVLFCLACCA
PQKIDDNMNRHDVCTIFCCYAFSTIAMNLDQYGVLVPRGMQKLKALHTLGVVNIGRRGKGVLKDIKGLIQLRKLGVT
GVNKENGQELCAAIISLSRLESLSIRSEGKPGLFGCLDGKFMFPENLQSLKLYGNLVKLPEWVQWLKNLVKLKLQSSM
ISEPDTAIQVLGNLPNLALLHLLEESFEGKGVCLSFQQGSFVTLVVLELRLGPSFKSVKFEQGAAPKLELLKFCYVDIKS
DSLSGLDSLSGLKEVMLQYNFDADEVECVRAALAKNPNRPVVKMV

>Bradi2g36037.1 chr02_pseudomolecule brac version0 36408444-36414928 Protein
MAVDAALWVVSKALAPARDDLLESWAASSKLGTNVQALKMELLYAQGMLDSAQGRDIGSRPALRELLNKLRQLAYA
ADDVLDELDYFRIQDAIDRTNHAADADGLVRNAWQTARAAAHKLKFGSRSRDDPASDEEDDAKQGCLPNIRPCDGR
GREIGCMPKIGKHFPCHSFPSVCGNDVAPTVVLESSDMTRGRRFLCGVLPPKWKFNRVEMSQKMMEIVQQLKPLCAK
VSTILNLELLGSTQKEKTSRSKTTPGIVEPTLYGRDGKKKEIIDLILTYDKYCGDGLTVLPIVGPGGIGKTCLIQHIYKELE
SSFKVLIWICVSLDFNANRLLEEIKKNIPEVEDEKGSTAERIKQRLKSKRFLLVLDDMWTDNEHEWGKLLAPLRNNEG
EKGNVVMVTTRKPRVASMVSSTNSLIELERLSENDIMSFFEVCVFGDREPWKGNYLELREVGKEIVSNLKGFPLAAKT
VGRLLRNRLTLDHWTRVAESKEWELETDPDDIMPALKLSYDYLPFHLQQCFSNCALFPEDYEFGKKELFHFWIGLGIL
HSDEHKRAEDVGQGYLDNLVNHGFFKENKNKDGPCYVIHDLLHELAVKVSSYECLSIRSSNVNTVQIPRTVRHLSIIV
DNVDVKDRGTFDNYKIDLARRLGKNLDVQNLRTLMLFGEYHGSFIKAFRDLFRKARAIRTILLSGVSYSVEDILQNFSK
LIHLRYLRVISNAKVSLPSVLFRLYHLEVIDLEKCYADFGLTWHMSNLIKLHHFLVSEDQLELHSNITEAGKLKFLEELR
RFEVGKESKGFELRQLRELTKLGGSLGVYNLENVQANKEAEEQKILHKKYLHELLLEWSNNAAPQEEDILESLVPHQ
NLQHLCIKGHGGANCPSWLGRNLSVKNLESLCLCDVSWNTLPPLGDFQTLKKLKLDNIRNLKSWVKNDNCHFFSCLEV
VEIKDCPELVELPFSLPSCCQAEKESMRTLFPKLQNLKIVNCPQLSSLPAIPWSPVPCSIEIENAGSVFEKLVYSKDDESKL
SLAIVGKDRQQSILWSGLAFHNLPDLEVLTLVNCPPLPLIHLEKLKSLKTLNMHNMGSTLLWFEGESHKMESPFPVESM
KISCCGANGKELTHVLSHFPKLTYLDIRECEKITGMVLEHQKVATSPSAKKTELAHRTGHQQQQTTGEEEVTAEREEL
LLLPPQLQELYIWYCSNLVLSTSLGFGGEFQSLCSLRWLTVGFCPQFFSYSSSASSCSPFPTSLQHLTLWDVGGTEMLLPL
SNLTSLTSLRVHSCGDLRGEGLWPLVAQGGLTTLDIEDAPKFFSGAEPSWPDDEESSSSSRVESMVIPCFAGVFTRPIC
RLLSSSLTKLICWEDKEVERFTAEQEEALQLLTSLWELKFCDCEKLQVLPASLSKLTNLKKLYIQGCPALRSLPNDGFPS
CLETLSICDCPAIKSLPDHGLPSSLQELEIESCPAIKSLPSNLPCSLQEIDIINCPGIKSLPDHGLPSFLQKLEIDTCPAIKSLP
SNLPSSLQELVICRCPGIKSLHKEGLPSKLRVLDVRFGDNSEELRRQCDKLKGTIPIVKC

>Bradi3g03878.1 chr03_pseudomolecule brac version0 2618604-2615123 Protein
MAAEIVSATSGVMNPLLGKLTALLGEEYKKLTGVRKQASFLKDELSAMKALLDKLELMDEPDPLAKDWRDHVREMS
YDMENCIDDFIHDLGVGVADAKVGFVRKTAQRLRRLGRRHKIADRIEELKGLALKANERRLRYKIDEYINPASGAVP
VDPRVPAIYKEAAGLVGIDGPREEIVNWLTASVRKLNVVSIVGFGGLGKTTLAKQVYDKIRGQGQFGCTAFVSVSQRP
DMTSLLSGLELKLGVEESRRAHEVPDIIDRLREHLKNKRYLIVVDDLWDQSAWDTISCVFAEGGNGGIVIVTTRLDDV
ACGACHDHHGYIYRMKPLVNEDSKRLFFSRVFRSEDACPPQFQEVSAQILKKCGGLPLAIITIASLLGSRQARSRSDWE
SIKDSLGTNFAAYPTLEGMKNILNLSYLNLPLRLRACFLYLGMYPEDREIMRVDLTRQWVAEGFVSGPDGADLEEVAK
SYFNELINRSMIQPGEENMYGEVHSCRVHDLMLDLILSKCTENNFLSAAHGYEEMERMHGGNYKVRRLSLNLSAGGA
AIPGLTVPATGLSQVRSYARFGDSKYTPPLCRFKYLRVLVFEFPEYWDITIDLTGIGHLFLLRYLKVSAGGGVDIDLPVE
VKGLVHLETLEISCDSVQSFPSDVVCLPNLFRLILPYETGLPEGTRNMKSIRTLNCSGMGESSVEDIKGLGELTTLRELEL
YTSYGCDLTEDGVDALVSSVGKLRGLKRLRLCCEREGYDDQLESLPDHPLPRIEVLDLTWWQFLRVPQWIGGLRCLQ
ALYLLTVQFSSEDVRVPGMLPSLVHAFFRVVDIPQDKVVVGTGLFPALERVEFTSYKDATEFLRFEAGAMPKLRTLAL
WFGLGRWGGATPVGIHNLLALQQIDVRVSGIYKETREQCEQLRRDVESAFGDVSRAHPARPTVSVAY

>Bradi2g39537.1 chr02_pseudomolecule brac version0 39727474-39731540 Protein
MAEFLVSVSTGAMGSVLGKLGTMLSEEFKLLRGVRDDIKFLKDELEHMQAFLLVMAEEEKPDPQAKLRADEVREMS
YEIEDNIDKFMVLLDREPTSMSDGFMKLFNKSMEKIKSIKTRHKIAKDFKDIKIQVKEMSDRYARYMINGFSRSEIEKV
DPRLRTIYKDALELVGVEGPRDEIANWLSNKEGESSHQPKVVSIVGYGGLGKTTLARQVYEKLGTSYECRAFVSISRT
PDMTKILSSMLSQLRNQDYAYAGDPQLIIDQIRNFLQDKRYFIIIDDLWDVQTWQDLNCALVRKDNGSGIMTTTRIHDV
AKSCCPSDGNLVYKIEPLGLADSKELFFKRIFGCEEKCPPNLKQASEDILKKCGGLPLAINAISSLLASGKRKEDWERVR

SSISFAQGKNSDIDAMNYILSLSYFDLPLCLRSCLLYLTMFPEDYEIGREQLVHRWIAEGFIHGKDGEDLVELGETYFHE
LVNRSLIHPVNIEYDGKVWDCRVHDIILDFLIYKSTEENFCTLLSNHSKPDSRVIRRLSLLGNEDQENVEQLDLSHARSL
GAFGNSWEYLPSLAKSNALRVLDVAFCTGLGAHHVKDIGRLLQLRYLDISFTNITELPKEIGDLEYLDTLEGRATKLNE
LPESVTRLKRLARLFVPRETKFPDGIGKMENLQELGHSINMLLQSANFLEELGKLTNLRKLAIHWDSHKLDKASCKGK
KLVSSLCKLDACKLRDLSVVLHLTEDDDFRGHTFPALNSIRDIRINHAQISLISKWLVSLINLEDLALDGMEIEQQDVEM
VGSIPTLLAFRVLANCIGNTIVISGGFQQLRSLFLYWGNTKLMFEAGAMPNLEELVFTIEQRNYKSSGDGGCDDIGIQHL
SSLALLHVMLDCSSVKAAVVEATEVSFKSMVGAHPNRPMLRMDRRRTDRMLKDDDMFQVPAQSID

>Bradi4g10190.1 chr04_pseudomolecule brac version0 9812046-9815801 Protein
MAAILDSLVGSCAKKLQEIITEEAVLILGVKEDLRELQRTMTQIQYFLSDAEQRRTEESAVNNWLGELRDAMYYADDII
DLARSEGCKLLAESPSSSRKSTSCIGRSFFTCIPNVQKRHKIAVQIRDFNAELQKISELGERYLKLQNMQPKAEVPTVKQ
MATSHLVEPNLVGKETLHACRRLVELVLAHKENKAYKLGIVGTGGVGKTTLAQKIYNDQKIKGQFGNQVWICVSQNY
SEAALLKEILRNFGVHHEQNETVGELSSKLATAIADKSFFIVLDDVWVPEVWTNLLRIPLHAAATGVILVTTRHDTVAH
VIGVEDLHRVDLMPADVGWELLWKSMNISEVKDVQHLQEIGMDIVRKCGGLPLAIKVAARVLSTEDKTENEWRKFIN
RSAWSVGTLPTELRGALYMSYDDLPRHLKQCFLNCGTYPEDWVMQRDYIAMSWVAEGFILEQKGQLLEDTANEYYY
ELIHRNLIQPDGSTFDLAKCKMHDLLRQLACYLSREESFVGDPESLGAINMSKLRRVTVVTEKDILVLPSMVKGELKVR
AFQTDQKAWSVEDTFFKKIPSIRVLNLSDSLIERIPDYIGNLIHLRLLDLDGTNIYFLPESVGSLMNLQVLNLSRCKALNS
LPLAITQLCTLRRLGLRGTPINQVPKEIGRLEYLNDLEGFPVGGGSDIGKTQDGWKLEELGHLLQLRRLQVIKLQRADP
CATDSLLADKKYLKLLSLCCTKHPIEPYSGEDVGNIEKIFEQLIPPHNLEDLVIAGLFGRKFPTWLGTTHLVSVKYLKLI
DCKSCVHLPPLCQLSNLKYLRIDGAAAVSKIGPEFVGCREGNPRSTVAVAFPKLETLIIKNMPNWEEWSFVEEGDAAA
ASMEGEDDGSAEIRKGEAPSPRLQVLPRLKRLELVDCPKLRALPWQLGQEATCLEGLGLRGASSLKVVEDLPFLSDML
SIAGCDDLEKVSNLPQLGHEATSLELLGLRGASSLKVVEDLPFLSERLLIEGCDDLERVSNLPQVRELRVDDCPKLRCV
EGLGNLRQLWLDEDMQEISELWVSGLQQKCQRLHDEDLDVYDWA

>Bradi1g22500.1 chr01_pseudomolecule brac version0 18035112-18038631 Protein
MEDAVVSAGGGAINVLLCKLGTVLIQEAQLLGGIRGELQYMKDELESMTAFLQDLAERENHRKQLKIWMKQVREVA
YDVEDCVDEFTHHLGSSTSGSGLPEFVHRCIRFIQTARVRRQIAKQIQELKVRATSISDRNSRYGGNHIISEGNTFAAQP
ALSTVISLDVRTPALFPEITKLVGIEARQKNLVNWLVDESVEQLLVISISGFGGLGKTTLAMTTYQTASASFQCRAFVTV
SQKFDVRTLIKDILRQIVQPVDQNDPAPAEDPLKGIEEWDVGQLASILRGHLEDKRYLIVLDDIWTISAWEGIRFALPNS
TGSRIMVTTRIKTVVQACCLHQHDRAYEIEPLTGSESSELFFTRLFGNRDNCPTVLEEISEKILGKCGGIPLAIVSITGLLA
SMSVHSYDRWVKIYNSLGLELETSPWLEKLKKILELSYNDLPYHLKTCFLYLSTYPEDHKIRRKGLLRRWIAERFVTEK
RGLSALDVAENYFNEFLNRSIVHPVEMSFDGKVKTFRVHDIMLEIIVSKSIEDNFITLIGEQHTLAPQEKIRRLSIHGGSN
KNIATSKMLSHVRSLSIFADGEMLQFAWLKLLRILDLEGCGFVRNEDIKNICRLFQLEYLNLRNTYVTQLPVQIGNLKK
LGSLDLRDTCIKHLPSDITNLPNLSNLLGGRRDYNYSGLYPISAFWGMHIPSKLGNLETLTTLAQIEITDSTSCYISELEKL
SQLRKLGVMMFVDDDMNWMSLISAIAKLSSCLQSLLIWRPDGVMNLKILDTLSRPPMFLKSINFRGMLGQLPEWISSLV
NLTELTLRATELESEEHLKVLMQLPSLLFLRLHHSAYTGRELTVSASQFPRLKLLAVHLGECRNLNLKFQEGAAPKLH
RLELSLFEYASLGRPSGINFLPSLQEVLVHAHRDHNSEGMVRSLMDEASRNPNQPSVSFKAKQWKPTGSRTDPPIDHR
GNPWF

>Bradi2g52150.1 chr02_pseudomolecule brac version0 51626996-51624076 Protein
MEFVASILDTVFRPLKDYFARTFGYVMSCGDYIEALGHEMDELKSKRDDVKRMVDTAERQGMEATSQVKWWLECV
ARLEDAAARIDGEYQARLDLPPDQAAGVRTTYRLSQKADETLAEAASLKEKGAFHKVADELVQVRFEEMPSVPVVG
MDALLQELHACVRGGGVGVVGIYGMAGVGKTALLNKFNNEFLINSQDINVVIYIDVGKEFNLDDIQKLIGDRLGVSW

ENRTPKERAGVLYRVLTKMNFVLLLDDLWEPLNFRMLGIPVPKPNSKSKIIMATRIEDVCDRMDVRRKLKMECLPWE
PAWELFREKVGEHLMRATAEIRQHAQALAMKCGGLPLALITVGRALASKHTAKEWKHAITVLKIAPWQLLGMETDV
LTPLKNSYDNLPSDKLRLCLLYCSLFPEEFSISKDWIIGYCIGEGFIDDLYTEMDEIYNKGHDLLGDLKIASLLDRGKDEE
HITMHPMVRAMALWIASEFGTKETKWLVRAGVGLKEAPGAEKWSDAERICFMRNNILELYEKPNCPSLKTLMLQGN
PALDKICDGFFQFMPSLRVLDLSHTSISELPSGISALVELQYLDLYNTNIKSLPRELGALVTLRFLLLSHMPLEMIPGGVI
DSLKMLQVLYMDLSYGDWKVGDSGSGVDFQELESLRRLKAIDITIQSLEALERLSRSYRLAGSTRNLLIKTCGSLTKIKL
PSSNLWKNMTNLKRVWIASCSNLAEVIIDGSKETDRCIVLPSDFLQRRGELVDEEQPILPNLQGVILQGLHKVKIVYRG
GCIQNLSSLFIWYCHGLEELITLSPNEGEQETAASSDEQAAGICKVITPFPNLKELYLHGLAKFRTLSSSTCMLRFPSLAS
LKIVECPRLNKLKLAAAELNEIQCTREWWDGLEWDDEEVKASYEPLFCPMH

>Bradi4g03005. 1 chr04_pseudomolecule brac version0 2269227-2266079 Protein
MEATLVSAATGVLKSVLGKLASLLGEEYKRFKGVRGEIESLTHELAAMDTFLLKMSEEEDPDPQDKAWMNEVRELSY
DMEDSINDFMKHADDHQDTNGFMEKIKSSLGKMKARYRVGKEIQDFNKQITKMGKRNARYKTREAFSRTISATVDPR
ALAIFEHASKLVGIDGPKAEMIKLLAQEDGSAATKEQLKLVSIVGSGGMGKTTLANQVYQELKGQFECRAFLSVSRNP
NMMNILRTILSEVSGQGYADTEAGSIQELLGKISDFLADKRYFIAIDDIWGVETWNVIKCAFPLNSCGSRIITTTRINVVA
ESCRSSFNGDIYHIRCLNMVHSRQLFNTRLFDSGEDCPYYLQDVCEQILEKCNGLPLAIIAISGLLANTERTEHLWNLVK
DSIGRALERNTSVEGMMKILSLSYFDLPPHLKTCLLYLSIFPEDSIIKKKVLIRRWIVEGFVQKQGRYTVDEIGERCFNEL
LNRSLIQPVKKDGFGWAKEACRVHDTILDFIISKSIEEKFVTLVGIPNLPAVGTHGKVRRLSIQVSKQGNPFISTGLELSH
VRSLNVFGDSVEIPSLDKFRHLRVLNFGGCSQLEDRHLVNIGRLFQLRYLKLKRTGISELPEEIGNVKCLELLDIRETKV
RELPTAIVSLRNLSYLLVGMDVKFPGGIAKMQALEVLKRVSVLKHPFDPRDLGQLKNLRKLYLYFEPYDDDGVTTIVE
ECHKDVASSLRNLGNQSLRSLTIWDRSSFLQHEGPLCPVPLTLQKLKIHGFSFSTLPHVPKWMGSLANLQKLLLDVDDG
VRQEDLCILGALPSLLILILIVWLPDQRTRSNKVNLIVSAELGFPCLRQFSYRIALGLAPGPVFVAGSMPKLEELEICYKV
EEELPVTASGAFDTIGIENLRCLITLKCGVISSSDKVAEDAKAAMERAASTHPNHPTPLFEHRMI

>Bradi1g29560. 1 chr01_pseudomolecule brac version0 25121039-25124786 Protein
MAAVLDSFVKRCTAALEDFAGQEACAALGIRDNVRGLLATLARIDAIVAHEEQRRVLSSRADTWVAQLKDAMYEIDD
VLDVCAAEGAKILAEDHPPAPKVRCAFMFSCFRSSGPQKFHHEIGFTIRDIDIRLREIEDEMPTPPAGSVNPGSKRDWF
FSDDNHFCRSCSDAAKPRAIGTQVQKSVGGLVPRMLREGKKKVDLFAVVGAAGIGKTMLAREIYTDERMTENFPICM
WVRMSKDLSELAFLKKIITGAGVNVGDTENKEELLGLLSSALSKRFLIILDDLDSPAIWDDLLKDPLGDGVARGRILITT
RDEEVATSLNAIVHHVDKMDTENSWALLREQVLPECSSEEIEALEDVGIKIAEKCEGHPLAIKVIAGVLRSRGTSKAE
WEMVLKSDAWSMRPFLQEVPQALYLSYVDLPSKLKECFLHCSLYPEECPIRRFDLVRHWIAESLVDASENKSLEESAE
VYYAELIGRNLLKPDPDNLDQCWITHDLLRSLARFLITDESILIDGQQSASMCPFSSLSKPRHLALCNMENSLEDPISVK
QQMSLRSLMLFNSPNVRVIDDLLLESAPCLRVLDLSKTAIEALPKSIGKLLHLRYLNLDGTQVREIPSSVGFLVNLQTLSL
QGCQGLQRLPWSISALQELRCLHLEGTSLRYVPKGVGELRHLNHLSGLIIGNDNNDRGGCDLDDLKALSELRLLHIERL
DRATTSGAAALANKPFLKVLHLSEQAPLIEEEEGNQEGTEKEKHEAVVDSAKVSEKIWNELTPPPSIENLVIKNYKGR
KFPNWMTGPKLSTSFPNLVSLDLDNCMSCTTLPALGRLNQLQSLQISNADSIVTIGSEFLGTTVMSKATSFPKLEVLKLK
NMKKLENWSLTAEESQTLLPCLKSLHIQFCTKLKGLPEGLKHVALSDLRIDGAHSLTEIKDLPKLSDELHLKDNRALLR
ISNLPMLQSLTIDDCSKLKHVSGLDTVEHLRLVFPPSTETFFFEELVIFWSIAFPRWLELLIHKRNALRRFELECTLPLLR
SCLDGGKNWHVVQQIPEVRITSTDGKRYIRYNKGRRMYETNAQSEE

>Bradi5g02360. 1 chr05_pseudomolecule brac version0 2484790-2478827 Protein
MGLPLEFDLTRRAERLVSERAPYSIQKSPRRLLPFSMDPIFLASAAATWALNKLLDHLKETAINALLRSKGLDKEVKPL
IHALNRANLVLGGVNAGATGTAGVEIKNDKSLAAQIRLVHDQAVKLAKYLDVLEYYEIKEKIKKMKLKEGNKITSKV

KSSITQLAHPKTNIKISDIQSIAATAKDLHMICDSLHDALVIQKLTELRIVTQNKSTDTRETAENFAGTKDFERDEKADIL
KQISASASSGQKLFVLPIVGDGGVGKTTLAQQVYSDPSLKDFNIKIWIYVSANFDEIKLAQGILEQIPGWEHKNTKNLNV
LQSEMKKYLLTRRFLLVLDDMWEESQGRWDKLLAPLTCTPIKGNVILVTTRKLSVAKITNRMGAHIILKGMEKDLFWR
FFKRCIFGDENYQGDKMLLDIGKDIATKLNGNPLAAKSVGTLLRRKPHMDCWRIIKDSDEWRAENEGDDIIPALRLSY
NHLSYQLQLLFSCCALFPKGYKFDKDKLVRMWIALGFVMHERKKLENAGSDYFDDLVIRSFFQKDEQYFIVHDLMHD
VAQEVSVLEYLSVDGSDPRKVFSSIRHIGIWTGIEPSETVEEDGIQYDNILESLEGLMLVGENDENNDMLKCLESLMLV
GAYGKNFSEEFVKILAQVQYVRILRLSVSATDINADVLLSSVKRFIHLRYLELSYTYTSEEHKRPLPEAICKLYHLMILD
ITHWSGLNELPKGMSNLVNLRYLLVPGTGSLHSQISRVGELKLLQELNEFRVQQESGFNICQLKDLKEIKGSLSILDLQN
VKDKAEASRARIKDKKHLKTLSLSWGGTNKGTAMQKEVIEGLKPHEYLAHLHVINYSGATTPSWLEAVRYLKSLQLK
DCTELENLPSFEKLRFLKKLSLIGMSSLKEVKIDFNCGGASTASKSSDEEELELSEVEIAKCSALTSVRLHSCKVLTELNI
KECRALSSLDGLPSSDQLVCKIEECPQLPSYVA

>Bradi4g16492. 1 chr04_pseudomolecule brac version0 17244877-17248800 Protein
MEVVTGAMSTLLPKLVNLIKDEYCLQKKVRGEIMFLTAELERMEAALLEVSEAPIDHPPSKLVKLWAKDVKDLSYEIE
DSIDRFVVRLDSREEKKVQSFMGFIYRSIDLLTKAKIRRKVGTEVKGIKSRIKEVTARRERYKLDKVVVQPVGTSIDSLR
LSALYKEETKLVGIEERMKELVNMLMEEADEASKQQLKIVSVVGFGGLGKTTLANVVYQKLKSQFDCGAFVSMSLNP
NIEKIFKNILHQLDKQKYSSINEATWSEAQLISELRDFLRNKRYFIVIDDIWNSSVWKTLKHALVENKCGSRVIMTTRIL
DVAKEVAAVLDLKPLSPIDSRKLFYQTMFGVEDKCPPNQLAEISENILKICGGVPLAIITTASMLATKGGDDWLKVYQS
MGSGLLDSPDMKDMRRILSISYYDLPAHLRTCLLFISIYPEDYTIVAEDLIWQWIGEGFVQEEHGRSLYEVGEDYFHEL
INKSLIQPVDIKSGNKASACRVHDMVRDLVTSLSSEENFLTILGDLQPVSASSKIHRLSVQKINEDDFKQLATMSLFHAR
SLFVFGQDMNLLPALSSFPVLRALDLSCCLNVDNYHVKIICSMFHLRYLSLCNTSITKIPVEIGNLQFLKVLDISQTGIEV
LPSEFVQLTQLVYLHIDMSVRLPEGLWNLKSLQDFPGIYVTSPTMLHDLSKLTKLRNVLIKVDEWNGSYEEPFRQCLSN
LVNLKTIRINGANLSLDFGGENLSPGPQQLHSIHLINFINCAMPRWMSSLSCLSFLVIHGLKTLRVEDLQVLGSIPSLCDL
DIWVVEPTQERHSRLLIDSSYPFQCLTSLKIASRVMELKFAQGAMQKLQTLKIRLSVRQTWDQFGNLDFGLENVSSLKH
VYVGRWSKPDPGEVEAAEAIIRKALDVNPSKPTLVFSKWR

>Bradi3g60337. 1 chr03_pseudomolecule brac version0 59307499-59311659 Protein
METAIGAAGWLVGKVLDKLSDDLVAAYVASSELGLNSEQIKIKLKYMQGLLDAAQERDVSSSPGLHSLLEDLSKKADE
AEDLLDKLHYFMIQDQLDGTQEAAPDLGYGLRGNALHGRHAARHTIGNWLQCFCCSPTQDDHCAASTVVTANPHNA
TNSDSGNVGKMKFHRVDMSNKIKSVIEDIHNLCDPVSNLLDKIQTNSTAVTVKRPPTGSTFTQDKLYGRTDIFKHTVNA
LASSTYLGETLSVLPFVGPGGIGKTTFTQHLYNDKRTDIHFAVKVWVCVSTDFDVLKLTQEILSCIPAIEQEKYNCTIET
ANLDRLQKSIAERLKFKRFLIVLDDIWKCNSEGDWKNLLAPFTKGETKGNMVLVTTRFPSIAHLVKTTDPVELRGLEP
NDFFAFFEACIFGHSKPRNYEDELIDVARGIAKKLKGSPLAANTVGRLLKKNLSREYWMGVLEKNEWQNSKYDDDIM
PSLKISYDYLPFQLKKCFSYCALFPEDHRFYNLEITHFWTAVGIIDSSYQNNKNFLEELVDNGFLMKVSNKFGQYYVM
HDLLHELSRNVSSQDCINISSLSFTADSIPQSICHLSITIEDIYDETFEEEMGKLKSMIDIGNLRTLMIFRLYDARIANILKD
TFEEIKGLRVLFVPINTPQSLPNGFSNLIHLQYLKISSPYGLEMSLPSALSRFYHLKFLDLIGWYGSIKLPEDINRLVNLR
HFGSSKELHSNIPEVGKMKCLQELKEFYVKKESVGFELRELGELRELGGELRICNLETVASKREANDAKLKNKRNMK
GLRLIWGTEHQTVDDDVLDGLQPHHNIRVLGIINPGVAPCPSWLCGDIISTTSLESLHLEGVSWDTLPPFEQLPHLNKLI
LKNIAGMRNFGPGFYGATERSFMNLKTIVFEAMPELVEWVGEPNSRLFSRLESIKFEDCPFLCSFPFLESSVHFTNLCA
LDIIKCPKLSQLPPMPHTSTLTSIRVKNDGSRLSYDGEELSIEGYTGALVFHNMDKVEVMEIEDVSHIFLSDLQNQISLRN
LSIVSCDSMFSVKPDNWAVFRSVQILALHDLCISGELFSKVLKCFPALSKLTIRECETLYLPPVEDGGLSDLRMLQSFEG
SICREMFSQWHMGEVEGAHTINPFPSSLRKLDISYDSSMESMALLSNLTSLTDLSLMCCDELTMDGFKPLITVNLKKLVV
HGSCMNGGNISIAADLLSEVARSKLMHEGSFQLEELKVDSISAVLSAPVCSHLAATLHKLDFWYDLQAETFTEEQEQA

LQVLASLQHLGFYECGRLQFLPQGLHQLSSLRQLVIHSCGKIQSLPPKEGLPTSLRNLLVWSCNPELTEQAEKLKGTNP
CFTIEVVGYSAR

> Bradi2g03260. 1 chr02_pseudomolecule brac version0 2404878-2400679 Protein
MATVLDGLVSSSLRKLTQLLEEEVVMTLYVGRDIKKLKQNLECFRAVRQDAEDQAMRDASINLWWKRISDVMFNVD
DVIDLFMVHSHMRHRSSSYCFMFSCFAKLLDDHRVATRIRSINIELDDIRRTSEMFTPGILRSPQPQIKSVNTSQTAPIVE
PGLVGAAIRRDVDSIVDEILTRCHNKEPSVLGLEGMGGIGKTTLAQKIYNDQRILGRFQIHIWLCISETYNETELLKQVI
RMAGGNYDKEESNAELLPILRDTIKGKSVFLVLDNMLQPDVWINLLQSPFYGALIACILVTTRSKEVLQRMHAAYTHY
VKRMGEDDGLMLLMKDSFPPSGSIFKELGRAIVKKCDGLPLAIKVVAGVLSTRRTAAEWKSIRDSKWSVQGLPKELG
DALYLSYSNLPPQLKQCFRWCALLPPNFVIRRDAVAYWWATEGFVREEHVNSIYETAEGYYLELIRRNLLQPRPEFID
KGESTMHDLLRSLGQHLAKDHSLFMNVKNDHSLFMNVENSGALPNLRRLGISNAVEELPALHDHKCLRTLVVFDNK
NFKSVHTDILGMLQHIRVLILCGTGIQYIPESVGNLVLLKLLDLSFTEIKKLPESTGNLISLEYLRLCGCHELHSLPATLM
RLHKISYLELEHTALDHVPKGIANFQQLYNLRGVFESGSGFRLDELRRLPNIQRLWVEQLEKAEPRGELVLKNSSLRE
LGLGCTFGMSTHDRTCYEANEIERIQKVFDMLIPSLSLVYIFLVGFPGTMFPEWIRSEPELHMPNLCHMHLCDCMSCSE
LPPAGQIPLLQVLKIEGADAVKTIGAGLLGRGVGSPPVFFPDLVLLLIIRMCNLERWSLDTGNPCDNIEGNSQHLSLMPK
LDRLLLLDCPKLEALPPGFFKNLKRIHIEGAHKLQEVVDLPEVVWLKVKNNSCMKKISNLFNLQDLFAQDCPALDQAE
NLLSLKRVYMVGCQHEQQFKRCLVPGEEQGVLVYVAADGHNIFPDESLYS

> Bradi1g01250. 1 chr01_pseudomolecule brac version0 836715-831228 Protein
MEFVVGASEATMKSLLGKLGSLLAQEYTLIRGVRRDVQYINDELTTMQAFLGDVSSAPDGHDRRLKDWMKQIRDMA
YDMEDCIDDFAHRLPHDSLSDATCSFIVMRVYELWTFGPRREIASKIADLKLRAQQIAERRGRYGVDNPGNSNSSTSV
AGASRAARHEHDITEHLMGSRQLIRTEKPVGVGAYMRELGNWLNKRDNISGKHRAVLSIVGFGGMGKTTIATALYR
NFRNEFDCRASVTVSQNYDEDEVLRDILGQIKPQDSEHEQQGSSKGGLEKKRLSADIKSSVKRVFPLIFGHRQQGNDG
SSNWMQNKIETMNRDQLVKELEGRLNGKRYLLLIDDIWSAETWDKIRNWLPHDNTKDSRVIVTTRFQAVGAACSEG
EGTDHLHTVDVLNDVDSKSLFNHSVYESESSEKEQVHEDIWKYCGGLPLAIVAVAGLVACNRRKKSDHWSKVCESLF
TEQGAPLTLDGVTRILDYCYDDLSAELKTCLLYLSIFPKGSKISRKRLTRRWISECFVSGKQGLTEDEVAETYFNQLIER
KIIRPLEHSSNGKVKSFKVHDMILEYIVSKSSEENFITVVGGHWQMPAPSNKVRRLSMQSSGSKHGNSTKGMNLSQVR
SLTVFGSMNKLPFHSFNNGIIQVLDLEGWKGLTHNHLNDICRMLVLKYLSLRRTEVAKIPSKIEKLQYLETLDIRETNV
VVLPKAFGQLQRLRSMLGGSKNPRKALRLPQEKNKEQMKALRILSGIEITEGSTAVASLHQLTGLRKLAIYKLNVQKG
GRTSTQLRSSIEYLCSCGLQTLAINDEGSDFISSLDAMSAPPRYLIALELSGKMKRAPKWINNLKNLFKLTLSVTVLRAD
TLELLGDLPKLFSLTFSLSAAKQDQADIEDMLQENKRLGDGEIVVPPGGFANLKLLRFFATIVPRLTFTAKAMPALERID
MRFQAFEGIYGVDTLESIQEVHLSVDSQADEATKFLVGYLKDNTKRTKIITN

> Bradi2g12497. 1 chr02_pseudomolecule brac version0 10821829-10824845 Protein
MEIAVGALSGMVDALPGKLGELLQQEFELLSGVRGDVAFFQAELGAMHAAVVRCEALDEPDPQTTTWIGQVRELAY
DIEDWVDLFAHRVDAGRSTHDADAAGAISTRERFSRWIRRGIDRFTTIPDRHIIATELQDLRRRVVEVSDQRKRYSFG
PQTVAAGSRYASAFDHRLVALYADSASLVGLEGPRDEVAEMVARAGSEGLKVVSVVGIAGSGKTTLAREVYRLIGAG
FKCRASVSVGRNPDIAKVLGDMLSQVDNEYRGRGDSGDPAQLIGTLRLHLQDKRYLVMIDDLWSTQTWGTIKYCFPD
NNLGSRIIITTRIETVGKVGNHVYKTRLLDEADAETLFFRRTFGSEGVCPHHLIDVSTQIMRKCGGLPLAIVSVGSMLAS
KQLTRDEFERSGLHWQENSQLQGMKQSIKLSYSDLPANLKTCLLYLSIFPENYVIEIQRLVRRWIAEGLISEQRGPSREE
IARNYINELIGRNLVQRSQLNHDGTHRSCVVHPVIHDFIICKSMEDNFVALVHAQQQDVSPGNGTIRRLSLLNSTKLDQ
AKAQIDGGKVSRARSITAISHTSGTPRLNELSVLRVLDLEGCEGPLCLDGLCKLLLLRYLNLTGTDISELPAQIGELRCLE
TLDVRFTKVKELPPSILRLEKLMHLLAGNAKLPSGISKMKSLLTLSCNNVGENPVSVMHEFGKISSLRELELFCDVTGTS

GGKKQVEFPGDGFRSLEKLRIRCSLPSVTFMNGALPKLAMLELKFEKGLSVESSGVSGIELLTSLKHLLIDSQHDTGAA
DAMAEVRKVVHPNCQVITT

> Bradi2g60250.1 chr02_pseudomolecule brac version0 57616124-57612062 Protein
MTISHNMKNVREKIEKTEKESLNTLSLARHEAQAERSRNRETFAAISVEGMKIGMVGRDTEKDKIINLLLRTEASEDIS
IIPIVGLGGVGKSTLAESVLSDKRISVFDVQIWVHVSEQFDLHTVGSRIIKRLNSTINLDNCDLQFLHDNLKKELGTTRY
LIILDDLWEDGNNLEELKRMLQYGCKGSRIVVTTRNQSIVQTLSTGLLANERKICPVPESDQINLGILSPDDCWEVMKQ
RAFGPGDDDQSVLEKIGRQIAEKCGGLPLIANALGQVMFELRTIKAWEDIRDTKVDLGLREIHLKKTLERLMLSYYYM
KLDFKMCFTYLAAFPKGFIVDSDRLIQQWIALGYIHARDDGQRCINYLVGMSFLQISRSLSVSPSPVHASAPRELSMHD
LVHDLASTITANEFLVLDANAPEPRTWNKARYCRHAQLNNYHNQSKVFRDLPAKVRSLHFRDSVKLQLPRMAFSRT
KYTRVLDFGHSVRGHSTPSNLDHNGFSVEGQSTPRNMVLPSSIHQSKLLRYLDATDLPITSLPKSFHTLQYMQTLILSKC
SLETLPDNICSLHKLCYLDLSGNSSLNKLPASLGKLSKLSFLNLLGCSVLLELPESFCELTFLRHLDMSGCRAIQKLPDKF
GCLPKLISLSLSGCSKLTKLPDNVRLESLEYLNLSNCCRLKNLPKDFGNLQKLVFLNLSDCYKVSMLPESLCQLVHLKDL
DLSDCHDLSELPECFGNLSELDSLNLTSCCKLQLLPESFCKLFKLRSLNLSYCVMLQKLPSLLGDLNLQSLDISSSSSLRDL
PDSIGNMTSLTQFGVTAARPKVFNKARDIQKHLDLPGVTVNEIDHKGHSSIVDLAQLTCRELYVVQLQNVRHPEDAER
AKLRDKSDLRGLALGWGLQGGEGDRSVLERLVPPLTLEHFTLHGYMSKDFSNWMSHISSFLPSLTYLRLYDLGTCNTL
PPFGRLPNLRGLSMENIPNIRKIGKEFYGKDGTCMKLRMIDLKSMGNLVEWWTTRSGEENEEFLIPNLHRVELVDCPK
LKFLPYPPRCMFWFIENSHELIPEGGFGKLSSSTLPFSLTIVNCNFSPDQWDRLKLLPTLELFQVESCSGMRALPEAIRCF
TSLRKLNLWSLKDLELLPEWLGHLTSLEHMYIRDSPITFLPESMKSLTALRVLWLKECKGLDALPEWMGQLISLQEFCI
ISCPNLTSLPESIQNLTTLKKL

> Bradi2g36180.1 chr02_pseudomolecule brac version0 36611574-36618053 Protein
MAKKMEKMRVDLEVITDQHKKFKLMADTNANELKVVDIRETSSMMEAQIIIGRTAEREKLLASLSESVTGEMTILPIY
GIGGLGKTTLAKMIYNSNQFKEYSQVWVYVSQTFDLKKIGNSVISQLSEKESQYTGAQMIQSSLSKLLADKKILIVLDDL
WEDMESHLDNLKAMLRVGKGSKVVVIVTTRDEHIAKKMSTIEPHKLAPLTDDMCWSIIKQKSDFESRDDNKELEQIG
MEIAMKCKGVALAAQSLGHMLHSVTFGEWESVRNSHIWDVSTSEEAPSTHVLASLSLSYSVMPPYLKLCFSYCAIFPK
GCKIVKDDLIHQWVSLGFVEPPDVFSSWLLGERYIRQLLGLSFLQNSKSPSTTEVYLEDNKLLTMHDLVHDLARSVLA
DEFFVSSKQANAKGSLCHFALISDCSKALESSKIRALRFVDCGETVLQNAAFSSAKSLRVLDLRECVIHRIPDSIGQLKQ
LRYLNAPRVQHATIPDSITKLLKLTYLKLNKSPTVLALPESIGDIEGLMYLDLSGCSGIEKLPASLGRLKKLVHLDLSNC
TRVGGVSVFLENLTELQYLNLSHCPNIGPLSEALGGLSELQYLNLSFSSYLVGCQEAEVLGTFSKLEYLNLSSRYCKLQ
KLPEALGRCVKLKYLNLRGLICMEELPVSFRNLNNLVHLDLKDCRRVIVLPETLGGLTKLQYLNLSWASNNYERSLIG
LPNVMGNLTELRYLNLSGFLNSVFETDWNGEIDSFMDRISTLSNLEHLDLSGNSSIRSIPASFCNLRKVHTMDFSYCFGL
YKLPECIGTMDSLTLYLKGCPLSDQPHLSGSLVTLPCFVVHAGEGESSSNLVLLQHINPEELEITELENVKSPEEAHCINL
TGKQSMEELELRWTEDAQRFVDDKMLLEKLVPPSTVKKFMIQGYNNVSLPAWLMDITHYLPYLFRLEMCDMPNCNV
LPPVSQLRNLVWLVLSGMESLEDWNTSYSSGEEHVIDKLEIHNCPKLRMDLAQPRAICLKISKSDNVLSSWGEYMTHT
GASSSYSSVTTELVVSCCKVPLYNWSLLHHLTGLTDLSISCCSDLTSSPEIIQHLCSVESLLLEDNDQDELPEWLGELTSL
QKLEIKKYTGLIELHENMRQLKKLQTLKVCNCNSMVSLPLWLGELISLKELTFWSCYCIRSLPESLQQLTNLQELYIFCC
FELEHLVESEENQKEFTDMKERVRVRGSLDFAMPFDNGLGGVRSFDIAATLIGLLLSWPQDDS

> Bradi3g41870.1 chr03_pseudomolecule brac version0 43669543-43678890 Protein
MAESLLLPMVRAVAGKAADVLVQTITRMCGLDDDRRKLERQLLAVQCKLADAEVKSETNQYVKRWMKDFRTVAYE
ADDVLDDFQYEALRREAQIGESKTLKVLSHFTLHSPLLFRLTMSRKLNNVLEKINKLVVEINTFGLVENRVEAPQVLH
RQTHAALDQSAEIFGRDDDKEVVVNSLLGQQDQHQVQVLPIFGMGGLGKTALAKMVYNDSRVQQHFKLKVWHCVS

ENFEATALVKSVIELATSDRCNLPDTIELLRCRLEEAIGKQRFLLVLDDVWNEEERKWEEELEPLLCSVGGPGSVIVVT
CRSQQVASIMGTIKPHELACLSEDDSWELFSRKAFSKGVQELAEFVTIGKCIVKKCKGLPLALKTMGGLMSSKQQVQE
WEAPKDYEMGRDMLIQLWMANGFIQEERTMNLAQKGEFIFNDLVWRSFLQDVKVNEICSFPGTYDPVSCKMHDLMH
DLAKDVSDGCAIIEELIEPEASVEHVHHLQIACGGGVKQISGLLKGTRYLRTFLIPLRSHIDLNELNLMSLRALRCDGHS
ITNSQVINAKHLRYLDFSKSDIVRLPESICILYCLQSLTLNYCSKLQYLPDGMGAMRKLIHLNLIGCHSLKRMPRKFGLL
NNLRTLTTFVVDTEAGHGIEELKDLCHLGGRLELYNLREIKSESNAKESNLHQKQSVGELFMHWGRRRYYMPGDGV
GDEELLLESLAPHSKLKTLEVHGYGGLKISQWMRDPQMFQCLRTLTVSNCPWCKDLPIVWLSVSLEYLSVSNMGSLTT
ICKIIDVEAGGYNTCLQYFPKLKKIVLCALPSLERWAENRVGELNSPVSFPVLEALTIWRCPKLATVPGSPILKILAILEC
YSLSISSFAHLTTLSELEWNGTSIVRTSMPLGSWPSLVKLSVESLSNMVMVPIEDLQSQRSSKTVQNLNLNDPTCFEPTP
GFWECFAFVKQLKIFFCDELVRWPVEELRSLARLHVLNISYCRNLEGNGSSSQETLLLPQLKTLHIDHCDSLLEILKLP
MSLEHLNIYSCCSLVALPSNLGDLAKLRDLHVRFCTPLKELPDGMDGLTSLEDLSIMGCPVTENFPRGLLQRLPSLKSLK
ILGSPELERRFGEGGEYFLFISSILNKWIPNQWVRYAKSRAQSEPGSQQEETGSSMKKLRYTGYQELPDGMDDVTSLER
LKIWKCPGIEGFQHGLLQRLPAPKSLYRYSAALSCKDVAEKVKQKCKT

>Bradi4g39317.1 chr04_pseudomolecule brac version0 43948194-43943056 Protein
MADIVLGLTKSVVEGMLSKVQSAIEEEAKLKVRVQHDLVFITGEFQMMQSFLKAVDREQVKDSVVRTWVKQLRDLA
YDVEDCIEFVIHVDEKLIWWRCLLPSCMVASPPLDQAVSDVNQLKARVEDVSKRNMRYNLISDSSSSKPATTQQQPST
ISGTTEFDMLIEARDTARNHCGLCDLTKLISKDDKDLQVISVWGTGSNLGTTSIIRKAFEDPEICQKFRFRGWVKLVYP
FDPYKVIWSLLSEFIRNSYRQRGGNVNVEAMLSEAEAVADMQGGHVRNFINRVQNNRYLIVLEDLPTMVEWDAIRT
YLPDMKNGSRIIVSTQQLEIASLCTGHPHQVSELEKISDDHSVCVFFKEGSQSDEDGKNTMMMASNDQTPVSKRTEAL
NWVERFQPVGRKMEKSDLSFMLCQAANIGRKKVISVWGIAGVGKSALVKMVYYGEIDKYDRFNKYGWVNVCRPFN
LRDFSRSLLSDLNRESLQANGTSDFGTMGIKDPIEECSNLMKKNKCLVVIDGLQSMEEWDLIKVALANVPSKSCVVVIT
DEADVATHCAVPDDAVFNVKGLEADEALELFIREVYRETETLIDPDAVKQAKQYPDVMEQAKQDPDIMEQANLILNK
CGGLPQVIVAVGRYLATKKNMELWSNLNDSFIYQLEISPGLDSLRGLFTWMHSYFHSCPDSLKPCVFYLSIFPRDRCIR
RKRLVRRWITEGYSRDTDISTADTEAEDSFSKLVSLSIIQDPSKAATEIYRSKGMRIALCQVNGFIREYIVSRPMEDNLV
FALEGRCSLNSQRTGRHLAIRSTWNRDINVFKSMDFSRLRSLTVFGKWEPFFISDTMRLVRVLDLEDTSDLTNNDLEEI
GKLLPRLKFLSLRGCREISHLPSSIGGLRQLQTLDVRHTSIGRLPPAIIKLRKLQYIRAGGIMPLSDGNGMVAKEESSTPP
RNMPRTKLSWLSQFRRHRPVGSVKVPIRIGKLTNLHTLGVVNVNVAGGKAILEELKKLTQLRKLGVSGINHKNSQKFC
KAISGHSHLESLSVWIKGNHTCLDGIYPHPENLQSLKLYGLADKLPVWIKQLNNLTKMNLEMTILGREDIEVLGDLPNL
VMLQLFVKPVQNGQLCFHPKPEKSDSSVFVSLHVLEIACNSSLHVRFIKLAMPHLEMLKVRCCSGSSLQFSGLENLYCL
KEVSLEGSYDIELKEDLLQQLDKLPKSNKPVLTWPVTSK

>Bradi4g21950.1 chr04_pseudomolecule brac version0 25873460-25868423 Protein
MADLVVGLAKSVVEGALTKAQSAIEEEAKLRQSAQRDLVFITGEFQMMQSFLNVADAERLGNPVVRTWVRQIRELA
YDVEDCVEFVVHLDKRSLWWRRLLPPSFLPRAAASQLDEAVGELEHLKARVEDVSARNARYSLISDSGSKPAKKPKA
SAAAAAGGGGAAAAFSLLIEARDASKRQQGIGDLTQFLTKKDDGLELQVISVWGTAGDLGAASLIRKAYNDPEIHPAF
KRRAWVKIMHPFDPLQFIRSLMAQFHANSCKQPDAIIGVEVLRKMDSSQDQLLKEFEEQVKTMKYLVVLEDVCTIAE
WDTIRSFLPDRNNGSWIIVSTQQFEIASLCIGHAYQVLELKQFSSKHSVCAFFKEGSQEDDDQVDETDMACTSNNEISV
SHELSKAGGSCDLSKAGGSCDLSFYTKILSSKSKAAEGWMKSLPLVGRELQMNKLHACAAKARFEAWNVMSVWGIA
GVGKSALVKNFYCQNMCQKDQLFNKYSWVEVTQPFNLRDFCRSLLWDFRSESLQAKDTAYHGAMSSKNPIHECCKL
LKKYQCLVVIDDLRSTEDWDLIKSELVSRHSKSVIVVITSEAKIATHCADNEELVLNVKGLEADAAFDLFEMEVHRNN
KTCPLNSKDKELKELILKCGGLPKVIVAIARLLAAKTVTLMETASSLNLRFMHELENNPEFDSLRGLLVWMQSYFRDC
QDFLKPCIFYLSIFPLDHRIRRRRLVRRWIAEGYARDCDKKSAEDNGEDYFSSLLDLSIIQQPPQSVTTNLNDTRMALC

QVNGFVREYIVSRRMEENLVFELGGSCCLTTQRTGRHLIILESWDRDMIVFNSIDFSRLRSMTVFGEWKSFFISDTMKI
LRVLDLENAKDVLDDDLHRIVKLLPRLKSLSIRGCHEISHLPSSVGDLRQLQSLDVRHTSIVSLPSNITNLEKLQYIRAG
NTTTSEEPSTPCLPVSMLSKLCRPGHQVGVEVPGGIGKLTALHTLGVVNISASGGKAILKELKKLTQLRKLGVSGINRK
NRDEFRSAISSHSHLESLSVWLDKDSENCLDGISLPLKNVQSLKLYGLVDKLPGGIKQDSQDALKEVKLTKLELEMDKL
SKDDIAVLGALPKLCTLRVKQFKEGTLDFCVKQEGRELRTYQKVRILEIACSSSLKVNFGSETMQNLEQLKVDCCNGSS
LKFSDLNKLAELKEVVLKGCSDNKLKEDLQTQLLQHTKKPLLKLE

> Bradi4g09597.1 chr04_pseudomolecule brac version0 8940868-8935999 Protein
MELAVGASEATIKSLLTKLGSLLAEEYALIRGVRGDIQFINDELASMQAFLSNLSNSATDGHDDQTEDWMKQVRDVSY
DIEDCVDDFAQGLRPDPRGGGLWSMIRRTLYEIQTYYPRRRIASQIAQLKERAQHVGERRGRYGVRDPETGKKKSSL
GGATGYLVAEHQQTTCQLIGVKEPVGVRDMHGLEQWISYDDSRKQLGVLSVVGFGGVGKTTIAMALYRNFGDQFQR
RAMVTVSQNSDPEAILRNILSQVKPQANSEEQKGQYSTGTIPGDKSVLRSILSRIILPAQNQEDDQERHTGIKTELQSYL
KTNRYLLLIDDVWSSSTWQNIKRYFPENDEGSRIIVTTRFQAVATTCCAHKDDHLYPVNVLSDDESQKLFEKSLLECK
RTIANQQNRRKIPDRVWGMCGDLPLAIVTMAGLVASKPLWEQSDWTKVCDSLFPEQEKCRKPEDFMRIINFCYSDLP
GDLKTCSLYLSIFPKGREISRKRLTRRWIAEGFVSEKQGLSVEDVAETYFNQLIERKIMRPVEHSSNGKVKSCQVHDMI
LEYIMSKAAEEDFVTVIGGYWSMATRSNKVRRLSLHSTDSKHAKKADSMNLSHVRSLTLFGSLDQLRFKSFKTGIVQV
LDLEGCKGFKANHVSVSDICEMTLLKYLSLRDTDINKLPSNIGNLKYLETLDIRQTEIQELPKTAGQLERISNILGGDKR
TRKTLKLPKDIKGTMKGLRILSGIEIVKGSSAASDLGYFTRLRKLAIYKLQKGDQMFKDLLSSIQYLSGYSLQTLIIDDES
SEFLSTLDTMTSHPTDLRTLELSGKLLKLPIWLPSLSELIKLTLSATALRTDNLVLLSNLGSLFSLTFSISAANKDPEMAAV
LENNKSDSGGEIFVPSAGFRKLKLLRIFVPLLPSLNFSKKGTPLLERLELRFKRLEGVHGMDKLSSLHDVLLTVDDKAG
KLTKSVLDDLKKSSSSRKYALIVNEYQG

> Bradi3g28590.1 chr03_pseudomolecule brac version0 29993923-30000629 Protein
MAAVLGAFVPDTAARWRAVAKGEAARGLGVAAAARKLAARLERVSAGLGDAEARGEDEAAIRWLAEVRAAAYEA
DATVDRCRVAARWRRGREPQQQVRLLPLARTIVALRCMVWLISFCDLGVQALPWLLSSCCDDDDAETPRKVATDVK
NVNRKLKAILKEQRRLQLHASSVDDHPVRARTVPRHRKSKFANIGFVGATIEDDAGRLVHRLTQKDKLQAACEVVA
VVGPDGIGKTTLAKAVYESKRVRCSFETRSWVRLSRVYTKAGLLWQVVDAIGGGDMTGDESVADLEAMLTGLAANR
RFLLVLDDVWHGGVWDDVLRKPLSGGHGGKVLVTARHGRIAREMGADHVHRAKKLSADEGWLLLRTAACVTNDG
DADELRSIGEKVVEKCGGTPLAIKAVASILRTREASASEWAVVLASPAWSVKGLPEDALKPLYLCYDDLPCHLKQCFL
YCGLLFSPDFAVERRLLVQHWIAERLVQISSDACVQEVAEEYYDELVERNLLQPAEEDAGWCTMHGMLHALARLLL
ESEAFTNDAQRLLPNDGDDNSFVVRLVSLPGRNMAAIPESILNSEGIRTLLLPKNPLTTEVKIFTRLSHLIVLDLSETGME
LIPETLGNLVQLRFLNLSRTRIQAVPESIGNLWSLKFLLLRECKSLHALPKGIEHLKALRDLDLAGTVINAAVFRVGQLT
SLTSLRCFTVMRKDARAAPGMCEWPLAELKHLCQLRTLHVQKLEKVIDRSEAAEAALACKTSLRELALSCSGTVLPLQ
TRTVVSKIEDVFEELNPPECLESLKIANYFGAKFPSWLSATFLPNLCHLDIIGCNFCQSSPPLSQLPELRSLCIADSSALKF
IDAEFMGTPYHHQVPFPKLENLRLQGLHKLEKWMDIEAGALPSLQAMQLESCPELRCLPGGLRHLTSLMELCIVDMA
SLEAVEDVAALRELSVWNIPNLKKISSMPSLEELSISHCPVLQIVQNVDRLQAVHIFDHELQEIPRWIKALATKLRSLDV
TGTMKLLKRCLADGPDWPLIKDIVQVRGKTTDSGYIFYSKSPYIFESNVSTHGNLDMEGKTADSDNADEEFVENRNAN
QDSPVSSSGTGYPETSGFFDSKAVKRGVTGTEGDVTHRNTERTLPRNSQRRMHKLAEVVHEDGEAEEGADSGVLFAA
HPTKAHAVVEKLHAVVTDDHSDNNDTGLLSKVIPHETTPDAISSVLTRPRWRKIRKDVPTDTSANKCAAAVGHSLVR
EGSRAIKITETDKKLNSLRCKEPTLNKGDSFADTSKLTRRVHYGANKVQTQVKSDSKEFGVDKTENSSPAILARSRQVT
SSEGKDAHAAIPSPSTVNQKNVDKINEIATSAPASRNATKISENPSEKEVALKSSGTTDSSLIRKGHHMASAKTIQDSGA
RLLHVEQRLSSEGKEAPNAYKDSTCTAVDNIGDHMEGKSISVPAISGPELPASLARSKQRILKKREPDPSDGTDALIKKI
PVMASKISEKVTCKCKAKSEKYPSTVASTNTNSLSVHCAIIGTPEATMKTEATNGRAIDVEPHHAPKVYTAIWADTDTD

TLRARLLSSMQHYRRMASRRRRHRKHGSRKAWSIGPVLVVVLLLVSLVQLLFIVWLYRRLQNQKVSILKNFGANKFR
QTLVVLDKRKESQKFGEAEKGGARMRKQNQKAHPRRIRSSGGQTTLQSFLFKPRVADGGLNPSPPPPLEGEEQAVS
PPAPPPKREIIRVTNKTIIKEKANAFSSVGSSSSSAGKDGAGGASALNAAVFKRFNGSSSPAARAECFVVSGGGGVAESG
DDPEDDDGSGVRLDVEDIAAGSRRGRESRKRKSPLGARRGGAQQQEQRPQARVSARRRPEAEAAALSGGDASGGGW
WEGEQEGVDGEEVGWTDDMWEGMGSITLGGLEWH

> Bradi4g06460. 1 chr04_pseudomolecule brac version0 5440103-5444341 Protein
MAEAAAAAALAKGAALFVGKTGAGAAITYLVKTALGRLSAEDEDLRGRLTAKLPAIEAVFCAADQPRVREDNFLGPW
LWQFRAAMQEAEDALDELEFLDLEKEARNLRAKEAKDWSVRMSSRLPSIGAGLRRSLNTARGGGTTKGRLKDALKR
LDSVLDDVEKFVATMGLRLHPSSSDDQGYVQDLASRRETTRELTTVAFGRKSEKDAIVEWLGIQAMQARDYELSVCA
IVGVGGMGKTTLAQLVCQDREVKDHFGDMIIWVHVSKRFDPKVLVRTILGSINRDKASAEALDPLQSDLTKELLTKRF
LLVLDDAWEDTLHERWEQFLAPLRNSAPMGGRILLTTRKGSVADAVKRQMPAGYKCMELRGLDQQDTLKLFNHHA
FGSSTQNDNSEIRLIGEQIARRLWGCPFLAKVIGQQLRDNTDCQKWKNILNQDIHQFDEIAPRIIEMLRLSYEDLTYEVQ
LCFRYCSIFPPHYKFKMEAVIEMWVSSGLILRRENGLKNREDIAREHFNILTRKSFFSLLPRELNADPSEDYYVMHDLI
YELACSVSTDECSRFQTVNNNTNILPEVRHLYIEGVNSQSINIISQSKYLRTLIISSEESSIQKELLHDLRNAIKGRTSLRLL
KLCGNAFTGMNNAISELKHLRYISMSVTKESNLCNLFKLCHLEVLQILKIEKEEKESPIDISSLRHLQKLHLPKNSLSRIP
YIGRLTTLRELNGFSVRKIDGHKITELRDLRMIQKIIVLDVQNVSDDTEASLAELDKKTDMKVLSFGWSDVARTDDQIL
NKLIPNSNLKHLIISGYGGIKPPMWMEIPYLSNLVHLKLDGCLEWDNLPSLGRLFTLRHVFLENLPKLKYIVRSFYGSDA
YSYRGKWMKGSGPEGLPPHLITFVVKDCPELLELPDLPFSLRHLGIDAVGISNLPNMCHHKGSKGVSTIDPQLSILHIES
CDLLISLDGCFLQEEHYKALSVLKLFCCHELRSLPVAADFERIYKLESVEIVRCNSLSSLGGLGALSVLKSLKIEKCGNLV
TSSSSRPLPASVESTNLKLDMLAIDDHLLLLLIPLRNLCLTKRLIISGRSTMAELPGEWLLQNSDHLEHIEISNAELLKSLP
LKMNDLHALRSFSVHNTHILQSFPSMPPNLWVLTIHGCCLELKENCQVGGSEWSKISRIPICRISPRVNERQ

> Bradi1g50407. 1 chr01_pseudomolecule brac version0 48996327-48991598 Protein
MAETVLSMARSMLSGAVSKAASAAADEMSLLMGVRKDIWFIKDELETMQAFLVAAERMKQKDMLLKVWAKQVRD
LSYNIEDCLGEFMVHVRSQSLSQQLMKLKDRHRIAMQIRDLKSRVEEVSSRNTRYNLIDKSEGTGMVEERDSFLEDIR
NQSASNIDEAELVGFTKPKQDLIELIDVHAINDPAKVVCVVGMGGLGKTTITRKVYESVKKDFSCCAWIILSQSFVRME
VLKVMIKELFGDGALKQQLERKLVREEDLARYLRKELKEKRYFVVLDDLWNLDHWEWVRKIAFPSNNVKGSRIIVT
TRDAGLANDCTFEPRDAGLAKDCTFKPLIFHLKALAIDDATKLLLRKTRKRLEDMKNDETMRKIVPKIVKKCGCLPLA
ILTIGGLLATKMVTGWESIYNQIPLELERPNLATMRRMVTLSYNHLPSHLKLCFLYLSIFPEDFEIQRSRLVGRWIAEGF
VEARAGMNIVDIGNGYFDELINRSMIQPSRLNIEGTVKSCRVHDIVRDVMVSISIEENFVGLIGGDIITSVPEENFRHIAY
HGTKCRTKAMDCSHVRSLTMFGERPMEPSPSVCSSEFRMLRILDLNSAQFTTTQNDIQNIGLLGHLKYLNVYTSRWYS
YIYKLPRSIGKLQGLQILDIRDTYITTLPREISKLKSLRALRCCNQSYDFCDPVEPKECLLVFLLLPLFFTPLLDENRAKVI
AKLHKGFSSRWSMSRGVKVPRGIGNLKELQVLETVDIKRTSSKAIEELGQLTLLRKLKVNTEGATVKKCKILCVSSENL
SSLRSLHVNAGRDGTLEWLHSVSAPPLLLRSLWLYGRLGEEMPNWVGSLMQLVKITLLRSRLKEGGKIMEILGALPNL
VLLSLHLNAYLEEKLVFRTGAFPKLKQLEIYGPGELKGVRFEEGTSPHMEMIVIGWHRLESGIFGIKHLPRLKEISLGW
GGYVARLGVLQGEVDAHPNKPVLQLKYDRSEHDLGDIVQGSDAVQVEEAMEEESSLHPEPAAAAGESSSQAVIHMP
MTNTRQDDLLHTYNSC

> Bradi1g00237. 1 chr01_pseudomolecule brac version0 94978-100493 Protein
MAMVLDAFASYVSDLLTQVVGDEVGMLLGITGDIEKMGNKLGKLKKFLADADRRNITDESVQGWVTDLKRAMYEAT
DILLDLCQLKAMERGESTVNVGCCNPLLFCMRNPFHAHEIGTRIKALNQKLDSIEKQSATFTFILSSYEDHDSRVQAKNA
SRARESTGQLDQSDVVGEKIEEDTRALVAKILETRNEVNNDFIVVAIVGVGGIGKTTLAQKVFNDEAIQSEFDKKIWLS

VNQNYDNAQLLRTAITFAQGDGHRGEEVLAVLQPILTHNTSRKKDLSGSRILITTRNEGVARRMRATWPHHHIDSLSP
DDAWSLLKKQVLSNELDEDHINTLKDIGLNIIQKCGGLPLAVKVMGGLLCQTEMQRCDWEQVLDDYKWSMSKMPED
LNNAVYLSYENMPSYLKQCFLYYSLLPKSKEFNVLAVVALWISEGFIPGNSDDDLEEMGLKYYKELISRNLIEPDKSYY
GQWYCSMHDVVRSFAHYIAREEALVAQSGEMDILIKFSSQKFLRLSIETGGLQSCELDWKSVQEQQLLRTLISTVQIKM
KPGDSLVNFSSLRTLHIECAGDVVALVESLHKLKHLRYLALRGIDISVLPENISKMKLLQFLENFSLQNLDELGPLSQLR
FLELFQLENVSTASSAANATLAEKIHLTELFLFCTSKLGYGGSANHNEVFSEDEQRRIKKVFDELCPPRCVEFLEMRGY
FGQQLPSWMMSTSTVPRHVNLKALFISDLACCTQLPSGLCQLPCLELLQVVRAPCIKRVDTVFLHPSQAVAAPFPRLQK
MQLFAMTEWDEWEWEEKVQAMPRLEELLLDNCKLGRVPPGLASNARALRKLSIEDVKQLSCLENFPFLVELIVVRCP
DLQRISDLPNLQRISDLPNLQKLTITDCPELTLVKSIPALEGFDLEDYTMEELPEYMREIKPRHLQLGEGTNFGRYDGN

>Bradi2g38987.1 chr02_pseudomolecule brac version0 39196874-39192770 Protein
MEVAAGAMTPLLGKLGDLLAEEFSLEKRVRKGVKSLLTELEMMHAVLRKAGNIPPDQLDEQVRIWAGKVRELSYNM
EDAVDSFFVRVEEGRERGPTNMKNRVKKFLKKTTKLFSKGKALHQISDAIEEAQELAKELGDLRQRYMLEAQASSAG
DTIDPRLKAVYRDVAELVGIDKTRDELIGKMSDGDKGSKEQLKTISIVGFGGLGKTTLAKSVIPTPRRFSRRSYINSKAIR
DEEQLIDELKMFLQDKRYLIIIDDIWDVNAWGIIKCAFSKNNMGGQLMTTTRIMTVAQACCSCSHDIVYEMKPLSGDDS
EKLFNKRVFAQESGCPRELEQVSRAILKKCGGVPLALITIGSLLASDQRVKPKDQWLALLKSIGRGLTEDPSLDEMQRI
LSFSYYNLPSHLKTCLLYLSVFPEDYEINKDRLIWRWIAEGFVQSSEEDTSLYELGERYFNELINRNLIQPIYYDNAQYM
AIACRVHDMVLDLICSLSSEENFVTILHGTEGSTTSSQSKVRRLSFHNSMPELTTPEVDTTSMSQVRSVTLLRTVVDLIQ
SLPSFLFLRVLNLEGCNLGKSSLKIHIVDVENLFHLRYLGLKDTGLKDLPMEIGKLWYLETLDLRGNNLVVPSSIVLLGR
LICLRVDNDMRMPVGMDNLVCLEELAEVHVDGSEVFEKELSRLIKLRVLGLRLHGSNERACKSLVESLGYLLKLQILL
IKNQDCTRFVGCWDSWVPPPRLWALQFRRCTSRVPRWINCTSLLLLRFLYIVVDEVRGEDIEIIGKLPALLSLLLKTTEC
QHTCVEMPIIGAGAFPYLIDCNFKKFVTVPSMFPRGALPMLESLDFWAPASRIASGELDVAMAHLPSLQKVSVTFLPEE
NADLWLEEARVALKHAADANPNRPSISC

>Bradi2g60260.1 chr02_pseudomolecule brac version0 57642234-57636669 Protein
MIVSAVGEQLATKLGELVKDEIALLWGFRDDVEGIEEKMKDLEAVMHDADDRLRRGERDGAAVGRWLMKFKDVVY
DVEDVLDELDANELINKTQSKLKLFFSRNNQLLQRITIAHHMKSVKGKISKTEIEAGSPTLNLVRREARAEGNRSEETF
AAIGDHGTKTGMVGRDAEKQKIVNLLLKGEASENISVIPIVGLGGLGKSTMAESVLADGRVNIFNFQAWVHVSEQFDL
RKIASSIIKSINSCINVDNCTLQFLHDKLKTELATTRYLIVLDDLWEEDGKKLEELKRMLQYGCKGSKIIVTTRNQNVVA
KMSTGVLANQGIVRPVPESEQIKLGILSRDDCWQVMKQIIFRPDDDQSGLEEIGRKIAAKCGGIPLIANSLGRVLSDPRT
FKAWEDIRDTEIDLGSRDQKDTLERLMLSYYYMKVEFKMCFTYLAAFPKGFVVDANRLIQQWIALGCIHAKDDGERC
IKYLLGMSFLQISRSSSVSPSPAHATAPQELTTHDLVHDLASTITASEFAVLDANEPEPSTWRKSRYCRHAQLINYQNQS
KVFRDLPAKVRSLHFRDSRKQQLPRMAFSRSKHLRVLDLNGHSVRGQSIPSNLDHGGCSVEGQSTPSNIVLPSSIHQSK
LLRYLDATALPIASLPKSFHTLQYMQTLILSKCSLETLPDKICSLQKLCYLDLSGNSSLSKLPVSLGKLSKLSFLNLFGCYK
LQELPASICELIRLQHLDMSECRAIQKLPDDFCSLPKLTFLSLFGCSKLTKLPDNVRLVSLEYLNLSNCHELQNLPQDFG
NLRKLGFLNLSDCYKVATLPESFYQLIHLKDLDLSDCHELRKLPDFFGNLCELESLNLTSCCKLQLLPESFCKLFKLRRL
NLSYCMRLTKLPSSLGNLKLQSLDISSTNLRNLPDSISSMTSLTHLEVTSAQPEVFDKAEDIRNRLNLPGITIHTVHELEH
KGCSSIVELSQLTCHELKVLELQNVRHAEDAERAKLRDKSDLRMLNLGWGFQGGEEHRSVLERLVPPRTIEQFVLKG
YMSKGFPMWMSQISSYLPLLTYLLLSDLGTCDTLPPLGRLPNLRELVMKNIPNIRKIGKEFYGEGGICTKLRSIQLESME
NLVEWWTTQSGEENEEFLVPNLHELAVADCPKLKFLPYPPRCMLWFLQNSDEVLPQRGFGNLLSSTLPFDMVIKNCN
FSSDKWDRLHHLPTIEILYVLSCNGLRPLPEAIRCFTSLRNLSLDFLKDLELLPEWLGQLVSLQKFHISGCPNLTSLPESM
KNLTALRVLWLTECKGLDILRDWIGQLVSPEEFNIIDCPNLTSLPGSTRNLTALKELYIWGCPTLVDRCQGEDADMISHI
QKVKLHR

>Bradi2g60230.1 chr02_pseudomolecule brac version0 57595457-57590184 Protein
MPAEVGGMIASAVGNRIAAKLGELVSDEIALLWGFQDEVEGMKEKMQDLEAVMLDADDRMRRGERDGRAVGRWL
AKFKAVAYDVEDVLDELDANELINKTQSKLKLFFSRNNQLIQRSTMAHNMKRVRGKIGKIENEGLQTLNLVSREARA
ERSGNGETFAAISTQGMKAGMVGRDTEMKKIITLLVRSEASEDISVIPIIGLGGLGKSTLAESVLADERVNIFNFKAWVH
VSKQFDLRKIAGSIMKSINNSINLENCTLQFLHDNLKTELATTRYLIVLDDLWEEDGKKLEELKRMLQYGCKGSKIIVTT
RNQSVVAKLSTGVLANQRIIRPVPDSDQIKLGVLSTDDCWEVMKQMVFGPDDDHSGLEEIGREIALKCGGVPLVANSL
GRVMSELRTVKAWEDIRNTKIFLGSRDQKDTLECLMLSYYYMKLEFKMCFTYLAAFPKGFIMDSDRLILQWIALGYIH
AKDDGERCINYLLGMSFLQISWSSSLYHFSFYVKSANDLVLSNGSSSNVKMFSIDVSRSPAHDKTPRELTTHDLVHDLA
STITANEFLVLDANALEPRTWNKARYVRHAQLINYKNQSKVFRYLPAKVRSLHFRDSGKQQLPRMAFSRSKHIRVLD
LNGHSVRGQSTPRTFDLGGCSVEGQSTPRNIVLPSSIHQCKLLRYLDATALPIASLPKSFHTLQYMQTLILSKCSLETLPD
NICSLHKICYLDLSGNSSLDKLPASLGKLSELSFLNLLGCYILQELPESICELTCLQHLDMSECRAIQKLPDEFGSLPKLTF
LSLSGCSKLTKLPDIVRLESLEHLNLSNCHELESLPKDFGNLQKLGFLNLSDCYRVSVLPESFCQLIQLKDLDLSDCHHL
SELPDCFGDLSELDSLNLTSCCKLQLLPESFCKLFKLRYLNLSYCMRLGKLPSSIGDLKLRILDISCASSLHFLPDNISNMT
SLNQLEVTSALPRVFQKVQDIKRDLNLSRLIVHNVHKIYKERCSSIVNLTQLTCRELRVVELQNVRHPEDAERAKLRD
KSDLRVLLLRWRLQRKEDNRHKAVLENLVPPRTLEQFLLNCYMSKDFPNWMSHISSYLPSLTYLNLSDLGTCDTLPPF
GRLPTLRNLVMKNIPNIRKIGKDFYGEDGTCTKLRRIQLKSMRNLVEWWTTRSGEDNGEFLIPNLHRVELIDCPKLKFL
PYPPKVMLWYLENSGEVLPEGGFGKLSSSTLPFSLKIVNCIFSPEKWDRLQHLPTLEIFQVQSCRGLRALPEAIQYCTSL
RNLYLSSLKDLELLPEWLGHLTSLEEFVIRDCPIVTFFPESMKNLTALKVISLRDCKGLDILPEWLGQLISLQEFYIIRCA
NLISLPESMLNHSTLKKLYIWGCSSLVERCQGEYAYRISHIPTVTLNNGTEFPEVQ

>Bradi2g09434.1 chr02_pseudomolecule brac version0 7714796-7719951 Protein
MGSSSGEDSPAARFKAPAKEKQVAVAGRQEVPSYHGVRKRPSGRYAAEIRNPYKKTPLIPLRLGTYDTPEEAARAYD
RASWEFRGKSARLNFPDEVTAAAAPATEDLSGKLPNERRGKSSRLNFPDEVTSAAALATERRSGKLKLPNKIATQWSS
SDGGSGSESESDTEALDFADEPRLPSQGKGSAEENFIDLLDGFVFLAPACEVSLSEESSLVSTQTLGNPEGTAEIEKDSSS
FWAYPPIQNPERTVLRPRWPTRRRRRRTRSAVTLSSEQSAQGSYYFQETTAAEMLLGLSTVGSPRLNFPEEITTTLAPS
SEGTLSPNWLPDWLAPLNIPVPGEECLDFCTELALSSCEGGGSRSDALQVQAAGTMDVPPQGAASIIQNNATEDCPQLP
LQPGGEEEEHHQQQLYPWLVSPPPTSSHYCAALGAMGSLLRNLHTELHGSGSLPKMVKERMQLLKDDLEEIGAYLED
LSEVEDPPLTAKCWMKEVRELTYDVEDYMNKSVLRQPVVVRATASAKIKSGGKPVAKARHVKITRLPRRVNRPHRI
ADMLSEFRVFVREAIERHERYDLGCRSLRRRFVSVGPVLPMTYDEAADIVIDGRMSKFITSLANDGDQQLKVASLVGS
ECLGKTTLARVFYEKFGAQCDCRAFVRVSRKADMKRVFRDILWQVQRQQPPEDCKQHELTDSIKKHLQDKRYLLVI
DDLWDASVWDIISDACPKGNNQRSRIITTTRNEDVALSCCCDLSEYVFEMKPLDDYHSRKLFFGRVFGSESDCPQQFK
EVSDEIVGICGGLPLAIISIASLLASQTVILMDLLMHIRDSLTTCLWANSTSEGMRQVLNLSYNNLPQYLKTCLLYFSMYP
LGRTICKDDLVKQWVAEGFINAAEGKDMEKVAASYFDELVQRKFLQPLCMNHNNEVLSCTVHDMLHDLIAHKSAEE
NFIMVTDYHQKNMALSDNVHRLSLHFGDAKYAKIPENIRTSQVRSVTFSGLSKCMPSVAELRLVRVLNIELSGHHGDD
RIDLTGISELFQLTYLKVASACDVCIELPNHMKGLQCLETLDMNAKVSAVPLDIIHLPRLLHLHLPVETSVQFDWIGSTG
SVSPGSPGKLINLRDIRLTCSVPPSDHLERNMEALCSLLGGHDNLKTLAMVPIATCRNDFLRADSASEVTTISWDGLTPP
LHLQRFEWLPCSCILSRVPKWIGELGSLCILKIAIETLSMDDVANLQGLSALTVVSLYVRERVAERIVFGKAGFSALKYF
KFRCSVPWLKFEADAMPNLQILKLGFNAPTVDRQDTAHISIERLSGLNEITVKIGGAGADSESTLMDTVSNHQSNPKIK
MVTK

>Bradi1g27757.1 chr01_pseudomolecule brac version0 22875008-22879757 Protein
MIETILAGFTKDVVKSLGKLATDELSKVLYVKNEIEKLKSKLEHITTIIMDAEQTIVQHAATRDWLKKLREITYEAENII

DRCRIEADRPQSQPQECNPSSAFKCCRDVAINYKIASDIHELNQKLDSIKSESMMLHLNPRLEDIRSDDVAPDLDSDIVG
REVENDCNSLIQLLQRENTISCRLFAIVGTIGVGKTTLARKVYHRAAAMFETRLWVHVSKDLKQMTMWSGGKYTKAE
TPEQQALLRTCLEGKKFVLVIDDVWGEDVWDGLLEVQAQHGTTGSRVLITTRDERVARRMGAIHLYRVKCLNEDDG
WWLLRTKSLLNENTGNMQDVGRRIVQKCNGLPMAIRRIGCYLRDVEPQENDWERVYSSNFCGISRRIRSTINMSYLEL
PYYLKRCFIYCALYREGFVINRQCITRQWIAEGFIVTTQNSTQPQSTTLEEEAEKCYEELLGRGLLLPENEACGAVGAK
MPHLFRSFALLQSQNENFTGNPEDIGDVFKPCRLSITNASAEAIRNGIKKLKSLRTILLFGSSLNEKSMNDIFQKFTHIRV
LDLGNTHIECVTVSLGRMAHLRYLSFANTQVREIPGTIENLRMLQFLILKNCVHLNALPESVGRLINLRSLDISGAGLNC
VPFRFSKMKELNCLQGFLVRSAGAQNKSGWKFQELSSLTKLTSLQILRLERTPNGEHARQSALEGKCHLKVLELSCST
DDQPVEISRAENIKDVFDALKPGPSVVSVKLVNYYGHGFPSWLSPSDLPLLQRLTLDGCLYCQCLPSLGQMKNLKFLAI
VGSNLSSTIGPEFRGTPENGVAFPKLEQLIISKMSNLKSWWGLEGGDMPSLINLRLDGCSKLDSLPHWLEHCMALTSLQ
IDHADSLEVIESLPALKQLRVQRNKKLTRISNLKRLEDLQVLHCLLLKHVQGVPSLHKVHLDERNSTELPHWLHPQPQ
EPFILRRLEIVGAEELLDRCSSASSQYWSVIQNADHVYANLPDGAFYFSFTKSTSYFHRSARSLAQSSLYISPSFTMPAV
PKEAGDVILLDGTKNSIMQGSQSTSQSWVRTQLFTFLLFIATILMYLILLGKYI

>Bradi4g15067.1 chr04_pseudomolecule brac version0 15749242-15745164 Protein
MDLVVGASSDAAKSLVNKLGSLLAKEYALIEGVRDDIQYINDELESMQALISTLKRARTRSEQRQGWMKQVREVSFDI
EDCIDDVNHRLREEPRGGRLVYLRRKWYLLTTLYARRCIAAEIRDLKLRAQHVSERRARYGVENLTAADLKEISEDA
EAPRDLVPPPPQLIHTRQIVGMEDAIEELQVWIRKEEPNAAQSTCKTRFLAIFGSGGIGKTTLAMELYRKVGGEFHRRA
SVQVSQKFDLLMLLRSLVRQLQQFGADPRDEEPLDRIEKMEEGPLKEKLQSQLKDKRYLILIDDIWSVSAWEKIKDCL
PERECGRLIVTTRFKSIAVACQRRQKGDCLHEHRKLDKKKSYHLFRQIISSAPEDPTVAAKNLLDKCGGIPLAVIVVAG
LIASKLRSETSKKTLHDYLQDVDKALSEGLGTPPSTDEVKKILDQCYNSLPADLKTCLLYLSMFPKGCIISRKRLIRRWIA
EGFMIEKHGKPVQEVAEDSFNELISRNLIRAVNNTSNGKVKSYQIHDMVHQYIVSKSTDENFITVVGGHWQTPFPRYK
VRRLSVQRSEEKQTVEQMKLSHVRSLTVSESFKPIRSCLPDFRILQVLDLECCKDLSSHQLRKICKMHQLNYLSLRRTDI
DEIPPEIANLEYLEVLDIRETRVRKFPRLDGDLARMTHLLTGDKSKRTGLALTEEITNMTALQTLSGVEVYGIPAAKWQ
IGGHKASSWGSSVQVLEALEKLTNLQKLSIYLHGKFEDECDKFLLSSIEHLSSCSLKFLAIDDDFTGFLDKSLNSSEAPPE
HLHTLELSGMLTRVPGWIVRLHSLHKLTLSLTSLTASTLLDLSKLPQLFSLTFSLDATKSKNPIAVKILHKNVLDSDGEM
LVEAGGFENLQLLRFMAPVMLPLSFQKGAMPMLQKIELKFRTANGVYGLENLGRLEEVYISVSSKEIKAAEQIKQLAN
RIGNRLTVIDDEYNESSLEQ

>Bradi4g06470.1 chr04_pseudomolecule brac version0 5449133-5444585 Protein
MEEEHLNLGKSTVAQAILLLDKAFSYLGGRSGYSEEEKAKLSQDLHTIHRGYGEKPLPRCPGPKVWHFRRLVEYVED
AIDDIEYKYLSHRLEEEVRHPISKFVKTKIFNKVARVAVRSSNLQQLRSAIRALDYFASGYAENIALDSSGASQQPSLQR
QRATGDVFGRDKEKEQIVHWVTQVASSSPISCFAIVGMAGMGKTALAQLVHEDSRVSVNFDYVVWVPQAVDLGAEA
ITTEILRSIGFPARSRIDSMQYYLAEKLRGKKILLILDDVWEDESTEKWANLVSPLRSAMRGSKILLTTRMQSVADMAA
DVVGGEAEFLTLDELDEHSNFLLFKSELTPHIKFEDHADLLLVGEQIAQKFGGCPILTLAITSQLKDNILASYWRTILHE
EMHNITGMHGILMRGILQVLQLSYDRLPRQLKACFKYCGIFPNGYRFSKEELVNMWVCSGLIPFVSSKPGDIGLPFASP
KPGDSGFPRTENFSLPNPEDVGQQCFRVLTRKSFFCRVLGRDPSNGDQKEYYVLHRIMHYFAEFVSQGECARINGYFR
NYFMESSIRLEIQHLSIDHFSNITEHNIKYLIGTFWRLRTLIIRSETCLDQQTEVLLEKWLGKLAGLRLLYLDVPSLSHAL
VGVSNLTQLRYLFLFSCDGYHIQKAFKLYHLQVFKLNYLTGKEAGFHGIYNLHSLRCLHVPDNMLSNIHDVGRLTSLQ
ELRGFDVMEIGGHRLNALSNLTKLEKLSLKNLQNVRNSEEAMEVKLKEKQCIRFLSLSWNKYSNDPENLSSRVLDSLE
PNKEIQHLHINGYNGVLLPQWIEKSLPINLVLLELEYCMKWKTLPSLKDLNSLKYLKLEHLSQLEYIGEEEHFGTSESED
ALLPPFLNTLIVRSCPSLKNLPAIPCTLEQLIIKHVGLEVLPRMHQRYTGSLTFDNWESASASSVKSDLAFLHIESCARLT
TLDEGFLKQQEHLQSLATLIIRHCQRLCHLPKKGFTELPRLNILEMVGCPILRDAKTEGSVLPVSLTNLDINPCGDIEVSV

LMSLQNLTFLRRLSLFSCSNLEKLPSENVFATLNNLYDVSIARCKNLLSLGALGIVATLRVLSILCCDKLHFSYSQQAGCS
FKLLKLEIDRQALLLVEPIKSLRYIEELQICDDNAMKSLPGEWLLQNAVSLHSIEIGVAESLCSLPSQMIYLESLQSLHIER
APLIQSLPQMPMSLRKLTIWGCDRMFLKRYEKDVGLDWGRIAHIPDVDMKAYSEGMSCGGDQTQEFNNSTSNPCCEF
VVVD

> Bradi2g51807.1 chr02_pseudomolecule brac version0 51394701-51399120 Protein
MAEVALAGLRLAVSPILKKLLADASTYLGVDMASELRELESTIMPQFELMIEAADKGNHRAKLDKWLQELKQALYNA
EDLLDEHEYNLLERKAKSGTDSSPSLASSSSTILKPVRAASNMFSNLSSKNRKLLRQLKELKSILAKAKEFRQLLCLPAG
GNSAEGPVVQTAVIPQTTSLPPLKVIGRDKDRDDIINLLTKPVGVEANSAAYSGLAVVGAGGMGKSTLAQYVYNDKRV
QEYFDVRMWVCISRRLDVHRHTGEIIESATRMECPRVNNLDTLQCQLRDILQKSEQFLLVLDDVWFDDSNSQVEWDQ
LLAPLVSQHMGSKVLVTSRRDTFPAALCCEKVFRLEIMEDTQFLALFKQHAFSGAENRNPQLLERLETIAEKIAKRLGR
SPLAAKVVGSQLKGKMNISAWKDALTLKIDNLSEPRTALLWSYQKLDPRLQRCFVYCSLFPKGHKYNINELVHLLIEE
GLVDPCNQSRRMVDIGRDYLNEMVSASFFQPVSERFMDTCYIMHDLLHDLAELLSKEDCFRLEDDKLTEIPCTIRHLS
VRVESMKRHKHNICKLHHLRTVICIDPLTDDVSDIFHQVLQNLKKLRVLCLCFYNSSKLPESVGELKHLRYLNLIKTSIT
ELPGSLCALYHLQLLQLNHKVKSFPDKLCNLSKLRHLEGYHDLTYKLFEKALPQIPYIGKLTLLQHVKEFCVQKQKGC
ELRQLRDMKELSGSLRVRNLENVTGKDEALESKLYEKSHLRSLRLVWWCNSVINTEDHLQLEVLEGLMPPPQLRGLKI
KGYRSATYPSWLLEGSYFENLESFKLVNCSSLEGLPLNTELFRHCRELQLRNVSTLKTLSCLPAALTCLSIGSCPLLVFIT
NDEDEVEQHDQRENIMRKDQLASQLALIGEVYSGSKIKVVLSSEYSSLKKLITLMDADMSHLEAIASAVDREKDEVTLK
EDIIKAWICCHEMRIRFIYGRSTGVPLVPPSGLRQLSLSSCSITDGALAVCLDGLTSLIHLSLVEIMTLTTLPSQEVFHHLT
KLDFLFIKSCWCFTSLGGLRAATSLSEIRLILCPSLDLARGANLKPSSLKALCIHGCMVADNFFSSDLPHLIELSMFGCRS
SASLSIGHLTSLESLSVGSFPDLCFLEGLSSLQLHHVHLTNVPKLSTECISLFRVQKSLYVSCPVVLNHMLWAEGFTVPPF
LSLEGCNDPSVSLEESEIFTSVKCLRLCKCEMMSLPGNLMCFSSLTKLDIYDCPNISSLPDLPSSLQHICVWNCERLKESC
RAPDGESWSKIAHIRWKQFR

> Bradi1g67840.1 chr01_pseudomolecule brac version0 66425532-66429845 Protein
MEMQFAAVLASLALGGALLVLFFGKWWQPLADADRRVKELDDAVEALLQLRAAVLKQLDGAPESEQTRAWLRRAQ
EAQDEVASIKARHDAGQLYVIRLLQYFLAAGAVAAGALAEKQLKIVRAIQEQGAALLEAALATPQAPPPLLLQPEELE
LPLPATTGATRARLNEALRFLGDCDAALGVWGAGGVGKTTLLKHVRGVCGRVAPFFDHVFLVAASRDCTVANLQRE
VVAVLGLREAPTEQAQAAGILSFLRDKSFLLLLDGVWERLDLERVGIPQPFGVVAGRVRKVIVASRSETVCADMGCR
KKIKMERLNEDDAWNLFEGNVGEEAVRWDTQISTLARQVAAECKGLPLCLAIVGRAMSNKRTPEEWSNALDKLKNP
QLSSGKSGPDESTHALVKFCYDNLESDMARECMLTCALWPEDHNISKDELLQCWIGLGLLPINLAAGNDDVEEAHRL
GHSVLSILESARLLEQGDNHRYNMCPSDTHVRLHDALRDAALRFAPGKWLVRAGVGLREPPRDEALWRDAQRVSL
MHNAIEEAPAKAAAAGLSDAQPASLMLQCNRALPRKMLQAIQHFTRLTYLDLEDTGIVDAFPMEICCLVSLEYLNLSR
NRILSLPMELGNLSGLKYLHMRDNYYIQITIPAGLISRLGKLQVLELFTASIVSVADDYVAPVIDDLESSGASVASLGIWL
DNTRDVQRLASLAPAGVRVRSLHLRKLAGARSLELLSAQHAAELGGVQEHLRELVVYSSDVVEIVADAHAPRLEVVK
FGFLTRLHTMEWSHGAASCLREVAMGACHTLTHITWVQHLPCLESLNLSGCNGMTRLLGGAAEGGSAAEELVTFPRL
RLLALLGLAKLEAVRDGGGECAFPELRRLQTRGCSRLRRIPMRPASGQGKVRVEADRHWWNGLQWAGDDVKSCFV
PVLL

> Bradi4g17365.1 chr04_pseudomolecule brac version0 18507520-18516883 Protein
MEATAVSLARSVLDGVLSSAGSAVADEVARLLGVPKEVEFIRNELEMMQSFLRVASARPDTAVRNDTVRTWVKQVR
DLANDVEDCLLDFVLYSATASSSCSPQVWSWLPGPLAARHRIATKIRDLKASVEELNQRNQRYHIVMDNYPPPRGIED
VQQPSGSILLLPGHDVLSAAELAFQELDMIGRIKEKAELRDLISLSNGAALSVVSVWGMGGMGKSSLVSIVRNDPVLLD

EFDCGAWVTVPHPLDSADEFRRRLRKHLGLEVAHDVREHLKDKRYVIVVDDLLSQEEWGHVWQVLNFHNGKGSRV
IVTTRREDVARHCAGNVGEGRGHVYELKPLQDKESKDLLFQKVYKTTEYTLSKEMAEQASHILKRCRGLPLAISTIGG
LLANRPKTSMEWMKLHEHLGAELESDLRNITRVIVSSYDGLPYHLKSIFLYLSIFPENHEIRCTRLLRRWMAEGYIAKN
RDMPVEEVGERFYNELINRSMIQPSKKNIIPGVRVNRCRIHSMVLQIILSKAVEENQLFIIEKQCDEVPHSKIRHLVVSR
WKRRKDKLENINLSYIRSLTVFGECPVSLISPKMRLLRVLDLEDTINVKNEDLRHIGELHHLRYLSLRGTEISKLPSSLK
NLRYLETLDIQDTQVTELPHGIVKLEKLRYLLAGVDFSKDLLQKVVQSKVDNRKTNLLGKMANFLCCNRRDYCKISNI
DQLSVRAPEGIEKLRNLHMLVAFNVGHGNGVAARIKKLTNLQKLGVTATGLTEEEGHELCRSIEKLDRLERLEVRAD
SLQFLAKMNESATPKHLASLRLLGGLFFLPKWITLLNDLVKVKLLGTKLEQGQVNILGNLHNVALLGLWENSYIGDSLR
FSSGKFPKLKFLDMDGLEKIETVTIEEGAMPELEQLWVNNCKALHDSDDGLSGVPHLPNLNELLLKKCGEKEKLMKK
LQEQVSDHIKRPKFLIGKSIVPTSSKPSMSVVDEQ

>Bradi2g03007. 2 chr02_pseudomolecule brac version0 2183626-2187628 Protein
MGTILESLLGSCASKLQEIITNEAILILGVEEELADVLRRVELIRCCIADAEKRRTKDLAVNSWLDQLRDIIYDVDELLDV
ARCKGSKLLPDHTSSSSSRSAACKALSVSSCFCNIGQRHDVAVRIRSINKKIENISKDKIFLTFSNSTHLTGNGPTSKLIRS
SNLVKPNLVGKEIKHSSRKLIDLVLAHKENKSYKIAIVGTGGVGKTTLAQKIYNDQKIKGSFNIQAWVCVSQDYNEVSL
LKEVLRNIGVHHEQGETIGELQRKLAETIEGKSFFLVLDDVWQSNVWIDLLTSPLHATTAGVILITTRDDQIAMRIGIED
THRVNLMSVEVTASALTCRDLTENEWKRFLGKYSQSILSDGTEAALYLSYDELPHHLKQCFLYCALYTEDSIIELRIVA
KLWIAEGFVVEQQGQVLEDIAEEYYYELIHRNLLQPCGKSYSQAKCTMHDLLRQLASNISREECFIGDVETLSGASMSK
LRHVTAVTKKEMLVLPSIDKVEVKVRTFLTVHGPWRLEDTLFKRFLLLRVLVLNYSLVQSIPDYIGKLIHLRLLNLDYT
AISCLPKSIGFLKNLQVLSLRFCKDLHSLPLTMTQLCNLRSLLLLGTAISKVPKGIAKLKFLNEIEAFPVGVGCDNADLQD
GWKLEELSSVSQIRYLHLVKLERAAHCSPNTVLTDKKHLKILILEWTELGEGSYSENDVSNTENVLEQLRPPGNLENLW
IHGFFGRRYPTWFGTTFLSSLMHLILSDLRSCVDLPPLGQIPNLKFLRIEGAYAVTKVGPEFVGCRKGDSACNELLALPK
LEILVIVDMPNWEDWSFLGEDESADAERGEDGAAEICKEDAQSARLQLLPRLVVLELLYCPKLSALPRQLGEGTATLK
ELALVGANNLKAVEDFPLLSELLYIQNCEGLERVSNLPLVSEVRVFHCPNLGCVEGLGSLQRLVLGEDMHEVSSRWLP
ELQNQHQQLHDGEDLDVFVVPRKLQDSWMATKSQGLGLMVQFEGQKQVEEATCKSILDCVAV

>Bradi2g03007. 1 chr02_pseudomolecule brac version0 2183626-2187323 Protein
MGTILESLLGSCASKLQEIITNEAILILGVEEELADVLRRVELIRCCIADAEKRRTKDLAVNSWLDQLRDIIYDVDELLDV
ARCKGSKLLPDHTSSSSSRSAACKALSVSSCFCNIGQRHDVAVRIRSINKKIENISKDKIFLTFSNSTHLTGNGPTSKLIRS
SNLVKPNLVGKEIKHSSRKLIDLVLAHKENKSYKIAIVGTGGVGKTTLAQKIYNDQKIKGSFNIQAWVCVSQDYNEVSL
LKEVLRNIGVHHEQGETIGELQRKLAETIEGKSFFLVLDDVWQSNVWIDLLTSPLHATTAGVILITTRDDQIAMRIGIED
THRVNLMSVEVTASALTCRDLTENEWKRFLGKYSQSILSDGTEAALYLSYDELPHHLKQCFLYCALYTEDSIIELRIVA
KLWIAEGFVVEQQGQVLEDIAEEYYYELIHRNLLQPCGKSYSQAKCTMHDLLRQLASNISREECFIGDVETLSGASMSK
LRHVTAVTKKEMLVLPSIDKVEVKVRTFLTVHGPWRLEDTLFKRFLLLRVLVLNYSLVQSIPDYIGKLIHLRLLNLDYT
AISCLPKSIGFLKNLQVLSLRFCKDLHSLPLTMTQLCNLRSLLLLGTAISKVPKGIAKLKFLNEIEAFPVGVGCDNADLQD
GWKLEELSSVSQIRYLHLVKLERAAHCSPNTVLTDKKHLKILILEWTELGEGSYSENDVSNTENVLEQLRPPGNLENLW
IHGFFGRRYPTWFGTTFLSSLMHLILSDLRSCVDLPPLGQIPNLKFLRIEGAYAVTKVGPEFVGCRKGDSACNELLALPK
LEILVIVDMPNWEDWSFLGEDESADAERGEDGAAEICKEDAQSARLQLLPRLVVLELLYCPKLSALPRQLGEGTATLK
ELALVGANNLKAVEDFPLLSELLYIQNCEGLERVSNLPLVSEVRVFHCPNLGCVEGLGSLQRLVLGEDMHEVSSRWLP
ELQNQHQQLHDGEDLDVFVVPRKLQDSWMATKSQAHHLDGQSTRHTKSMSNARCLRQCYKIKPVYSQAPVLISILEV
PN

>Bradi1g27770. 1 chr01_pseudomolecule brac version0 22886656-22882825 Protein

MLATAMLPAAVRSVDGLLADGAPGAAEELRRLRRKLDDAAGLAPDAEAREGRDASSRAWLRELRDALYELGDADA
DFRRAAPSGRRLESRRSFRHWFMLPPTVNGIRDKTLRTSITSLNKIFDAILNKGSELGLLSGNQEILNGRSEFTAEVVLN
DDTVGDIENKKNRLIDILTDRQSANIVVSILGDSGMGKTKLAWEMHNDHRTRNAFSMIAWVSVFNDFDGIGLLSAIVSA
AGGNPRGATDRMQLEAILAAMLKGKRFLLVLDGLYGHHVFENSLDAHWHVFGHGSRILITTQDGSVATKMKSAYAYI
YQMKELAFQDCWSLLCRNACHDQSLHGNTLRNTGIMIIQKCNRIPMAIKIIAAVLRTKEQNKEAWQQVYESKGWSFRD
LHDSVDGLTGAIYVGYHDLPSHLKQCLIYLSLFPEGSVMRQQFVCQLWVSEGFIEEQDNCNPERIAEEYYMELVSRNLL
KPEIGNHDMTRCTMHEKIRSFLQFFAEDKVFSGDLKPSVNGTSSEGLRQVWIRSNKPTTTLDEIVAVASLKTVILYKNPV
GNHGLDKLFKGLKYLQVLDLGGTEIKYIPTSLKFLLHLRLLNLSLTRITELPESIECLRNLQFLGLRYCNCLHTLPKGIGK
LQSLRSLDLRGTNLHQVLPCLENLKLLSTLHGFIVNCTPNRDDDPSGWPLEDLGSLNALRSLQILRMERVTDCLRMQKA
MLDKKSHLKELELRCSTDDRQAEVREDDARTIKDTFDCFCPPQCLKSLKMVSYYAKLCPDWLPNLSNLQRLVISDCKF
CERLPDLGQLTELKFLTITGFSKLLTIEQDRTTGNQAFPKLEQLHLKDMQNLESWVGFLSSDMPSLVKVRLDRCPKLRY
LPSGIKYSKVLSSMHIHYADSLEVVEDLPVLKELVLQACNELTEISNLVLLEALIVISCSRLKDVNEVHYLRHARIEDRE
LRRLPEWLRSCASVLQTFTVVGSAELLERLLPNGQDWGIIRDINKVYANLPDESPFFTYTKDTADFHVDQRIIEHSKPP
VSIAVGNVHEALTISLGNSADMVGRIGVPVVPVNQTSTFKRIIRRYLVPYLVVVMFVMQVVSYSLQNKTTREIWLIQTL
ITFFATVLLLFLVFLD

>Bradi3g15277.1 chr03_pseudomolecule brac version0 13550249-13546024 Protein
MEAVLVSATTGAMKPVLAKLAALLGDKYSLFKGVRKEIGFLTAELTAMHGFLLRMSEVEDPDAQDKAWMAEVRELS
YDMEDAVDEFMICVDDKDVKPDGFLEKIRCSLGRMKAHRHVGSEIRDLKERIVQVGERNARYKTREACPKAIDAAV
DPRALAIFEHASKLVGIDEPKSEIIKLLMEGDGRAPMQQLKAFISVSRNPDIMNILRTILNGVSNQGYANTEAGSIQQVII
NINKFLTGKRYFIVVDDIWNVETWDVIKCAFPMTTCGSRIITTTRMNNVAHSCCSSFNGHVYNIKPLNMVHSRQLFHG
RLFTSDEDCPSHLNDVTDQILEKCDGLPLAIIAISGLLANRESTKDEWDQVKNSIGQALERNPSIEGMMKILSLSYFDLPP
HLKTCLLYLSIFPEDYIIKKDDLIKRWIAEGFIPKEGRHTIHELGEKCFNDLINRSLIQPGGTDKYDSVKICRVHDTILDFI
ISKSIEENFITIVGVPNLTIGTQSKVRRLSIQVGKQGNSVLATGLVLSHARSLHLFGDPVEIPSLDEFRHLRFLDFRKCYQ
LGNPHLANIGKLFQLRYLNLKNTAVSDLPEQIGHLRCLEMLDLRKTSVRELPEAIVNLQKLAHLLVDTRVKFPDGIAKI
QALEMLEEVNPFNQSFNFLVELGQLKNLRKLHLNFEYDSTVGDITRFKECKKAIASSLRKLGTHSLHHLNIADDDSFLL
EPWCPPLSLQSLMIHWSPVPQVPNWVGSLINLQQLRLELERVGQEDLCILGALPALLTLDLIGTAKPRERLRVSGEAGF
RCLRIFFYIQCEGMQLMFASGSMPKLEKLRINVDADETVACTTDAFDFGMQNLPSLITVECALRGGRVGNAFEAAKAA
MARAVSTNPNHASLVFV

>Bradi2g03020.1 chr02_pseudomolecule brac version0 2197209-2200662 Protein
MAAILESLLGSCAKKLQEILTDEAILILGAEEELAEVLRRVELIQRCIADAEKRRTKDLAVNSWLGQLRDVIYDVDELL
DVARCKGSKLLPDHTSSSSSTSVSSCFCNIGPRRDVAVRIRSLNKKIENISKDKIFLTFNNSTQPTGNGPTSKLIRSSNLIE
PNLVGKEIRHSSRKLVNLVLANKENKSYKLAIVGTGGVGKTTLAQKIYNDQKIIGSFNIRAFVCVSQDYNEVSLLKEVL
RNIGVHHEQGETIGELQRKLAGTIEGKSFFLILDDVWQSNVWTDLLRTPLHATTAGVILVTTRDDQIAMRIGVEDIHRV
DLMSVEVTASALTCRDLTENVWKRFLDKYSRSILSDETEAALYLSYDELPHHLKQCFLYCALYTEDSIIELRIVAKLWI
AEGFVVEQQGQVLEDIAEEYYYELIHRNLLQPCGTSYSQAECTMHDLLRQLACNISREECFIGDVETLSGASMSKLRR
VTAVTKKEMLVLPSMDKVEVKVRTFLTVRGPWRLEDTLFKRFLLLRVLVLNYSLVQSIPDYIGKLIHLRLLNLDYTAI
SCLPKSIGFLKNLQVLSLRFCKDLQCLPLTMTQLCNLRSLWLLGTAISKVPKGIGKLKFLNEIVAFPVGGGSDNADVQD
GWKLDELSSVSQMRNLHLVKLERAAHCSPNTVLTDKKHLKSLILEWTELGEGSYSENDVSNTENVLEQLRPPGNLES
LRIQGFFGRRYPTCFGTTCLSSLLHLTLRDLRSCVDLPPLGQIPNLKFLRIEGLYAVTKVGPEFVGCRKGDSACNEFVA
FPRLEYLVIIDMPNWEDWSFLGEDESADVGRGEDGAAEIRREDAQSARLQLLPRLVKLYLVACPKLRALPRQLGEGT
ASLKELTLVGANNLKAVEDFPLLSEYIFIKNCEGLERVSNLPLVSELRVFRCPNLGCVEGLGSLQKLMMGEDMQEVSS

RWLPELQNQHQQLHEGEDLDVFVVSRKL

>Bradi2g37990.1 chr02_pseudomolecule brac version0 38334008-38331421 Protein
MAEAVVGSLVVKLGAALAKEAAIFGASLLWKEASALKDLFGKIRESKSELESMQAYLLEAERFKDTDKTTGIFVKEIR
GFAFQIEDVVDEFTYKLLGDKHGGFAAKVKKRLNHIRTWRRLASKLQEIGLELQDAKRRKKDYAIPKEMGRSASKST
NQALHFTRDEDLVGIEENKERLVRWLKGGDEDLEQGSKITTVWGMPGVVDGANTEMRSLAESINEHLQGKKFILVLD
DVWIPRVWSEIRNVFPANCVSRFVITSRNHEVSLLATRECVIHLEPLQAHHSWVLFCNGAFWNNDDKECPFELLDLAS
KFLRKCQGLPIAIACISRLLSCKPPTPAEWDNVYRRLDSQLAKDVIPDVDMILKVSLEDLPYDLKNCFLQCALVPEDYEI
KRRRIMRHWIAAGFIREKEENKTLEEVAEGYLTELVNRSLLQVVKRNHAGRLKCCRLHDVTRLLARNKAKEECFGT
VCNGSHGVFYIEGTRRISVQGENLEQLSQSGGSHLRALHVFGSYINVDSLHLRKPILTSSKLLSTLDLHGTCIKMLPNEV
FNLFNLRYLGLRGTGIERLPEAVGRLQSLEVLDAFNSKLSCLPNNVVQLQNLRYMYACTIGTMDIGGIGGVKAPNGLR
QLAGLRALQCVKASPEILLEVEALTELRTFSVCDVRCEHSADLSNAITKMDHLVHLEIFAAADNEVLRLEGIYLPPTLS
WLSLGGQLEKTSMPQLFSSWSHLNSLTRLTLGFSNIDEESFSSLYALHDLRFLELTKAFEGKKLDFAAGSFPKLRFLHIE
GTAQLNKVGIEEGAMQTSLN

>Bradi2g59310.1 chr02_pseudomolecule brac version0 57048956-57053065 Protein
MAETAITTVLAKVAELVAWEAAVLLEVGDDVRLLRDKLEWLHTFIRDADRRRRLRDDEFVAVWVRQTRDVAFEAE
DALDDFLHRAGRQRRRPRRPSPPLAPRSANAMAWWRCSVWRWRLPRCVGLQVALRHDLSARIRQIRKRLDEISANR
AAYHIEHAPSPAWAASSATTLAAWDDLEECTVGFGKYSDMLREQLLDLDAAAAVPGRALVSIVGESSIGKTTLARKVY
QSPEVRNHFEIRTWTVLPPNSRPANVLRDIHTQASSQLRRSASSQGQTQAAAEDSNGCCDRPASGKEKDISNALFRNLT
GRRYLVVVDGSISVTDWNSLRASLPDEGNGSRVLLVTDSAGLEVVGYGPASYEPIELTRLSPENTYEVFRRRVFGHGG
GDCPGRHKSRYYQDVFRITRGLPLSVVVLAGVLRSKELPAEWDQVMAQLLPASKNGIGNGAGARRIMSLAFDDLPHH
LKSCFLYLAAMPESGAVDAQRLVRLWVAEGFVRPRRGSTMEEVAQGYLKELISRCMVQLVRKDEFGAVIQVSVHDR
LHAFAQDEAQEACFVETHDSTADVLAPATVRRLAVQSLHDLGGCCNALPKLRTIVCDWGAATKPTASACDLGFLHAS
KFLRVIDIHGLDLRKLPNEIGSMIHIRYLGLQCGQLEKLPSTISKLVNLQSLILKGRNGVGVLGVTAAFWTIPTLRHVVA
PFALPGSLGDALYSLQTLHGVQPHGWDTRRGGGVCNPLGRATNLRSLELSGLTALHAGALTAALESLDLLVHLVLQG
ESLPRGVFSIPSLRRLQSLRLVGPIEQGSGSAGDEEEEEEDVDVDVVRYIRPNLTRLSMWGTMVGQGFVGMLGELPSL
AELTLMWGAYDGERMAFSGFRSLQKLKLGLPELEEWAVSAGAMAALARLTLLRCAELRVLPEALAGMKELEEVVLY
SMPKMVGRIKEEGGEDHHKIKHVPVIQTIW

>Bradi4g01117.1 chr04_pseudomolecule brac version0 709397-713565 Protein
MGMGGEPRVCYLTGSMEALIDKLTGLEDRPALVEELLRELVLLKEGFCDKLALNGRWETVAQARVWMKHVRELVF
DIQDWVDEKPEITVADPSRREEVASFKTRIQEARERCTRYRLLREGLDHSDASTEDHLSKLIQDLDSLKKDILELEEEQ
QGHSQVGAWHLQARELVHTVTEWIDDNPANDDMGRIVTRHFKTQIQRERALRCASCRLPAMLVEPQGHLDRSHHL
VDGDAIGKFVEHLANERDRFRKVVSIVGKEGIGKTTLAKEAYAKLGGKFQCRAFVTAGQSRSIKAILLDIFRQVKPQA
TISDDWTGPPDARQVITKLRNHLGMMRYFILIDDIRSTYAWKVISSALPDKNHGSRVLTTTCSVEVANTCSLCPTDVVQ
EMLGLRLGASVSLFDREAQRASRSLFDTEEEMTVNNEILRICSGMPLAITVAAGLLSRFPVLEEPEILQKYILSALEQFS
TSEEMKIVLHISCAALPAPVKSCFLYLSIFPEHYTIKKDHLIRLWIAEGFISRRYKERRDGEIVDEAGIWEESMWGRGK
RYFNELISRGLIQPVFGFEDDQAVGCTVHGVILDFIRSMSSKENFVTVGADLGSGPLPRIIDAIRRFSLDCRDNGDNADT
LASRTPCLSSMRSLAVFGDTEWTPVPTDFEDSEVKPDLGNTEVVSVLNSFTFLRVLDLEDTGNCRSHHLKGIGGLILLR
YMRLGGAGIHELPEEIGKLEHLETLDVRRTNLKTLPASIVGLKMLVNLLIDSAVELSSNILEMQGLEEVSVIGVSSSKSL
YEVIGLLRGSQRLRVLGLSLDRLGQSGDSKRAIFSFFMEVANSTLESLSLHCIHGGLHGQLPVSYKNQMRRFEMVFTG
PRRDVPWMASHATHLEIELCDLKEEAIRLLGMASHLRFLKLVSSGNGGRRKPRTIRCLSEEAFPCLQVLWFACKDGG

TQLVFEPLVMRQLQRLRLDFMAREMITMCRSDGFGIKNLRGLVQVHVTIDCEGATVSEVEDVESTIRSEVDYARKAQ
MFTKTKGEGNFLLHYQVPTLEISREHEHKMVESEGSKKRIGPLKKMKNLFTSSVPRIKTAS

>Bradi4g28177.1 chr04_pseudomolecule brac version0 33519660-33512594 Protein
MVGTEMLVAAAVSQVARKISEIVSVAQGEVKLCCNFSDDLEKIKDTLVYLEDLLKNAEKNSFGSDRANLRHWLAQIK
SLAFDIEDIVDDYYSSKEQFEGSSSYAQKQTTSYRNSDITIFGRGRDLENLMDMIMQKSVDELSIISIVGRVGLGKTSLAQ
LVFNDTRTKAFRFRIWVHVSMGNVVLEKIGKDIVAQTSVRIEGNMQLQSIKNVVQTILIKYKCLIVLDSLWGKDEEVN
ELKQMLLTGRQTQSKIIVTTQSDKVADLVSTRPPYKLSALSKDDCLNIFSQRAMTGQGDPLFREYGEEIVKRCDGTPLV
ANFLGSVVNTQRQRREIWQAAKDKEMWKIEEDYPEDKISPLFPSFKIIYYNMPHDLRLCFAYCSIFPKGSVIDKKKLIQ
QWIALDMIESRHGTLPLDVTAEKYIDELKAIYFLQVFEKHQITAEISNASEEMLFLNNFAHDLARSVAGEDILVILDADN
ERNNRYCDCRYAHVSTSSLQSIDSKAWPSKARSLIFKTSDTELEHVSEVLSVNKYLRVLDLSECSVNEIPAAIFQLKQLR
YLDASTLSIATLPPQVGSFNKLQTLDLSETELMELPSFLSNLKGLNYLNLQGCRKLQELNSLDLLHELHYLNLSCCPEVR
SFPESVENLTKLRFLNLSQCSKFPTLPNRLLQSFASLCSLVDLNLSGFEFQMLPEFFGNICSLQYLNLSKCSKLEELPQSFG
QLAYLKALNLSSCPDLKILGSFECLTSLQILNLSNCHSLQYLPLCLQSIKNLDISGCQDCIVQSCSRSSRSSPSQQLSEQAEQ
VRLSNDIFEIIHEDTAIGDLKGKTKLAFASLLDEEPEVITKPNETGDMVPLVPGHQFLLSSSRSYSLASSSSAPLASVSSSD
VSKMEHPISRGETTGTQSNEKWQEPQGFINDSTEDSIPSLDTMVHLREAVKGSNGSHGFPFQIPLCPQAL

>Bradi1g15650.1 chr01_pseudomolecule brac version0 12558937-12555155 Protein
MAPPHKVAAMTVGWPASAFVASVLARLIRKGLTLLAELDEAAVGHLRRLEGLLAPVWRVLDAADAGAIDFRQRPVQ
DLLDAAYSADDALDDLEYELLQLDFEMARGGKPSADAGAPTSVVGASRKPQSPLRFLLCFSPPRTAVAGGSSSAATSH
GKSSKKKKRSSVNLDGLRDALETMAQAAYRCTSMYEHVVPRKNYATIISVNARGATATSEATRDLYDDVFGREPEVD
QIMEKVTFGDDLHYRLGVGVLPVVGAEGVGKTALAQLIFHHEMIKSEFPVRMWAHVSGKLLPVEQLLVQMIHAVEE
DGRQIEDIRELLLEQLTGKRFLLVLDDVTDVSDIQWKDLMEVLQPAARRSLILVTTQSESMAKAICTMRPLIISHLAFDD
YWKMFKHFAFGGADESEDCTLLGDEWDDLEQEEDELSPMEQIAYKIAKKMGCLPLPARAIGRSLYFRQGEEDHWKN
VLEDNMWEQQEIAEIPQALWLSYQHLDPRLKQCFAYSAVFPDNYVFRKEELEEMWIAHGLIYSDDPAARLEDVTSNF
FDELVDRCFFQPLGCDKYVMHNMMQKLSQAVSVSQFYMVTDSSGEVPHEVRHLTITTNNLLKLKLDLALQLPTSSDN
HFLQQVRTILFCADFSDSDDFFEVLAEIFSIAKCVRVLGLSSGNITSLPAEIGFLRRLRYLNLSRNRITDLPETVCQLYLLQ
VLKVKCNSPFLRPPRGITNLIHLRHLHASELFLSGIPDIQNLKTLQELEAYHVSASTSINALRQMVQLTGALRVANLCQS
DVSEFKKGILKGMKHLNKLHLSWDSSTGESKEISIDEEVLECLQPHENIKVLIITGYAGIRSPSWMLNTSCSVLYATSVY
LSDCTNWESLPSLHDMPCLEVLEIRRMHSLNKAGIVPQRSDQELFPKLKRLVIEDALHFTGWTTGNLTRNMIFPCLYKL
EIRNCPNLTTFPDIPLSLSIMIIENVGLDMLPMIHDKQTTEEESISTPEEGRWTSRLTTLQIHQCHRLRSLGSGLLQQKHLL
RSLEVLSIKSCNNIICDLSDGFKDLTALRELSLYDCPKLLVEKFHASLRTLEISECFIAQGGWVDEYPFLFSLWTLKISGC
PHVSVDQGSEIDQLDWLSSLFNVYSLQLENTLFVKLSMFGKLHSLEIMEIDGSPTFFDDSSEFGWLEKLQTLSIRNCNEL
CGLPDNLYTLPALEELCVENCPSIQTLPANGLPASLKRISISKCSPLLTHRCLHAELDRPRIANIGGVYIDRQYITPEE

>Bradi4g24887.1 chr04_pseudomolecule brac version0 30091920-30097199 Protein
MEAAVASALTKEVALKLVSLLSEKHKLSKGLMEDLRFIRTELDMISSARDTHSHLGNPGASASASQAAVSMDEMRDLA
HDIEDCIDRFLPCVACEGEASTVLHRMKKAVSSTRSRFAAEIHKLRRRLKDAHERRVNYDVHHHSGGASSSSAASSSP
ATVADAAESDPVGIEGPKQELVDLLLGSEPGKLSTISIVGFGGSGKTTLARAVYESPGVVQSYPCRAWAMASQHRDPE
GLLTAILRQFTADVPPDRSSIKEFLQATRCLIVIDDINKQHWDAIKSILTKETESRIIVTTALQSVANACSSDDGYVYKMS
ILNAEHSKVLLNKKVFFRGCSPELERGSTAIVEKCDGLPLALVSVAKFLLGENELTGSHCAQVCRSLGHHMEKESDFT
KLRQVLVNNYSNLSGYPLRTSLLYTSLFPNGHPIRKNTLIRRWLAEGYVQCQYKRSDLEVADENFRELVDRNIIRPIDA
SNNAKVKTCKTHGIMHEFILHKSMSDYFITSLHDQNRSNFRHLFIQNPASGSALGLNQHQHQQTSPINNEASNSEKFRA

RSLTIFGNAGEAASEFYKCKLLRVLDLEECNDLEDDHLKDIHKLWHLKYLSLGGAISDLPRKIDKLHCLETLDLRKTKI
EILPVELIGLPHLAHLFGKFKLGTNNLKTSELVKFLPKKSKLKTLAGFIADENPGFLQLMDHMNELKKVKIWCESSSTT
DNNSLTHISNAVQKFAQDGMDTTGVRSLSLDFGNSLGDFLGSIQEYCYLSSLKLHGRLNQLPQFITSLCGLTDLCLSSTN
LTGSDLSNLCKLRYLLYLKLVEANLGSFIIKKGDFPSLRRLCLVMQVPIAPTIEEGALPYLVSLQLLCEDLVGLSGIKIEY
HDCLEEVALDSMVSMKTVEMWETAAKKHPKRPKVTFLKRIDPSETQYTVKYVAADGPAREKKSSIEFNQVQLTQNM
SQKKCIIQLGTVNKLNSALKQMIVSEPELSSAGNGVMPPSASIC

>Bradi3g60446.1 chr03_pseudomolecule brac version0 59378196-59374073 Protein
MEAALVSTVTGVLKPVLEKLTALLGDEYKRFKGVRAEIKSLTHELAAMDAFLIKMSEEEDPDPQDKAWMNEVRELSY
DMEDSIDDFMKHVDDKDNKLDGFMEKIKSSLGKMNARRRISKEVQDLKKQIVEVAERNARYKARETFSKTINATVDP
RALAIFEHASKLVGIDEPKKEIIKLLTEKHGYMMNILRTVLSEVSGQCYADTEAGSMQQLISKITNFLADKRYFVVVDD
IWDLEAWDVIKHAFPMTSYSSRVITTTRMNNVAHSCCSSFSDHIYNIRPLGIVHSRQLFHRRLFNPEEDCFSYLEEVSE
HILEKCAGLPLAIIAISGLLANIERTEGMWNQVKESMGHALERNCSVERMMRIFSLSYFDLPPRLKTCLLYLSIFPEDSII
ESKDLIRRWIAEGFIHKEGRYTVSDLGERCFNELLNRSLIQPVKKDRYGNVKSCRVHDTVLDFINSKSTEENFVTLFGV
PNLTVGTQGKVRRISLQVGKQGNCFIPTGLALSHVRSLSVFGDSVEIPFLDKFRHLRVLDFGGCYQLENHHLADIGRLF
LLRYLNLRGTEVSELPEQISNLGCLEMLDLRSTMVHELPASIVSLKRLVHLFVDNDVTFPCGIAKMQALEMLKSVYVFK
QTFNFLQELGQLKNLRKLLLDFQGDSAIGDTTGVHKEECRKSIVSSLGNLGRSENLGSLVIWEGGSFLQQGPMCPVPLS
IHKLMTYRSRLPQVPKWVSSLLNLRSLCLQVEAITQEDFCILGALPALLILYLSGAAESKEGLRVSGEVGFRFLRMFRYY
VKDGGMGLMFAVGGMPKLEKLAISTFFESSESESITISSDFGIRNLPCLITVRFNTNRRDKNIEATKAAMEEAASTHPNH
PTVRFGIANSFSVKID

>Bradi4g35317.1 chr04_pseudomolecule brac version0 40777688-40774018 Protein
MEATAVSLARTVLDGVLGSAATAMADEAALLLGVRREVDFIRSELEMMRSFLRSSAAACSSAGGGCCKDTLKTCVKQ
VRDLACDLEDCLLDFSLHAARPPWLRLADLAARHRVADRIRGLKATVDELNQRNQRYNVFVVDKAVPAPPADKPPQ
HGHDAEHLLHPDLASGSSKLSQVVGRDEDKEALREKLVKGAGVVSASSHRRLRLPRLGHRAAPLESPDEFGRRLEKQ
LGVDNGRGVSAWIKEKRCLVVVDDVSSGEEWDHIRPCFDAICDGGRVVVTTRREDVARQCAGDNVYELKPLAPGEA
LKLLCQKVYKDDEYKLSEHMKEEANLILRRCRGLPLAIATIGGLLANRPKTSREWMNLGDHLGSELEYDRDIMRVITS
SYDGLPYHLKTCFLYLSIFPENYEIRCTRLLRRWMAEGYIAKPRDMTIEEVGRRHYKELINRSMIQPSKKVRASMAVE
RCRVHGVVLQIILSKSVEENQLFIMDNHCNEAPQSKIRHLVVTRRKKSENMSSINLSLIRSLTVFGECPLSLITPKLRLLR
VLDLEDTIGLENDDLKHVGELRHLRYLGLRGTNISALPSSLQNLVCLETLDVQDTKVTWFPHGITKLENLRYLVGGINF
AKDLVEKMGKKNATKGNNNCSKTLADFVCGCYGGYKEQSQCLCSGCTCEFSVRAPERIEKLRNLLVLGVLHIAQGSE
VARNLGKLTNLRRLGVDLEADGGAWMELCSSISRLVHLERLEVRSESLEFLKDTSKDKSPPKHLTSLRLCGRLGNLPS
WMSSLNDLSKVKLLRTQLKQEEIRVLGKLGNLTLLGLWEDSFMEESLCFSNGTFKKLKLLYIEGLKNLKTIQIEDGTLT
VLENLRVRKCLQLHDGEKGFSGVVFLRNLNELALTSCGEKPELEKALQLQIVGLANRPTLITGKSIVLRSAPSLRHFLP
MEADCA

>Bradi4g36976.1 chr04_pseudomolecule brac version0 42181605-42185281 Protein
MESAAASAFLKSVMGRLFLVLEKEYNKQKGLRQDTLSIQQDLRMIAAAMDDRLHALGNSPRRTAVARLYSEEMLGL
AHDAQDCIDRIVHRLTCRPRGGGGGGGASLVRRVAHELKKVQSRSGFADEIHKLKSRLKDAHQRVISIPIAAPTYHE
FASPPPSSKTCRVARNPVGIGKPVEELLSLLDEVEGEPEQLRVISVVGFGGLGKTTVARAVYDSPHAAERFDCRAWVA
AGRSTETNGDGVGEILRDILRQVLPEDGMDVGDDQRLEALLTEYLKHKRYLIVIDDIGMEQWSAINSTFEDNGERSRIL
LTTTIHSTANICSHGNGYVYQLNTLGEEDSKKIALQGVQSPELEQGSKTLLQKCGGLPLALVSVSDFLKSSGEPTGELCA
KLCRNLGSHLKEKHDHDNFTELRKVLMHNYDSLSVYAMTCLLYLGVFPNNRPLKRKVVIRRWLAEGYARSDSLRSE

EDIADENFKALIDRNIIQPIDTRNNAEVKTCRTHGIMHEYVLQKSVSQKFIVTSSRDHPRACVNFNNACHLSIHGGNVT
DGDTSDEDLSRVRSLTITGNAGDAISYVHKCKLLRVLDLEECNDLEDSHLKHIGKLWHLRYLSVGGTIGKLPSSIGEMH
CLETLNLRRTKIKTLPIEAIMMYHLAHLFGKFTVDKDDMKNANKMSKVMKFLSGNKSNLKTLAGFVANEGQGFLQLM
GHMRNLRKVKIWCQQVAEGANYTTDLSKSIQNFTKVPIDSAGANSLSLDSEECSEDLLNSLDFDPCPEGFKYNLRSLKL
HGKLLQLPPFVTLLSGLTELSISSITLTRDLLSSLINLGNLLYLKLIAYQLENFEMKKGAFPSLRRLCFIVQSLSSALPAIEQ
GALPNLVSLQLLCPGLVGLSGIQTRHLKHLKEVTVDHRVPDQTRHDWEQAMKNHPNRPRLLLLKSGTVSVESEGPGQ
EEAYAMREKRKICLVQPSPDDGLDSGLKKMRLSDSSSRLQVTVHPVLLRDTNNVYQNNVYHLQNKAEMDGNLPEHT
SNKTVKPLRGACPLAAELKREKIDNVELRVVTDSQRKQFDDLVRQLKESDKAMLPSNSSTQ

>Bradi5g03140.1 chr05_pseudomolecule brac version0 3485246-3482502 Protein
MAEAILLAVSAIGSVLLDQTVSAVLEKVSRKVDHLKELPAKIKTIEEELRMINAVIQFMGAPHLRNDVVKNWIACVRR
MAYHVEDVIDKFSYEALKLREEGFLHKYVFRGTRHIKVFSKIAADVVVIEGEIKQVKELRTYWSNTDQPIKDEHADV
DRQRFGGCFPELVNDDDLVGIEENRKKLTEWLCTNEGESTVVTVSGMGGLGKTTLVKNVYDREKANFPDAHAWIVV
SQKYDAVHLMEKLWRQIDHTEHPDNPAVKADVYQLTEAIKTILQRKKCLIVLDDVWDSKACTHICSVFHGLQGSRIII
TTRKEDVAALAPPIRRLLVQPLGSTESFKLFCKRAFHNFPGRNCPPDLVKVAGDVVESMFPEDYAISRESLVRLWVAE
GFALKRDNSTPEEVAEGNLMELIGRNMLEVVERDELDRVSTCKMHDIVQDLALAVAKEERFGSANDLGEMMRIDNE
VRRFSTCGWKDSTGRREAARVEFPHLRTILSLASASSTNMVSSILSGSSYLTVLELQDSPISTLPACIGNLFNLRYISLRR
TLVQSLPDTIEKLSNLQTLDIKQTKIQKLPPCIVKVDKLRHLLADRFADEKQTEFLYFVGVEAPKGISNLEELQTLETVQ
ASKDLSVHLKKMKTLENVWIDNISAADCEDLFSALSDMPLLSSLLLNACDEKETLCFEALKPISTKLHRLIVRGGWTDG
TLKCPIFQGHGKYLKYLALSWCNLGREDPLEMLASHVPDLTYLSLNRVSSAATLVLSAGCFPQLKTLVLKRMPNVKQL
VIEKDAIPCIDGIYIMSLLELHMVPHGIKSLRSLKKLWLLNLHKGFKTEWTLCQMRNKMKHVPELYD

>Bradi4g03230.1 chr04_pseudomolecule brac version0 2569193-2564366 Protein
MERILFEELAGDAVRELLRAVRGTFLCRSTAERLRRTVEPLLPLVQSHGHGHHGHPLRSNAELGELAVQLRDALDLA
RRAAAAPRWNVYRSAQLARRMEAADSGIARWLARHAPAHVLDGVRRLRDEADARIGRLERRVEEVAAAMQAPPV
PAVVAPAAPCKGVAMAVEPAPGKAMGLPMDLEPPEMEEEEKEVAVGGGVKVGKEKVKEMVMSGGGWEVVGICGM
GGSGKTTLAMEIFKDQKVQAYFNNRVFFETVSQSANLETIKMKLWEQISSDIVLGQYNQIPEWQLRLGPRDRGPVLVIL
DDVWSLSQLEDLVFKFPGCKTLVVSRFKFPTIVTRTYEMKLLGEEEALSVFCRAAFDQESVPQTADKKLVRQVAAECR
GLPLALKVIGASLRGQPPMIWLSAKNRLSRGESISDSHETKLLERMAASIECLSGKVRECFLDLGCFPEDKKIPLDVLINI
WMEIHDLDEPDAFAILTELSNKNLLTLVNDAQNKAGDIYSSYHDYSVTQHDVLRDLALHMSGSDSLNKRRRLVMPRR
EESLPRDWQRNKDTPFEAQIVSIHTGEMKESDWFQMKFPKAEVLILNFASSVYYLPPFIATMQNLKALVLINYGTASAA
LDNLSAFTMLSDLRSLWLEKITLPPLPKTTIPLKNLRKISLVLCELNDSLRGSTMDLSMTFPRLSNLTIDHCVDLKELPPTI
CEISSLERISISNCHDLTELPYELGKLHCLSILRVYACPALWKLPPSVCSLKRLKYLDVSQCINLTDLPEELGHLTNLEKID
MRECSRLRSLPRSSSSLKSLGHVVCDEETALLWREAEQVIPDLRVQVAEECYNLDWLVD

>Bradi2g09427.1 chr02_pseudomolecule brac version0 7713593-7710081 Protein
METAVATAFLTKIAPKLFAFLQEKHKRRQNLERDIQYIRKEFRMIAAAIQDHDRRRGLQRSDGDDVQRVWIQLVRDL
AYSIEDCVDRFTHRVRLPPPPKPDGSTPSWLRKTVHGVKTATTRSKFATAVRELRKISEEASKLRACYIGSGGGGCQS
STSGLSASSSTFFSSCETTTHTIAADLVGMDVPRDEVLQLMRETQGQPKQLKVISIVGFGGLGKTLLAREVYDESGDGQY
EPRAWVRAAERGAGDVLKEILHELGMQVPDGGDINKLSTSIRDCLGSKRFFIVIDDMRKEFWNIIKNAFPAVSGVSSRV
VVTTAVHSIANACSSFAHGHVYMMRTLDEENSRRLFFKQASLDDPPPDAGLGSEALKKSDGLPLALVTVAQFLQSRGN
PTRTEWAKLCNNLGELLETKDTLARMNRVLADSYSSLTDHVLKACLLYMGIFPGGRPVRTESLLRRLLAEGFVEECGV
ANDRFKELVDRSIVLPVAVNNNTELKTCQTHGMMLEFILRKSVQESFVTLLHGQDRPPGDGKIRWLSLNHYSGNPSND

LSHVRSLTVFGKAHKSVLEFSKYELLRVLDLEECDDYLDDKHLLEICNLLLLRYLSLRGNKTITVLPKEISKLKYLETLD
LTRTKIEVLPIQVLKMTSLIHLFGAFKLEDVGRKVSKLQAFLSEKSKLETLKGFVADESQIFAQLLQHMEHLTKVKIRW
VPTVDGSSNLNHLSDAIQGFIERSTNMNDAHSLSLGSTEWPQDLLNFSLENSCYLHSLKLHGNSICSLPPFVTMLGGLTE
LCLSSPNNQLSGDILASVSTVRCLHYLKLTANQLGSLEIENGVLGSLRGLCIVVQSMAGLDIKKGALQRLESLRLLCKDL
DGRVLCGINMECLRQLKEVALHDGVSDGAKQDWKEAAKKHPKQPKVLFMQTMEDVDWMQMGSSNENSESCAAPT
PMSEDDVQTQVGSVMQKSPAGTIARLIHGSKRTNNHLGHHLCEFDNQSKQELEAAASKQPKRPKVLFVGTVEDVDVT
MQMEHSAATATVAVADVQMRPSEGREHSIAGKIAGLTRHFKRRRFL

> Bradi1g29434. 1 chr01_pseudomolecule brac version0 25010870-25013462 Protein
MAQSVVSTMLGGIGNLTVQETKFLCGVTLEVSFLKDELVRLKAYLKDVDGKWRSGNARVAALVGQIRGAAYEAQNV
IEAADYIEKRNRVKKGFLGAISRYARLPSDLVTLHKVGVEIQRVKRKLNEIFSSAEKLKIDLDNTGVAEDEGGAGKTTL
ARKVCTSSIVKEHFHTIAWVTVSQTFKGIELLKDIMKQITGQKYESGLSMRKENVANHVEMPTYVHPLKKLDEEKSWE
LFSSKALPPYRRSVIRDVDEFEELGRILAKKCDGLPLAVLGGYLSKNLSRQAWSSILLDWPSTKDGRMIRNILARSSKDL
PNHYLRSCFLYLASFPEDYEISVLDLINLWIAESFIPYTPNHKLEETAHKYVTELVQRSLVQIVDETWELGRIERIRIHDI
LRDWCIEEARKDGFLDVIDQTKGKPNVRTLLCFTLSSVSLPKLRFLRVLRVEKSRLEGFSKVIVGCIHLRYLGLRHCRR
ATLPSSVGRHLYLQTIDLIGTQLDSGVPNSLWNIPSLRHVYLWNWFYPRPPARRMCLQHQNELQTFELRLPSVGVEYR
CHDMVIFLGHMNQLTRLSMHMNPMPAEMIDIFVNMPHLVDIILTKLGVLDKLPDKFPQSLQSLRLSAYFLKQDPMSILE
KLPCLVVLCLWCYEGQTMSCSAKGFPRLQSLLLDNFYTEEWRMEDGTMPKLSRLQLTRFSKMLKLPQGLLHLPSLSSL
ELENTSQISKDDSTLKELRRIGCEVLVNSCTFETYEFNV

> Bradi1g01397. 1m chr01_pseudomolecule brac version0 934542-936123 Protein
MAPVVSAALGALGPLLTKLGGLLAGEYGRLKGVRREIRSLESELISMHAALKEYTELEDPGGQVKAWISLVRELAYDT
EDVFDKFIHQLHKGCVRRGGFKEFLGKIALPLKKLGAQRAIADHIDELKDRIKQVKELKDSYKLDNISCSASRHTAVDP
RLCALFAEEAHLVGIDGPRDDLAKWMVEEGKMHCRVLSIVGFGGLGKTTLANEVSRKIQGRFDCRAFVSVSQKPVIK
KIIKDVISKVPCPDGFTKDIDIWDEMTAITKLRELLQDKRYVRYLVVIDDIWSASAWDAIKYAFPENNCSSRIIFTTRIVD
VAKSCCLGRDNRLYEMEALSDFHSRRLFFNRIFGSEDCCSNMLKKVSDEILKKCGGLPLAIISISSLLANIPVAKEEWEK
VKRSIGSALENSRSLEGMGSILSLSYNNLPAYLKTCLLYLSAFPEDYEIERERLVRRWIAEGFICEERGKSQYEVAESYF
YELINKSMVQPVGFGYDGKVRACRVHDMMLEIIISKSAEDNFMTVLGGGQTSFANRHRFIRRLSIQHIDQELASALAN
EDLSHVRSLTVTSSGCMKHLPSLAEFEALRVLDFEGCEDLEYDMNGMDKLFQLKYLSLGRTHKSKLPQGIVMLGDLET
LDLRGTGVQDLPSGIVRLIKLQHLLVQSGTKIPNGIGDMRNLRVLSGFTITQSRVDAVEDLGSLTSLHELDVYLDGGEPD
EYKRHEEMLLSSLFKLGRCKLLTLRINRYGGSLEFLGSWSPPPSSLQLFYMSSNYYFQYVPRWITPALSSLSYININLIEL
TDEGLHPLGELPSLLRLELWFKARPKDRVTVHGFPCLKEFNISSNHASAYVTFVKGAMPKLEIFGLQFDVSVAKTYGF
YVGIEYLTCLKHVRVRLYNNGATPSESKAAAAAAIRNEGAAHPNHPTVTIYGEPVEKDNEETGGNDEDKRKEGN

> Bradi1g50420. 1 chr01_pseudomolecule brac version0 49003859-48999645 Protein
MAETVLSMARSMLSGAVSKAASAAADEMSLLMGVRKDIWFIKDELETMQAFLVAAERMKQKDMLLKVWAKQVRDL
SYNIEDCLGEFMVHVGSQSLSQQLMKLKDRHRIAMQIRDLKSRVEEVSSRNTRYNLIHKIEGTGMAEERDSFLEDIRN
QSASNIDEAELVGFTKPKQDLIELIDVHAINDPAKVVCVVGMGGLGKTTITRKVYESVKKDFSCCAWIILSQSFVRMEV
LKVMIRELFGDEALKQQLERKLVREEDLARYLRKELKEKRYFVVLDDLWNLDHWEWVRKIAFPSDNVKGSRIIVTTR
DAGLANDCTFEPRDAGLAKDCTFKPLIFHLKALAIDDATKLLLRKTRKRLEDMKNDETMRKIVPKIVKKCGCLPLAILT
IGGLLATKMTHQPSPSVCSSEFRMLRTLDLHSAQFETTQKDFQNIGLMRHLKYLNVYHSRGYSNIYKLPRSIGKLQGLQ
ILDIRDTYITTLPREISKLKSLRALRCFNRAPYYFFDPEEPTKCLLHFLLLPLFFTPLLDDEDRAKVIPELHKGFSSCWSM
SRGVKVPRGIGNLKELEILETVDIKRTCSKAVEELGQLTLLRKLKVETKEATKKKCKILCVAIEKLSSLRFLHVSAGQDR

TLEWLHGVSAPPLCLRSLWLYGRLGEEMPNWVGSLMQLVKITLLRSKLKEGGKIMEILGTLPNLILLSLCLDAYLGKKL
VFRTEAFPNLKQLVIVHLDELKEVRFEEGTSPHIERIEIRWCSLESGIVGIKHLPRLKEISLGWQSKVARFGVLQGEVDA
HPNKPVLQLKFDRSEHDLGDIVQGSDAAAVESSSLVVTLVPTTSKREEDSNLEDDDGGDFCSCISDNEEEDAS

>Bradi1g00960.3 chr01_pseudomolecule brac version0 678601-675064 Protein
MISVAVEQVAGGFSSAVIQRAIDKTVDFLESNYNLSHATEDLLTKLRTSLTVVKAITEVADNQIIINTSLTKWLRNLRNA
AYEAEDVLDRFDCHEIVTGKRKVTELISSSVRALKNLIVPDEGMKMLECVVQHMDHLCATSSTFLELMKQSNLTSVKE
EEIRGETTSRVPVDVNVFGRDEVLELIMKIILGSSGSEPEPSCVRAKLGASVKRTLQEMLRSLKGNDSSFDYADSLETVV
NNIQSVIQQDGRFLLVLDSVWDEMCDQWNGLLTAIACEVPGSVVLVTTQSKRVADKVATFCQVPLAPLPWESFWSVF
KYYAFGTTDVVAENNQTLLLIGEQIAKKLEGLPLSAKVMGNLLRSRLTVDQWRSILESDWWDLTEVFCEILPYMGISY
QDLQPRQRQSFAFCSIFPQNYLFDKDRLVNMWISHDFIEHSESGDTRLEDIGSKLFDELVERSFFQATFDNKRETPERP
SPTVRHLALQVSNQLHIHELNKYKNLRTILLFGHCDSKEIYDVIDTMLANSRSIRVLDLSHLEALTNILPSIPSLKKLRFF
DLSFTRINNLRSFPCSLQALYLRGYTRNSIPQTINRLANLRHLYVDSTALSLIPDIGQLSQLQELENFSAGKRNGFMINEM
KNMQELCGKICISNIHVIKNTHEAKDANMTEKKHLEALVLKGRNVSTDILEGLQPHSNLRELMIKGYRASTLPSWMLQ
AHIFTKLQSLHIGDCRLLAVLPPFGNFPSLKHLTLDNLPSVKHADGTSFGCLENLEDFKVSSMTSWTDWSHVEDDHGP
LFQHVTRFELHNCPLLEEVPFLSFMSLLSELDISVCGNLVKALAEYVQLLKCLKKLKITYCDHPLLLTGDQLNSLEYLY
LRKCGGVRLIDGLHCFPSLREVDVLGCPDILTEFSDESIRQDEQGVLHLTNLFTDVSLLNGKSFLPSVRLLRITYLEALH
FTPEQVEWFEQLISVEKIEFAFCYFLRQLPSTLGRLASLKVLQIRMTKPVSLECVVPQNLQELIMDCIEMENNFKPCCS
DWLSISHVPYIRLNGKTVQNLSTNVASSSSNHQI

>Bradi1g00960.1 chr01_pseudomolecule brac version0 678601-672678 Protein
MISVAVEQVAGGFSSAVIQRAIDKTVDFLESNYNLSHATEDLLTKLRTSLTVVKAITEVADNQIIINTSLTKWLRNLRNA
AYEAEDVLDRFDCHEIVTGKRKVTELISSSVRALKNLIVPDEGMKMLECVVQHMDHLCATSSTFLELMKQSNLTSVKE
EEIRGETTSRVPVDVNVFGRDEVLELIMKIILGSSGSEPEPSCVRAKLGASVKRTLQEMLRSLKGNDSSFDYADSLETVV
NNIQSVIQQDGRFLLVLDSVWDEMCDQWNGLLTAIACEVPGSVVLVTTQSKRVADKVATFCQVPLAPLPWESFWSVF
KYYAFGTTDVVAENNQTLLLIGEQIAKKLEGLPLSAKVMGNLLRSRLTVDQWRSILESDWWDLTEVFCEILPYMGISY
QDLQPRQRQSFAFCSIFPQNYLFDKDRLVNMWISHDFIEHSESGDTRLEDIGSKLFDELVERSFFQATFDNKRETPERP
SPTVRHLALQVSNQLHIHELNKYKNLRTILLFGHCDSKEIYDVIDTMLANSRSIRVLDLSHLEALTNILPSIPSLKKLRFF
DLSFTRINNLRSFPCSLQALYLRGYTRNSIPQTINRLANLRHLYVDSTALSLIPDIGQLSQLQELENFSAGKRNGFMINEM
KNMQELCGKICISNIHVIKNTHEAKDANMTEKKHLEALVLKGRNVSTDILEGLQPHSNLRELMIKGYRASTLPSWMLQ
AHIFTKLQSLHIGDCRLLAVLPPFGNFPSLKHLTLDNLPSVKHADGTSFGCLENLEDFKVSSMTSWTDWSHVEDDHGP
LFQHVTRFELHNCPLLEEVPFLSFMSLLSELDISVCGNLVKALAEYVQLLKCLKKLKITYCDHPLLLTGDQLNSLEYLY
LRKCGGVRLIDGLHCFPSLREVDVLGCPDILTEFSDESIRQDEQGVLHLTNLFTDVSLLNGKSFLPSVRLLRITYLEALH
FTPEQVEWFEQLISVEKIEFAFCYFLRQLPSTLGRLASLKVLQIRMTKPVSLEGVVPQNLQELIMDGIEMENNFKPGGS
DWLSISHVPYIRLNVAIMFMSRSEDIGIFQFCKMSDVMFSTDYDGISDQYAWFKERRAQLRCYITGPSCVITLVADMCP
GIFRNCKMKPAWSITLFLSMHREAKLLPFLEEKKPCLVSLLGSKLRNDKAEMTMVTKVIDRDR

>Bradi3g42037.1 chr03_pseudomolecule brac version0 43811500-43807639 Protein
MEALLPKLASLLEKKYGLPKGVKKKIASMRDEMSSMNALLTKLSRMEQLDERQKDWRDKLWILAYRHCMQRLTALG
EEARRVAAYGEGRYLIVIDDLWATEAWSIKNSFVENNRGSRVITTTHIERVAQACCSRFHDHVYKIQPLNVPDSRRLF
HRRIFLSNDACPEHLKDVSDEILKKCQGVPLAILSVASTLSSHGGVMFKKNWETMRDHLGDPLETDSDMNWMRYVLN
LGYNDLSLDLKTCLLYIGIFPEDSVIMKDDLIRRWIAGCFVSGKNTYGPEEIADSYFNELINRNMIQIADYDDCGEVASC

RVHDLMLDFIISKSTEENFMTVINGQRSTKGTLEPRQVSVHLSNSEPNNRLENMPLTQVRSFYFWGPAQLMPSFSKFQL
LRVLYLDVSGAKREHCYLSSIGNLFQLRYLRTRGIPYKQVLTQLQNLQRLKTLEIAEDDGIDGQYDYFVLNVCLLPSTL
LHLIVTADVKLVGGIGRMRSLHTLATLQVNLRDVESMKGLGDLSNLRDLKLLRCTYGVEDTCDLLVSSLCRLSSLKSLA
FRGSLMADALTRWSPPPLDLQRLHVLECPFSTVSDWLTQLDRLRSLEVTVQLLPRDGAEILARLTSLVHLRLHTRAQA
PEEGVIIRGAMFPYLKNFWFRCKVPCLMFEAGAMPRIQSLTVECHVHAERHAYDLHHGIEHLGSLKVYKMFAYERD
TFMSRFLHSSYSSKAHVEGVRKWDLQTLETEVRKVIDKHPGGPDVSIKYV

> Bradi4g09957. 1m chr04_pseudomolecule brac version0 9424179-9420216 Protein
MTALGIGMKAVGWVASPIISELFKKSSAYLSFNASQKLLQLAPKVLLLERAMEVFDKIPNRPRLEQLFRDLKSAFYEAE
DILDDVEYQYLKKKIQDDKFKSDGIEPLHKTGWVKKLLPKAPLLKNKETGMPKKELKDSLEKIEDIINSAYKFVEHLNL
STVSTFNGSHAGPANSGGAVTTAAPPPVVIGRDKDCDKIIEMLHEKEGEGQPDANNGVCYSVVGIHGIGGSGKSTLAQ
LVCAREKKDKQEKMEGHFDLIMWVHVSQSFSVSAIFKEIFEAATGSPCPQLTSLNVLQDKLEEELHGRRFLLVLDDVW
YDIQDERQQGNLQLILSPLKAGQAGSKILVTSRTEEALLVLGAAKPRCIPISDLDDNAFLNLLMHYALEGAVIDDHDRR
RLEAIGVDIAKKLKWSPLAARIVGGRLGRRLSAEFWTTVKNGNVDGTMGALCIFPRRHHLIRDDLVKLWVAEGFVRG
TNEGEETEDVCRGYFDELVSTSFLQPGGKDFCTDMDYYLVHDMLHDLADTVAGSDCFRIENGSIWSKVGGGKGQRRE
GWRGDVPRDVRHLFVQNYDSELITEKILQLKNLRTLIIYTVGGGTPIEEKVIASILKRLRKLRVLAIALNREDDAVIKEP
DVFLVPESISKLKHLRYLAFRTSMSCRVILPGTVTKLYHMQLVDFGLCKKLVFPSADLINLRHIFCSIDLDFPNIGKLTSL
QTVPNFTVWNAEGYKVNQLRDLNKLRGSLEICRLENVETKVEALEANLAAKERLTHLSLGWGVAMRSSRPEVEAGA
FGSLCPPTWLETLYMYNYQGLRYLNKLRGSLEILHLDNVESKVEALEANQAAKERLTHLSLSQSGATRSSSPEVEAEV
FESLCPPIWLETLYIYNYRGLRYPNWMVGKQNGGPKDLRGLKLHGWSQLGPAPRLEAFVHLRSLTVWDCSWDALPD
NMENLILLKDLMICECLNISSLPTLPQALEEFTLKWCTDELMKSCQTIGHPNWQKIENVPKKEFICPEGSTPFDALFSILYL

> Bradi2g03200. 1 chr02_pseudomolecule brac version0 2310326-2307348 Protein
MATVLDGLVSSSLRKLTQLLEEEVVITLYVGRDIKKLKQNLECYRAVRQDAEDQAMRDASINLWWKRISDVMFNVDD
VIDLFMVHSHMRHRSSSSCFMFSCFAKLLDDHRVATRIRSINIELDDIRSTSEMFTPGILRSPQPQIKRANTSQRAPIVEP
GLVGAAIRRDVDSIVDEIVTRCHNNEPSVLGLEGMGGIGKTTLAQKIYNDQRILGRFQIHIWLCISETYNKTELLKQVIR
MAGENYDKEESNAELLPILRDTIKGKSVFLVLDNMSQPDVWINLLQAPFYGALIACILVTTRSKEVLQRMHATYTHYV
KRMGEDDGLMLLMKDSFPPSGFVREEHVNSIYETSEGYYLELIRRNLLQPKPEFIDKGESTMHDLLRSLGQRLTKDHS
LFMNVKNDHSLFMNVENNGALPNLRRLGISNAVEELPALHEHKCLRTLLVFDNKNFKSVHTDILGMLQHIRVLILCGT
GIQYIPESVGNLVLLKLLDLSFTEIKKLPESTGNLISLEYLRLCGCHELHSLPTTLMRLHKISYLELEHSALHHVPKGIAN
FQHLYNLRGVFESGAGFRFDELRRLPNIQRLWVEKLEKAEPQGELVLKNSPLRELGLCCTFGMNTHDRTRYEANEIE
RIRKVYDMLIPSLSLVYIFLVGFPELPPAGQIPQLQVLKIEGADAVKTIGAGLLGRGVGSPPVFFPDLVLLLIIRMCNLES
WSLNTGNPCDNMEGNAQHLSLMPKLDRLLLIDCPKLEALPRSFFKNLKRIHIEGAHKLQEVVDLPEVVWLKVKNNVC
MKKISNLFNLQDLFAQDCPALDQAENLLSLKRVYMVDCHHEQQFKRCLVPGEEQGVLVYVAADGHNIFPDESLYN

> Bradi4g25780. 1 chr04_pseudomolecule brac version0 31107810-31111730 Protein
MGTQITVRHWLSSQINKIKSRLDQISKNQKEFNIGHTPSGIWTSANTDHTDPVSWEELQKVVGFEKDVERLVELLRRE
DHPQKMFISILGESGVGKYRLIKQTVITVSDSFNIVVQFIMPRGCSVEDALREVYRIALDPTKRQGSVSREAGIADVVKE
LRLLLADKRYLLLILVGVSSKIFLNCMAASLPDGKRGSWVLLVLEPESKEVACHAATLNLKDINGTRYQLGRLDKEKSG
HLFRCRVFGSQGEKLVQAHPRSEEENQMERYEKDVHNITGGHPLAIVVLAGLLRSKERPLEWDAVLQHFKPGTVEE
ETEDGGGTKDKSAVEWLHKMMTSPAPAEGEPKLSKRMAIERIFSSSFDDLPQDIKLCFLYFAAYPKDVLHRADHIVRM
WTAEGFIRPCNGKTMEELGQLYLQELVSRSLLEWQNINCCGGFEKVRVHNRLLVFLQSEAREASFIEVVDSNDVLAPA
SVRRLSIDNESGSLIRFTNKFPKLRSFICRISEQVQGNKDKKQSQGSGAGQGQEKKQSRSSRDLYDLKFLRGSKFLRVLS

MEGSNLTELPDEIGDMIHLRYLRVACTHLKNLPSSIKKLLNLQTLDISGTDIDKIDQDFWLIKTLRHVLARKLKLPASVG
NMKELDDLQTLHGVQLSKQGEDMQPHCGFSKPIKPPEYPLDMMTRLRSLEICGFNHTDHATALESALDGTVEWPELT
ALDVIHNRPNLVSLKVRHATLPHMEDCAPWQAGRRAGGQGNQAGDVRGRRSQRRGEVASGGGEGRWRWLEVRGG
GDGLR

> Bradi3g61040. 1 chr03_pseudomolecule brac version0 59769171-59764697 Protein
MLPLPGGGGGWRRAGELRSGCRKRPVSGDAHTDRNLRFFIEAQLTNPGQLFMADPMTALGIGMKAVGWVASPIISEL
FKKSSAYLSFNTSQKLLQLAPKVLLLERAMEVFDKIPDRPRLEQLFKDLKSAFYEAEDILDDVEYQYLKKKIQDDKFKS
DGVEPPHKTGWVKKLFPKGPLLKNKETGMPKKELKDSLEKIEDIINSGYKFVEHLNLSTVSTLNGSHAGPANSGGAVT
TAAPPPVVIGRDKDCDKIIEMLHDKEGEGQPDADSRAFSVSVIFKEIFEAATGSPCPQLTSLNVLQDKLEEELHGRRFL
LVLDDVWYDIQDERQQGNLQQILSPLKAGQAGSKILVTSRTEEALLVLGAAKPRCIPISDLDDSGFLNLLMHYALEGSV
IDDHARRRLEAIGADIAKKLKWSPLAARIVGGRLGRRLSAEFWTTVKNGNVDGTMGALRWSYLQLDQQARRCFAYC
SIFPRRHHLIRDDLVKLWVAEGFVRGTNEGEEMEDVCRGYFDELVSTSFLQPGGKVLYNDMDYYLVHDMLHDLADS
VAGSDCFRIENGSIWSKLREGKGQRREGWRGDVPRDVHHLFVQNYDGELITEKILQLENLRTLIIYAVGGGTPIEEKVI
ASILKRLRKLRVLAVALSHEDDAVIKEPDVFLVPESISKLKHLRYLAFRTSMSCRVILPGTVTKLYHMQLVDFGQCKKL
VFPSADLINLRHIFCSIDLDFPDIGKLTSLQTVPNFTVWNVEGYKVNQLRDLNKLRGSLEICHLENVESKVEALEANLA
AKERLTHLSLGWGVAMRSSHPEVEAGAFGSLCPSTWLETLYMYNYQGLRYLNKLRGSLEILRLDNVESKVEALEANL
AAKERLTHLSLSRSCATRSSSPEVEAEVFESLCPPIWLETLYIYNYRCLRYPNWMVCKQNCCLKDLRCLKLHGWSQL
GPAPRLEAFVHLRSLTVWDCSWDALPDNMENLTLLKDLMICECLNISSLPTLPQALEEFTLKWCSDELMKSCQTIGHP
NWGKIENVPKKEFTCPEGSTPFDALFFHLMFVQRWLGNYIVLLTL

附录 4 *NBS-LRR* 抗病基因的基因簇分布

簇编号	基因 ID 号	染色体位置	开始基因座	终止基因座	基因数量	注释
1	Bradi1g00960.1	1g	672678	678601	4	
	Bradi1g00960.3	1g	675064	678601		
	Bradi1g01250.1	1g	831228	836715		
	Bradi1g01257.1	1g	843158	847380		
2	Bradi1g01250.1	1g	831228	836715	6	linked 8 genes in 26814bp
	Bradi1g01257.1	1g	843158	847380		
	Bradi1g01377.1	1g	920907	926091		
	Bradi1g01387.1	1g	928529	932276		
	Bradi1g01397.1m	1g	936810	940177		
	Bradi1g01407.1	1g	936810	940782		
3	Bradi1g29427.2	1g	25004334	25007623	7	15 genes in chromosome 1
	Bradi1g29427.1	1g	25004334	25007956		
	Bradi1g29434.1	1g	25010870	25013462		
	Bradi1g29441.1	1g	25020793	25024286		
	Bradi1g29560.1	1g	25121039	25124786		
	Bradi1g29658.1	1g	25186509	25192493		
	Bradi1g29658.2	1g	25186509	25192493		
4	Bradi2g03007.1	2g	2183626	2187323	5	
	Bradi2g03007.2	2g	2183626	2187628		
	Bradi2g03020.1	2g	2197209	2200662		
	Bradi2g03060.1	2g	2211101	2215797		
	Bradi2g03200.1	2g	2307348	2310326		
5	Bradi2g38987.1	2g	39192770	39196874	4	
	Bradi2g39091.1	2g	39261350	39264778		
	Bradi2g39207.1	2g	39332321	39336263		
	Bradi2g39247.1	2g	39366464	39371231		
6	Bradi2g39517.1	2g	39697722	39704967	4	
	Bradi2g39537.1	2g	39727474	39731540		
	Bradi2g39547.1	2g	39732460	39736011		
	Bradi2g39847.1	2g	39894441	39897720		

续表

簇编号	基因 ID 号	染色体位置	开始基因座	终止基因座	基因数量	注释
7	Bradi2g60230. 1	2g	57590184	57595457	4	17 genes in chromosome 2
	Bradi2g60250. 1	2g	57612062	57616124		
	Bradi2g60260. 1	2g	57636669	57642234		
	Bradi2g60434. 1	2g	57761415	57765543		
8	Bradi4g09957. 1m	4g	9420708	9424179	5	
	Bradi4g10017. 1	4g	9588079	9591745		
	Bradi4g10030. 1	4g	9595925	9600320		
	Bradi4g10037. 1m2	4g	9617300	9620344		
	Bradi4g10037. 1m1	4g	9624050	9627133		
9	Bradi4g10017. 1	4g	9588079	9591745	7	
	Bradi4g10030. 1	4g	9595925	9600320		
	Bradi4g10037. 1m2	4g	9617300	9620344		
	Bradi4g10037. 1m1	4g	9624050	9627133		
	Bradi4g10060. 1	4g	9645777	9649391		
	Bradi4g10171. 1	4g	9771971	9776753		
	Bradi4g10180. 1	4g	9781825	9787473		
10	Bradi4g10037. 1m2	4g	9617300	9620344	6	linked 11 genes in 422207bp
	Bradi4g10037. 1m1	4g	9624050	9627133		
	Bradi4g10060. 1	4g	9645777	9649391		
	Bradi4g10171. 1	4g	9771971	9776753		
	Bradi4g10180. 1	4g	9781825	9787473		
	Bradi4g10190. 1	4g	9812046	9815801		
11	Bradi4g10060. 1	4g	9645777	9649391	6	11 genes in chromosome 4
	Bradi4g10171. 1	4g	9771971	9776753		
	Bradi4g10180. 1	4g	9781825	9787473		
	Bradi4g10190. 1	4g	9812046	9815801		
	Bradi4g10207. 1	4g	9832550	9835669		
	Bradi4g10220. 1	4g	9839854	9842915		

注:共 43 个基因分布在 11 个基因簇中,底色表示超级基因簇。

附录5　氨基酸的部分理化性质简表

氨基酸	疏水性	亲水性	侧链质量	*pK*1(α-COOH)	*pK*2(NH_3)	*pI*(at 25 ℃)
A	0.62	-0.50	15.00	2.35	9.87	6.11
C	0.29	-1.00	47.00	1.71	10.78	5.02
D	-0.90	3.00	59.00	1.88	9.60	2.98
E	-0.74	3.00	73.00	2.19	9.67	3.08
F	1.19	-2.50	91.00	2.58	9.24	5.91
G	0.48	0.00	1.00	2.34	9.60	6.06
H	-0.40	-0.50	82.00	1.78	8.97	7.64
I	1.38	-1.80	57.00	2.32	9.76	6.04
K	-1.50	3.00	73.00	2.20	8.90	9.47
L	1.06	-1.80	57.00	2.36	9.60	6.04
M	0.64	-1.30	75.00	2.28	9.21	5.74
N	-0.78	0.20	58.00	2.18	9.09	10.76
P	0.12	0.00	42.00	1.99	10.60	6.30
Q	-0.85	0.20	72.00	2.17	9.13	5.65
R	-2.53	3.00	101.00	2.18	9.09	10.76
S	-0.18	0.30	31.00	2.21	9.15	5.68
T	-0.05	-0.40	45.00	2.15	9.12	5.60
V	1.08	-1.50	43.00	2.29	9.74	6.02
W	0.81	-3.40	130.00	2.38	9.39	5.88
Y	0.26	-2.30	107.00	2.20	9.11	5.63

附录 6　拟南芥中的正负样本序列列表

拟南芥 NBS-LRR 蛋白的阳性序列编号(gi 号)							
1	AT1G17600.1	27	AT3G14470.1	52	AT4G14370.1	77	AT5G46490.2
2	AT1G63740.1	28	AT3G14460.1	53	AT4G09360.1	78	AT5G46510.1
3	AT1G59780.1	29	AT3G44670.1	54	AT4G26090.1	79	AT5G38850.1
4	AT1G56540.1	30	AT3G44630.3	55	AT4G12010.1	80	AT5G45510.1
5	AT1G59620.1	31	AT3G07040.1	56	AT4G19530.1	81	AT5G18350.1
6	AT1G53350.1	32	AT3G46710.1	57	AT4G10780.1	82	AT5G18360.1
7	AT1G50180.1	33	AT3G25510.1	58	AT4G33300.1	83	AT5G38350.1
8	AT1G27180.1	34	AT3G50950.2	59	AT4G11170.1	84	AT5G05400.1
9	AT1G63350.1	35	AT3G46530.1	60	AT4G19510.2	85	AT5G38340.1
10	AT1G58848.1	36	AT4G27220.1	61	AT4G12020.2	86	AT5G17890.1
11	AT1G61190.1	37	AT4G16940.1	62	AT5G66910.1	87	AT5G17880.1
12	AT1G51480.1	38	AT4G16950.1	63	AT5G44510.1	88	AT5G45060.1
13	AT1G69550.1	39	AT4G27190.1	64	AT5G48770.1	89	AT5G45050.1
14	AT1G72860.1	40	AT4G16900.1	65	AT5G47260.1	90	AT5G45230.1
15	AT1G63860.1	41	AT4G16890.1	66	AT5G47250.1	91	AT5G18370.1
16	AT1G33560.1	42	AT4G16960.1	67	AT5G40060.1	92	AT5G44870.1
17	AT1G12280.1	43	AT4G19500.1	68	AT5G17680.1	93	AT5G45240.1
18	AT1G63750.3	44	AT4G19510.1	69	AT5G49140.1	94	AT5G45250.1
19	AT1G72840.2	45	AT4G19050.1	70	AT5G46260.1	95	AT5G45260.1
20	AT1G56520.2	46	AT4G08450.1	71	AT5G40910.1	96	AT5G17970.1
21	AT2G17050.1	47	AT4G19520.1	72	AT5G63020.1	97	AT5G45210.1
22	AT2G14080.1	48	AT4G36150.1	73	AT5G22690.1	98	AT5G45200.1
23	AT2G17060.1	49	AT4G36140.1	74	AT5G51630.1	99	AT5G45050.2
24	AT2G16870.1	50	AT4G09420.1	75	AT5G41550.1	100	AT5G36930.2
25	AT3G51570.1	51	AT4G09430.1	76	AT5G46470.1	101	AT5G41740.2
26	AT3G51560.1						

续表

随机挑选非 NBS-LRR 阴性序列编号(gi 号)							
1	AT1G65730.1	27	AT2G22190.1	52	AT2G37840.1	77	AT3G46620.1
2	AT1G69170.1	28	AT2G22770.1	53	AT2G04030.1	78	AT3G01760.1
3	AT1G09230.1	29	AT2G44800.1	54	AT2G39050.1	79	AT3G07330.1
4	AT1G77590.1	30	AT2G16440.1	55	AT2G14670.1	80	AT3G13610.1
5	AT1G61080.1	31	AT2G18880.1	56	AT2G32700.5	81	AT3G49290.1
6	AT1G03380.1	32	AT2G30910.1	57	AT2G39190.2	82	AT3G63010.1
7	AT1G04440.1	33	AT2G46050.1	58	AT2G46960.2	83	AT3G45900.1
8	AT1G66210.1	34	AT2G22140.1	59	AT2G34090.2	84	AT3G62860.1
9	AT1G80080.1	35	AT2G23170.1	60	AT2G24420.2	85	AT3G45060.1
10	AT1G66060.1	36	AT2G46480.1	61	AT2G21230.2	86	AT3G11390.1
11	AT1G79940.1	37	AT2G19160.1	62	AT2G33620.3	87	AT3G45660.1
12	AT1G18190.1	38	AT2G26540.1	63	AT2G35940.2	88	AT3G13235.1
13	AT1G09000.1	39	AT2G04740.1	64	AT2G03810.3	89	AT3G05660.1
14	AT1G33720.1	40	AT2G40620.1	65	AT2G03640.2	90	AT3G13090.1
15	AT1G57800.1	41	AT2G26560.1	66	AT2G45960.3	91	AT3G17070.1
16	AT1G30560.1	42	AT2G04680.1	67	AT2G02370.2	92	AT3G16550.1
17	AT1G74070.1	43	AT2G02310.1	68	AT2G20970.2	93	AT3G44480.1
18	AT1G71230.1	44	AT2G03620.1	69	AT2G44270.2	94	AT3G62220.1
19	AT1G12370.2	45	AT2G29630.2	70	AT2G38160.2	95	AT3G29590.1
20	AT1G67840.1	46	AT2G30210.1	71	AT2G22490.2	96	AT3G06860.1
21	AT1G52150.2	47	AT2G38590.1	72	AT2G31370.6	97	AT3G25590.1
22	AT1G08680.4	48	AT2G32410.1	73	AT2G30600.5	98	AT3G08900.1
23	AT1G04080.3	49	AT2G01820.1	74	AT2G24645.1	99	AT3G48430.1
24	AT1G29025.1	50	AT2G20360.1	75	AT2G20570.2	100	AT3G01400.1
25	AT2G25140.1	51	AT2G17010.1	76	AT3G29800.1	101	AT3G05270.1
26	AT2G45770.1						

注：附录 6 中的拟南芥的蛋白序列均来自拟南芥蛋白序列文件 TAIR10，下载网站：TAIR Web site

附录 7　*NBS-LRR* 抗病基因的蛋白序列结构域特征

用 20 个模体(Motif)表示的 *NBS* 抗病基因家族结构域,用不同的颜色的方块表示不同模体,左侧部分表示 126 个 *NBS-LRR* 基因的基因类型和基因名,右侧部分是这些基因的结构域。

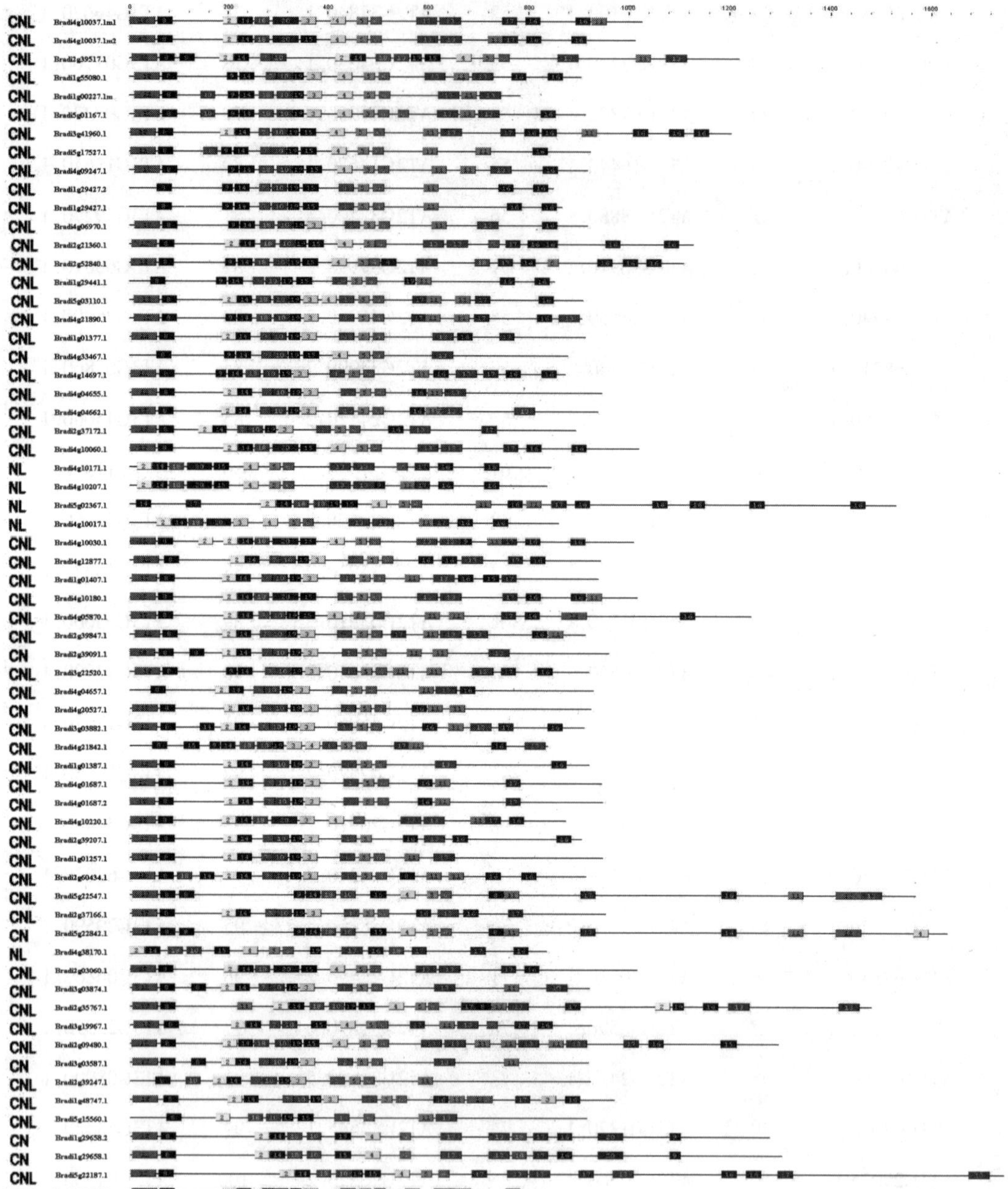

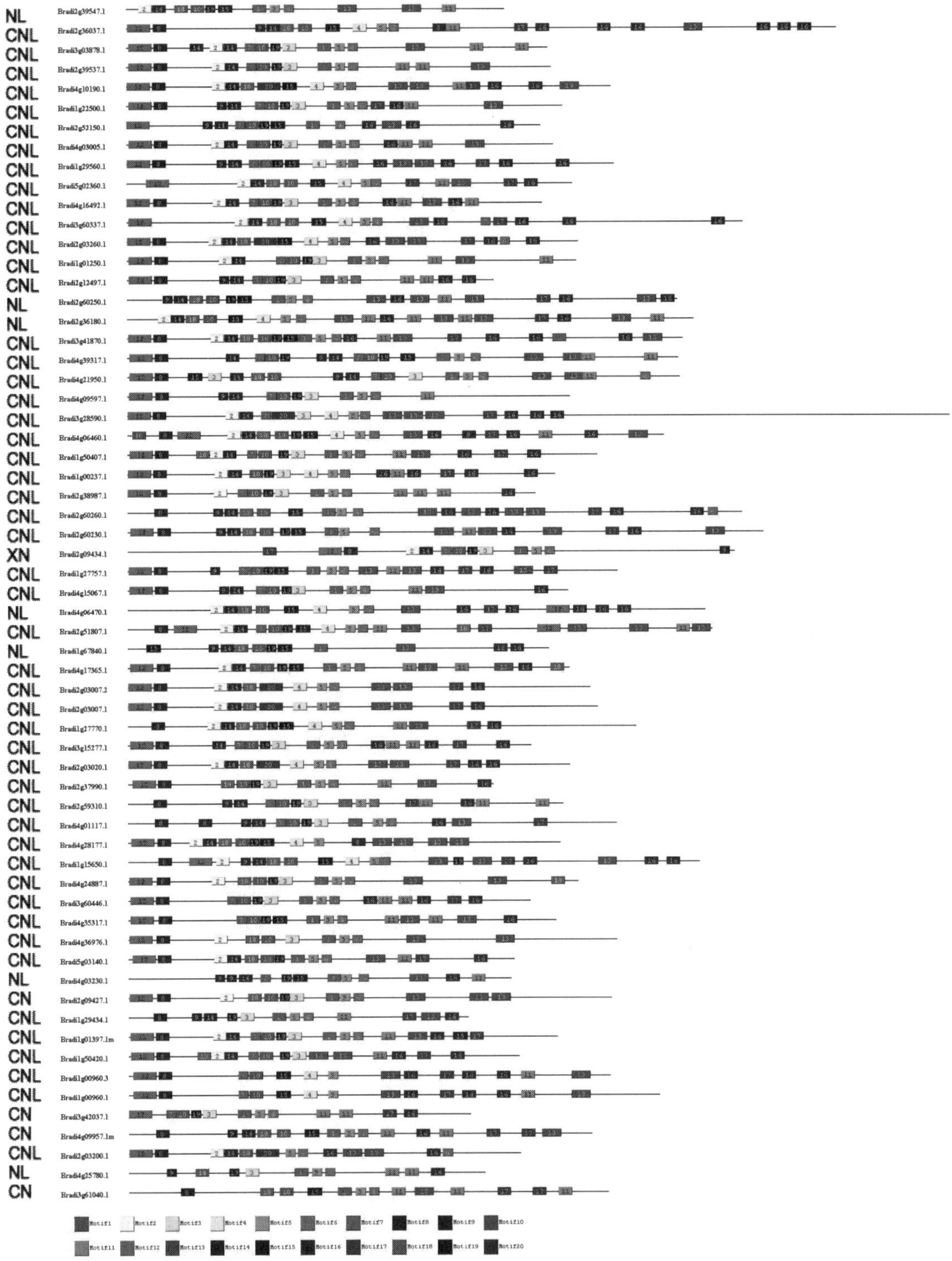
NL Bradi2g39547.1
CNL Bradi2g36037.1
CNL Bradi3g03878.1
CNL Bradi2g39537.1
CNL Bradi4g10190.1
CNL Bradi1g22500.1
CNL Bradi2g52150.1
CNL Bradi4g03005.1
CNL Bradi1g29560.1
CNL Bradi5g02360.1
CNL Bradi4g16492.1
CNL Bradi3g60337.1
CNL Bradi2g03260.1
CNL Bradi1g01250.1
CNL Bradi2g12497.1
NL Bradi2g60250.1
NL Bradi2g36180.1
CNL Bradi3g41870.1
CNL Bradi4g39317.1
CNL Bradi4g21950.1
CNL Bradi4g09597.1
CNL Bradi3g28590.1
CNL Bradi4g06460.1
CNL Bradi1g50407.1
CNL Bradi1g00237.1
CNL Bradi2g38987.1
CNL Bradi2g60260.1
CNL Bradi2g60230.1
XN Bradi2g09434.1
CNL Bradi1g27757.1
CNL Bradi4g15067.1
NL Bradi4g06470.1
CNL Bradi2g51807.1
NL Bradi1g67840.1
CNL Bradi4g17365.1
CNL Bradi2g03007.2
CNL Bradi2g03007.1
CNL Bradi1g27770.1
CNL Bradi3g15277.1
CNL Bradi2g03020.1
CNL Bradi2g37990.1
CNL Bradi2g59310.1
CNL Bradi4g01117.1
CNL Bradi4g28177.1
CNL Bradi1g15650.1
CNL Bradi4g24887.1
CNL Bradi3g60446.1
CNL Bradi4g35317.1
CNL Bradi4g36976.1
CNL Bradi5g03140.1
NL Bradi4g03230.1
CN Bradi2g09427.1
CNL Bradi1g29434.1
CNL Bradi1g01397.1m
CNL Bradi1g50420.1
CNL Bradi1g00960.3
CNL Bradi1g00960.1
CN Bradi3g42037.1
CN Bradi4g09957.1m
CNL Bradi2g03200.1
NL Bradi4g25780.1
CN Bradi3g61040.1
Motif1 Motif2 Motif3 Motif4 Motif5 Motif6 Motif7 Motif8 Motif9 Motif10
Motif11 Motif12 Motif13 Motif14 Motif15 Motif16 Motif17 Motif18 Motif19 Motif20

参考文献

[1] Draper J, Mur L A, Jenkins G, et al. Brachypodium distachyon. A new model system for functional genomics in grasses[J]. Plant Physiol, 2001, 127(4): 1539-1555.

[2] Vogel J P, Garvin D F, Mockler T C, et al. Genome sequencing and analysis of the model grass Brachypodium distachyon[J]. Nature, 2010, 463(7282): 763-768.

[3] 刘金灵, 刘雄伦, 戴良英,等. 植物抗病基因结构、功能及其进化机制研究进展(英文)[J]. 遗传学报, 2007, 34(9): 765-776.

[4] 王忠华, 贾育林, 夏英武. 植物抗病分子机制研究进展[J]. 植物学通报, 2004, 21(5): 521-530.

[5] 王友红, 张鹏飞, 陈建群. 植物抗病基因及其作用机理[J]. 植物学通报, 2005, 21(1): 92-99.

[6] Glowacki S, Macioszek V K, Kononowicz A K. R proteins as fundamentals of plant innate immunity[J]. Cell Mol Biol Lett, 2011, 16(1): 1-24.

[7] Bakker E G, Toomajian C, Kreitman M, et al. A genome-wide survey of R gene polymorphisms in Arabidopsis[J]. Plant Cell, 2006, 18, 18(8): 1803-1818.

[8] Chen Q H, Han Z X, Jiang H Y, et al. Strong positive selection drives rapid diversification of R-Genes in Arabidopsis relatives[J]. Journal of Molecular Evolution, 2010, 70(2): 137-148.

[9] Johal G S, Briggs S P. Reductase activity encoded by the HM1 disease resistance gene in maize[J]. Science, 1992, 258(5084): 985-987.

[10] Meyers B C, Kozik A, Griego A, et al. Genome-wide analysis of NBS-LRR-encoding genes in Arabidopsis[J]. The Plant Cell Online, 2003, 15(7): 809-834.

[11] Zhou T, WangY, Chen J Q, et al. Genome-wide identification of NBS genes in japonica rice reveals significant expansion of divergent non-TIR NBS-LRR genes[J]. Mol Genet Genomics, 2004, 271(4): 402-415.

[12] Yang S, Feng Z, Zhang X, et al. Genome-wide investigation on the genetic variations of rice disease resistance genes[J]. Plant Molecular Biology, 2006, 62(1-2): 181-193.

[13] 王海燕, 杨文香, 刘大群. 小麦 NBS-LRR 类抗病基因同源序列的分离与鉴定[J]. 中国

农业科学, 2006, 39(8): 1558-1564.

[14] Bouktila D, Khalfallah Y, Habachi-Houimli Y, et al. Full-genome identification and characterization of NBS-encoding disease resistance genes in wheat[J]. Mol Genet Genomics, 2014, 290(1): 257-271.

[15] Jang C S, Kamps T L, Skinner D N, et al. Functional classification, genomic organization, putatively cis-acting regulatory elements, and relationship to quantitative trait loci, of Sorghum genes with rhizome-enriched expression[J]. Plant Physiol, 2006, 142 (3): 1148-1159.

[16] 田耀加, 赵守光, 张晶,等. 中国玉米锈病研究进展[J]. 中国农学通报, 2014, 30(4): 226-231.

[17] Marone D, Russo M A, Laido G, et al. Plant nucleotide binding site-leucine-rich repeat (NBS-LRR) Genes: active guardians in host defense responses[J]. International Journal of Molecular Sciences, 2013, 14(4): 7302-7326.

[18] Chen G, Pan D, Zhou Y, et al. Diversity and evolutionary relationship of nucleotide binding site-encoding disease-resistance gene analogues in sweet potato (Ipomoea batatas Lam.)[J]. Journal of biosciences, 2007, 32(4): 713-721.

[19] Bella J, Hindle K L, McEwan P A, et al. The leucine-rich repeat structure[J]. Cellular and Molecular Life Sciences, 2008, 65(15): 2307-2333.

[20] McHale L, Tan X P, Koehl P, et al. Plant NBS-LRR proteins: adaptable guards[J]. Genome Biology, 2006, 7(4): 212-220.

[21] Guo Y L, Fitz J, Schneeberger K, et al. Genome-wide comparison of nucleotide-binding site-leucine-rich repeat-encoding genes in Arabidopsis[J]. Plant Physiology, 2011, 157(2): 757-769.

[22] Kang Y J, Kim K H, Shim S, et al. Genome-wide mapping of NBS-LRR genes and their association with disease resistance in soybean[J]. BMC Plant Biology, 2012, 12(139): 1-13.

[23] Jupe F, Pritchard L, Etherington G J, et al. Identification and localisation of the NB-LRR gene family within the potato genome[J]. BMC Genomics, 2012, 13(75): 1-14.

[24] Lozano R, Ponce O, Ramirez M, et al. Genome-wide identification and mapping of NBS-encoding resistance genes in Solanum tuberosum group phureja[J]. PLOS One, 2012, 7(4): 1-12.

[25] Ameline-Torregrosa C, Wang B B, O'Bleness M S, et al. Identification and characterization of nucleotide-binding site-leucine-rich repeat genes in the model plant Medicago truncatula [J]. Plant Physiology, 2008, 146(1): 5-21.

[26] Warren R F, Merritt P M, Holub E, et al. Identification of three putative signal transduction genes involved in R gene-specified disease resistance in Arabidopsis[J]. Genetics, 1999, 152(1): 401-412.

[27] Kuang H, Woo S S, Meyers B C, et al. Multiple genetic processes result in heterogeneous rates of evolution within the major cluster disease resistance genes in lettuce[J]. Plant Cell, 2004, 16(11): 2870-2894.

[28] Martin G B, Brommonschenkel S H, Chunwongse J, et al. Map-based cloning of a protein kinase gene conferring disease resistance in tomato[J]. Science, 1993, 262(5138): 1432-1436.

[29] Whitham S, Dinesh-Kumar S P, Choi D, et al. The product of the tobacco mosaic virus resistance gene N: similarity to toll and the interleukin-1 receptor[J]. Cell, 1994, 78(6): 1101-1115.

[30] Feuillet C, Schachermayr G, Keller B. Molecular cloning of a new receptor-like kinase gene encoded at the Lr10 disease resistance locus of wheat[J]. Plant J, 1997, 11(1): 45-52.

[31] Mindrinos M, Katagiri F, Yu G L, et al. The A. thaliana disease resistance gene RPS2 encodes a protein containing a nucleotide-binding site and leucine-rich repeats[J]. Cell, 1994, 78(6): 1089-1099.

[32] Cherkis K A, Temple B R, Chung E H, et al. AvrRpm1 missense mutations weakly activate RPS2-mediated immune response in Arabidopsis thaliana[J]. PLOS One, 2012, 7(8): e42633.

[33] Qi D, DeYoung B J, Innes R W. Structure-function analysis of the coiled-coil and leucine-rich repeat domains of the RPS5 disease resistance protein[J]. Plant Physiol, 2012, 158(4): 1819-1832.

[34] Chini A, Loake G J. Motifs specific for the ADR1 NBS-LRR protein family in Arabidopsis are conserved among NBS-LRR sequences from both dicotyledonous and monocotyledonous plants[J]. Planta, 2005, 221(4): 597-601.

[35] Luscombe N M, Greenbaum D, Gerstein M. What is bioinformatics? A proposed definition and overview of the field[J]. Methods Inf Med, 2001, 40(4): 346-358.

[36] Claverie J M. From bioinformatics to computational biology[J]. Genome Res, 2000, 10(9): 1277-1279.

[37] Windsor A J, Mitchell-Old T. Comparative genomics as a tool for gene discovery[J]. Curr Opin Biotechnol, 2006, 17(2): 161-167.

[38] Kahn C L, Raphael B J. Analysis of segmental duplications via duplication distance[J]. Bioinformatics, 2008, 24(16): i133-138.

[39] Krishnan A, Tang F. Exhaustive whole-genome tandem repeats search[J]. Bioinformatics, 2004, 20(16): 2702-2710.

[40] Boeva V, Regnier M, Papatsenko D, et al. Short fuzzy tandem repeats in genomic sequences, identification, and possible role in regulation of gene expression[J]. Bioinformatics, 2006, 22(6): 676-684.

[41] Ummat A, Bashir A. Resolving complex tandem repeats with long reads[J]. Bioinformatics, 2014, 30(24): 3491-3498.

[42] Leister D. Tandem and segmental gene duplication and recombination in the evolution of plant disease resistance gene[J]. Trends Genet, 2004, 20(3): 116-122.

[43] Benson D A, Karsch-Mizrachi I, Lipman D J, et al. GenBank[J]. Nucleic Acids Res, 2000, 28(1): 15-18.

[44] Stoesser G, Baker W, van den Broek A, et al. The EMBL nucleotide sequence database[J]. Nucleic Acids Res. 2001, 29(1): 17-21.

[45] Tateno Y, Miyazaki S, Ota M, et al. DNA data bank of Japan (DDBJ) in collaboration with mass sequencing teams[J]. Nucleic Acids Res, 2000, 28(1): 24-26.

[46] Barker W C, Garavelli J S, Huang H, et al. The protein information resource (PIR)[J]. Nucleic Acids Res, 2000, 28(1): 41-44.

[47] Mewes H W, Heumann K, Kaps A, et al. MIPS: a database for genomes and protein sequences[J]. Nucleic Acids Res, 1999, 27(1): 44-48.

[48] Mewes H W, Hani J, Pfeiffer F, et al. MIPS: a database for protein sequences and complete genomes[J]. Nucleic Acids Res, 1998, 26(1): 33-37.

[49] Mewes H W, Frishman D, Guldener U, et al. MIPS: a database for genomes and protein sequences[J]. Nucleic Acids Res, 2002, 30(1): 31-34.

[50] Westbrook J, Feng Z, Jain S, et al. The Protein Data Bank: unifying the archive[J]. Nucleic Acids Res, 2002, 30(1): 245-248.

[51] Velankar S, Alhroub Y, Alili A, et al. PDBe: Protein Data Bank in Europe[J]. Nucleic Acids Res, 2011, 39(Database issue): D402-410.

[52] Sussman J L. Protein data bank deposits[J]. Science, 1998, 282(5396): 1993.

[53] Gutmanas A, Alhroub Y, Battle G M, et al. PDBe: Protein Data Bank in Europe[J]. Nucleic Acids Res, 2014, 42(Database issue): D285-D291.

[54] Burley S K. PDB40: The Protein Data Bank celebrates its 40th birthday[J]. Biopolymers, 2013, 99(3): 165-169.

[55] Bernstein F C, T F Koetzle, G J Williams, et al. The Protein Data Bank: a computer-based archival file for macromolecular structures[J]. J Mol Biol, 1977, 112(2): 535-542.

[56] Punta M, Coggill P C, Eberhardt R Y, et al. The Pfam protein families database[J]. Nucleic Acids Res, 2012, 40(Database issue): D290-D301.

[57] Finn R D, Mistry J, Tate J, et al. The Pfam protein families database[J]. Nucleic Acids Res, 2010, 38(Database issue): D211-D222.

[58] Finn R D, Bateman A, Clements J, et al. Pfam: the protein families database[J]. Nucleic Acids Res. 2014, 42(Database issue): D222-D230.

[59] Bateman A, Birney E, Durbin R, et al. The Pfam protein families database[J]. Nucleic Acids Res. 2000, 28(1): 263-266.

[60] Bateman A, Birney E, Cerruti L, et al. The Pfam protein families database[J]. Nucleic Acids Res, 2002, 30(1): 276-280.

[61] Altschul S F, Gish W, Miller W, et al. Basic local alignment search tool[J]. J Mol Biol, 1990, 215(3): 403-410.

[62] Altschul S F, Madden T L, Schaffer A A, et al. Gapped BLAST and PSI-BLAST: a new generation of protein database search programs[J]. Nucleic Acids Res, 1997, 25(17): 3389-3402.

[63] Johnson M, Zaretskaya I, Raytselis Y, et al. NCBI BLAST: a better web interface[J].

Nucleic Acids Res, 2008, 36(Web Server issue): W5-W9.

[64] Camacho C, Coulouris G, Avagyan V, et al. BLAST+: architecture and applications[J]. BMC Bioinformatics, 2009, 10(421): 1-9.

[65] Thompson J D, Gibson T J, Plewniak F, et al. The CLUSTAL_X windows interface: flexible strategies for multiple sequence alignment aided by quality analysis tools[J]. Nucleic Acids Res, 1997, 25(24): 4876-4882.

[66] Larkin M A, Blackshields G, Brown N P, et al. Clustal W and Clustal X version 2.0[J]. Bioinformatics, 2007, 23(21): 2947-1948.

[67] Higgins D G, Sharp P M. CLUSTAL: a package for performing multiple sequence alignment on a microcomputer[J]. Gene, 1988, 73(1): 237-244.

[68] Chenna R, Sugawara H, Koike T, et al. Multiple sequence alignment with the Clustal series of programs[J]. Nucleic Acids Res, 2003, 31(13): 3497-3500.

[69] Aiyar A. The use of CLUSTAL W and CLUSTAL X for multiple sequence alignment[J]. Methods Mol Biol, 2000, 132(1): 221-241.

[70] Tamura K, Stecher G, Peterson D, et al. MEGA6: molecular evolutionary genetics analysis version 6.0[J]. Mol Biol Evol, 2013, 30(12): 2725-2729.

[71] Tamura K, Peterson D, Peterson N, et al. MEGA5: molecular evolutionary genetics analysis using maximum likelihood, evolutionary distance, and maximum parsimony methods[J]. Mol Biol Evol, 2011, 28(10): 2731-2739.

[72] Kumar S, Tamura K, Nei M. MEGA: Molecular Evolutionary Genetics Analysis software for microcomputers[J]. Comput Appl Biosci, 1994, 10(2): 189-191.

[73] Kumar S, Stecher G, Peterson D, et al. MEGA-CC: computing core of molecular evolutionary genetics analysis program for automated and iterative data analysis[J]. Bioinformatics, 2012, 28(20): 2685-1686.

[74] Meyers B C, Kozik A, Griego A, et al. Genome-wide analysis of NBS-LRR-encoding genes in Arabidopsis[J]. Plant Cell, 2003, 15(4): 809-834.

[75] Zhou T, Wang Y, Chen J Q, et al. Genome-wide identification of NBS genes in japonica rice reveals significant expansion of divergent non-TIR NBS-LRR genes[J]. Molecular Genetics and Genomics, 2004, 271(4): 402-415.

[76] Qu S H, Liu G F, Zhou B, et al. The broad-spectrum blast resistance gene Pi9 encodes a nucleotide-binding site-leucine-rich repeat protein and is a member of a multigene family in rice[J]. Genetics, 2006, 172(3): 1901-1914.

[77] Wang X M, Chen J, Yang Y, et al. Characterization of a novel NBS-LRR gene involved in bacterial blight resistance in rice[J]. Plant Molecular Biology Reporter, 2013, 31(3): 649-656.

[78] Gong C Y, Cao S H, Fan R C, et al. Identification and phylogenetic analysis of a CC-NBS-LRR encoding gene assigned on chromosome 7B of wheat[J]. International Journal of Molecular Sciences, 2013, 14(8): 15330-15347.

[79] Zhu H Y, Cannon S B, Young N D, et al. Phylogeny and genomic organization of the TIR

and non-TIR NBS-LRR resistance gene family in Medicago truncatula[J]. Molecular Plant-Microbe Interactions, 2002, 15(6): 529-539.

[80] Cheng X A, Hang H Y, Zhao Y, et al. A genomic analysis of disease-resistance genes encoding nucleotide binding sites in Sorghum bicolor[J]. Genetics and Molecular Biology, 2010, 33(2): 292-297.

[81] Chen L H, Hu W, Tan S L, et al. Genome-wide identification and analysis of MAPK and MAPKK gene families in Brachypodium distachyon[J]. PLOS One, 2012, 7(10): 1-19.

[82] Penuela S, Danesh D, Young N D. Targeted isolation, sequence analysis, and physical mapping of nonTIR NBS-LRR genes in soybean[J]. Theoretical and Applied Genetics, 2002, 104(2-3): 261-272.

[83] Li C J, Liu Y, Zheng Y X, et al. Cloning and characterization of an NBS-LRR resistance gene from peanuts (Arachis hypogaea L.)[J]. Physiological and Molecular Plant Pathology, 2013, 84(1): 70-75.

[84] Yang S H, Zhang X H, Yue J X, et al. Recent duplications dominate NBS-encoding gene expansion in two woody species[J]. Molecular Genetics and Genomics, 2008, 280(3): 187-198.

[85] Kohler A, Rinaldi C, Duplessis S, et al. Genome-wide identification of NBS resistance genes in Populus trichocarpa[J]. Plant Molecular Biology, 2008, 66(6): 619-636.

[86] Belkhadir Y, Nimchuk Z, Hubert D A, et al. Arabidopsis RIN4 negatively regulates disease resistance mediated by RPS2 and RPM1 downstream or independent of the NDR1 signal modulator and is not required for the virulence functions of bacterial type III effectors AvrRpt2 or AvrRpm1[J]. Plant Cell, 2004, 16(10): 2822-2835.

[87] Richly E, Kurth J, Leister D. Mode of amplification and reorganization of resistance genes during recent Arabidopsis thaliana evolution[J]. Mol Biol Evol, 2002, 19(1): 76-84.

[88] PanQ, Wendel J, Fluhr R. Divergent evolution of plant NBS-LRR resistance gene homologues in dicot and cereal genomes[J]. J Mol Evol, 2000, 50(3): 203-213.

[89] Meyers B C, MorganteM, Michelmore R W. TIR-X and TIR-NBS proteins: two new families related to disease resistance TIR-NBS-LRR proteins encoded in Arabidopsis and other plant genomes[J]. Plant J, 2002, 32(1): 77-92.

[90] Meyers B C, DickermanA W, Michelmore R W, et al. Plant disease resistance genes encode members of an ancient and diverse protein family within the nucleotide-binding superfamily[J]. Plant J, 1999, 20(3): 317-332.

[91] 刘云飞, 万红建, 李志邈,等. 植物 NBS-LRR 抗病基因的结构、功能、进化起源及其应用[J]. 分子植物育种, 2014, 12(2): 377-389.

[92] 何艳冰, 范锡麟, 王国梁,等. 水稻-病原菌互作途径研究进展[J]. 中国农学通报, 2014, 31(1): 241-249.

[93] Kohler A, Rinaldi C, Duplessis S, et al. Genome-wide identification of NBS resistance genes in Populus trichocarpa[J]. Plant Mol Biol, 2008, 66(6): 619-636.

[94] Tschaplinski T J, Plett J M, Engle N L, et al. Populus trichocarpa and Populus deltoides

exhibit different metabolomic responses to colonization by the symbiotic fungus Laccaria bicolor [J]. Mol Plant Microbe Interact, 2014, 27(6): 546-556.

[95] Ameline-Torregrosa C, Wang B B, O'Bleness M S, et al. Identification and characterization of nucleotide-binding site-leucine-rich repeat genes in the model plant Medicago truncatula [J]. Plant Physiol, 2008, 146(1): 5-21.

[96] Yang S, Zhang X, Yue J X, et al. Recent duplications dominate NBS-encoding gene expansion in two woody species[J]. Mol Genet Genomics, 2008, 280(3): 187-198.

[97] Porter B W, Paidi M, Ming R, et al. Genome-wide analysis of Carica papaya reveals a small NBS resistance gene family[J]. Mol Genet Genomics, 2009, 281(6): 609-626.

[98] Li J, Ding J, Zhang W, et al. Unique evolutionary pattern of numbers of gramineous NBS-LRR genes[J]. Mol Genet Genomics, 2010, 283(5): 427-438.

[99] Opanowicz M, Vain P, Draper J, et al. Brachypodium distachyon: making hay with a wild grass[J]. Trends Plant Sci, 2008, 13(4): 172-177.

[100] Kellogg E A. Evolutionary history of the grasses[J]. Plant Physiol, 2001, 125(3): 1198-1205.

[101] Bevan M W, Garvin D F, Vogel J P. Brachypodium distachyon genomics for sustainable food and fuel production[J]. Curr Opin Biotechnol, 2010, 21(2): 211-217.

[102] Tatusova T A, Madden T L. BLAST 2 SEQUENCES, a new tool for comparing protein and nucleotide sequences[J]. Fems Microbiology Letters, 1999, 174(2): 247-250.

[103] Meyers B C, Kozik A, Griego A, et al. Genome-wide analysis of NBS-LRR-encoding genes in Arabidopsis[J]. Plant Cell, 2003, 15(4): 809-834.

[104] Eddy S R. Profile hidden Markov models[J]. Bioinformatics, 1998, 14(9): 755-763.

[105] Lupas A, Van Dyke M, Stock J. Predicting coiled coils from protein sequences [J]. Science, 1991, 252(5009): 1162-1164.

[106] Bailey T L, Elkan C. The value of prior knowledge in discovering motifs with MEME[J]. Proc Int Conf Intell Syst Mol Biol, 1995, 3(1): 21-29.

[107] Gu Z, Cavalcanti A, Chen F C, et al. Extent of gene duplication in the genomes of Drosophila, nematode, and yeast[J]. Mol Biol Evol, 2002, 19(3): 256-262.

[108] Castresana J. Selection of conserved blocks from multiple alignments for their use in phylogenetic analysis[J]. Mol Biol Evol, 2000, 17(4): 540-552.

[109] Kent W J. BLAT-The BLAST-like alignment tool[J]. Genome Research, 2002, 12(4): 656-664.

[110] Thompson J D, Higgins D G, Gibson T J. CLUSTAL W: improving the sensitivity of progressive multiple sequence alignment through sequence weighting, position-specific gap penalties and weight matrix choice[J]. Nucleic Acids Res, 1994, 22(22): 4673-4680.

[111] Bailey T L, Williams N, Misleh C, Li W W. MEME: discovering and analyzing DNA and protein sequence motifs[J]. Nucleic Acids Research, 2006, 34(Web Server issue): W369-W373.

[112] Dong J, Chen C, Chen Z. Expression profiles of the Arabidopsis WRKY gene superfamily

during plant defense response[J]. Plant Mol Biol, 2003, 51(1): 21-37.
[113] Sakuma Y, Maruyama K, Qin F, et al. Dual function of an Arabidopsis transcription factor DREB2A in water-stress-responsive and heat-stress-responsive gene expression[J]. Proc Natl Acad Sci USA, 2006, 103(49): 18822-18827.
[114] Ohme-Takagi M, Suzuki K, Shinshi H. Regulation of ethylene-induced transcription of defense genes[J]. Plant Cell Physiol, 2000, 41(11): 1187-1192.
[115] Benson D A, Karsch-Mizrachi I, Lipman D J, et al. GenBank[J]. Nucleic Acids Res, 2008, 36(Database issue): D25-D30.
[116] Tan X, Meyers B C, Kozik A, et al. Global expression analysis of nucleotide binding site-leucine rich repeat-encoding and related genes in Arabidopsi[J]. BMC Plant Biol, 2007, 7(56): 1-20.
[117] Bailey T L, Williams N, Misleh C, et al. MEME: discovering and analyzing DNA and protein sequence motifs[J]. Nucleic Acids Res, 2006, 34(Web Server issue): W369-W373.
[118] Bailey T L, Boden M, Buske F A, et al. MEME SUITE: tools for motif discovery and searching[J]. Nucleic Acids Res, 2009, 37(Web Server issue): W202- W208.
[119] Cannon S B, Zhu H, Baumgarten A M, et al. Diversity, distribution, and ancient taxonomic relationships within the TIR and non-TIR NBS-LRR resistance gene subfamilies[J]. J Mol Evol, 2002, 54(4): 548-562.
[120] Cannon S B, Mitra A, Baumgarten A, et al. The roles of segmental and tandem gene duplication in the evolution of large gene families in Arabidopsis thaliana[J]. BMC Plant Biol, 2004, 4(10): 1-21.
[121] Holub E B. The arms race is ancient history in Arabidopsis, the wildflower[J]. Nat Rev Genet, 2001, 2(7): 516-527.
[122] Larkin M, Blackshields G, Brown N, et al. Clustal W and Clustal X version 2. 0[J]. Bioinformatics, 2007, 23(21): 2947-2948.
[123] DeYoung B J, Innes R W. Plant NBS-LRR proteins in pathogen sensing and host defense[J]. Nat Immunol, 2006, 7(12): 1243-1249.
[124] Michelmore R W, Christopoulou M, Caldwell K S. Impacts of resistance gene genetics, function, and evolution on a durable future[J]. Annu Rev Phytopathol, 2013, 51(1): 291-319.
[125] Takken F L, Albrecht M, Tameling W I. Resistance proteins: molecular switches of plant defence[J]. Curr Opin Plant Biol, 2006, 9(4): 383-390.
[126] Kajava A V. Structural diversity of leucine-rich repeat proteins[J]. J Mol Biol, 1998, 277(3): 519-527.
[127] Bella J, Hindle K L, McEwan P A, et al. The leucine-rich repeat structure[J]. Cell Mol Life Sci, 2008, 65(15): 2307-2333.
[128] Stange C, Matus J T, Dominguez C, et al. The N-homologue LRR domain adopts a folding which explains the TMV-Cg-induced HR-like response in sensitive tobacco plants[J]. J Mol

Graph Model, 2008, 26(5): 850-860.

[129] Kobe B, Kajava A V. When protein folding is simplified to protein coiling: the continuum of solenoid protein structures[J]. Trends Biochem Sci, 2000, 25(10): 509-515.

[130] Ratnaparkhe M B, Wang X, Li J, et al. Comparative analysis of peanut NBS-LRR gene clusters suggests evolutionary innovation among duplicated domains and erosion of gene microsynteny[J]. New Phytol, 2011, 192(1): 164-178.

[131] Monosi B, Wisser R J, Pennill L, et al. Full-genome analysis of resistance gene homologues in rice[J]. Theor Appl Genet, 2004, 109(7): 1434-1447.

[132] Yu D, Chen C, Chen Z. Evidence for an important role of WRKY DNA binding proteins in the regulation of NPR1 gene expression[J]. Plant Cell, 2001, 13(7): 1527-1540.

[133] Li J, Brader G, Palva E T. The WRKY70 transcription factor: a node of convergence for jasmonate-mediated and salicylate-mediated signals in plant defense[J]. Plant Cell, 2004, 16(2): 319-331.

[134] Kurella M, Hsiao L L, T Yoshida, et al. DNA microarray analysis of complex biologic processes[J]. J Am Soc Nephrol, 2001, 12(5): 1072-1078.

[135] Nakashima H, Nishikawa K, Ooi T. The folding type of a protein is relevant to the amino acid composition[J]. J Biochem, 1986, 99: 153-162.

[136] Chou K C. Prediction of protein cellular attributes using pseudo-amino acid composition[J]. Proteins: Structure, Function, and Bioinformatics, 2001, 43(3): 246-255.

[137] Chou K C. Some remarks on protein attribute prediction and pseudo amino acid composition [J]. Journal of Theoretical Biology, 2011, 273(1): 236-247.

[138] Li W Z, Godzik A. Cd-hit: a fast program for clustering and comparing large sets of protein or nucleotide sequences[J]. Bioinformatics, 2006, 22(13): 1658-1659.

[139] Chang C C, Lin C J. LIBSVM: A library for support vector machines [J]. ACM Transactions on Intelligent Systems and Technology, 2011, 2(27): 1-27.

[140] Steuernagel B, Jupe F, Witek K, et al. NLR-parser: rapid annotation of plant NLR complements[J]. Bioinformatics, 2015, 31(10): 1665-1667.